中国自然保护区 NATURE RESERVE OF CHINA

云南自然保护区

Nature Reserves in Yunnan Province

云南省林业和草原局
云南省林业调查规划院 编

云南出版集团
云南科技出版社
·昆明·

图书在版编目（CIP）数据

云南自然保护区 / 云南省林业和草原局，云南省林业调查规划院编．-- 昆明：云南科技出版社，2018.12
ISBN 978-7-5587-1998-1

Ⅰ．①云… Ⅱ．①云… ②云… Ⅲ．①自然保护区－介绍－云南 Ⅳ．① S759.992.74

中国版本图书馆 CIP 数据核字 (2019) 第 010390 号

审图号：云 S（2019）010 号

云南自然保护区

云南省林业和草原局
云南省林业调查规划院 编

责任编辑：赵　敏
版式设计：云南杺颐文化传播有限公司
责任校对：张舒园
责任印制：蒋丽芬

书　号：ISBN 978-7-5587-1998-1
印　刷：昆明精妙印务有限公司
开　本：889mm × 1194mm　1/16
印　张：29.25
字　数：500 千字
版　次：2018 年 12 月第 1 版　2018 年 12 月第 1 次印刷
定　价：198.00 元

出版发行：云南出版集团公司　云南科技出版社
地址：昆明市环城西路 609 号
网址：http://www.ynkjph.com/
电话：0871-64192481

编委会 BIAN WEI HUI

李文清　李本璇　李仕新　李永平　李孙德　李志华　李志军　李志勇
李应文　李明屿　李忠发　李忠贵　李忠清　李绍辉　李道平　李献敏
李嫣然　杨　云　杨　东　杨　伟　杨　芳　杨正华　杨永高　杨志军
杨应龙　杨国伟　杨国威　杨忠兴　杨育能　杨桂良　吴建勇　吴富勤
何在新　何志刚　何建宽　何跃峰　余国雄　余昌元　谷　萍　庄清海
冷　泉　沙剑斌　宋劲忻　张　耀　张子翼　张开平　张友兵　张仁功
张文擎　张有林　张兴伟　张红良　张承斌　张绍辉　张春早　张映华
张晓燕　张登林　陈　哲　陈志明　陈明武　陈留山　陈德明　范正平
林怡辰　罗文亚　罗正杰　罗世文　罗怀秀　罗跃忠　和金福　和珍笛
金　光　周立金　周贤勇　郑进烜　赵少涛　赵晓东　胡　靖　胡　箭
胡光普　胡建伟　查　伟　柏永相　钟明川　钟明川　段建伟　段锡焕
俞　瑶　施玲玲　姜　明　宦国跃　秦　燕　班云学　夏育青　党兴阳
晁增华　徐吉洪　唐　平　唐　华　唐卫红　唐育跃　唐勇平　浦娅文
涂在斌　陶　晶　黄庭发　董　磊　董利斌　董宏强　董震林　董德福
喻智勇　鲁瑾才　普文平　曾昭朝　温庆忠　谢有能　谢红芳　雷　云
雷　震　蔡文婧　谭国林　熊生相　杜杰次旦

制图：

王　勇

统稿：

华朝朗

审定：

张子翼　温庆忠

前 言
PREFACE

云南地处北半球低纬度高原地带，境内高山耸立，峡谷深切，地势险峻，江河纵横，高原湖泊星罗棋布，最高的梅里雪山卡瓦格博峰海拔高达6740米，最低的南溪河与红河交汇处仅76.4米。辽阔的地域，特殊的地理位置，复杂的地形地貌，独特多样的气候环境，孕育了云南丰富的生物多样性。云南国土面积虽然仅占全国的4.1%，但各类群生物物种数均接近或超过全国的一半，囊括了地球上除海洋和沙漠外的所有生态系统类型。为此，云南享有“植物王国”和“动物王国”的美誉，被列为全球25个生物多样性优先重点保护的地区之一，是全国乃至世界生物多样性保护的重点和热点地区，科研价值与保护价值巨大。

自然保护区是保护生物多样性最根本的途径和最有效的场所，承担着保护代表性生态系统、珍稀野生动植物物种和重要自然遗迹的重任。1958年，在吴征镒和寿振黄两位先生的建议下，云南开始了自然保护区之旅。60年来，自然保护区事业在中央、省和地方各级政府及相关部门的关心和大力支持下，得到了快速有序的发展。截至2017年底，全省已建立不同级别、不同类型的自然保护区161处，总面积286.41万公顷，占全省面积的7.3%。基本形成类型齐全、布局有序、结构合理、功能完备的自然保护区网络体系，保护了以森林、湿地、野生动植物、自然景观和地质遗迹等为主的自然资源，大部分特有和典型自然生态系统、重要物种在保护区内得到庇护。可以说，云南自然保护区为切实履行《生物多样性公约》、建设我国重要生物多样性宝库和西南生态安全屏障及“绿色经济强省”做出了巨大贡献。

云南的自然保护区，是云南生物多样性精华所在、荟萃之地，区内的热带雨林、季雨林、亚热带常绿阔叶林、寒温性针叶林、干热河谷稀树灌木草丛、亚高山草甸、高原湖泊等自然生态系统备受关注，滇金丝猴、长臂猿、亚洲象、野牛、绿孔雀、黑颈鹤、华盖木、大树杜鹃等旗舰物种世人瞩目，雪山、冰川、峡谷等壮美的自然景观让人向往，这是一笔无与伦比的自然财富，值得我们永远珍惜。云南的自然保护事业，历经了60年的艰辛探索，60年的艰难跋涉，凝聚了一代又一代自然保护区工作者的心血和汗水，积淀了艰苦奋斗、无私奉献、勤勤恳恳、开拓创新的自然保护精神，这是一笔弥足珍贵的精神财富，值得我们永远铭记。

为了记录自然保护区60年的曲折历程、镌刻自然保护区工作者的不朽功绩、展示自然保护区引以为傲的生物多样性，同时也为了继往开来、开启新的征程，云南省林业和草原局、云南省林业调查规划院（云南省自然保护区研究监测中心）共同组织编撰了《云南自然保护区》一书，为云南自然保护区建设60周年献礼！

本书分为三个篇章，第一篇记述自然保护区发展历程和保护成效，第二篇由几位资深自然保护工作者讲述保护故事，第三篇对全省161个自然保护区做了简介，并用精心挑选的图片展示了自然保护区迷人的生物多样性，让人读后能对云南自然保护区有一个全景认识。

本书编写过程中，得到了广大自然保护区工作者的大力支持，积极踊跃供稿供图，苏正觉等5位“老保护”欣然应约撰写回忆，在此一并表达诚挚谢意！

由于编者认知和水平所限，书中错谬难免，敬请读者批评指正！

目 录
CONTENTS

第一篇　云南自然保护区历程

第二篇　云南自然保护区回顾

第三篇　云南自然保护区概览

滇西北

滇 中

滇东北

滇 西

滇西南

滇东南

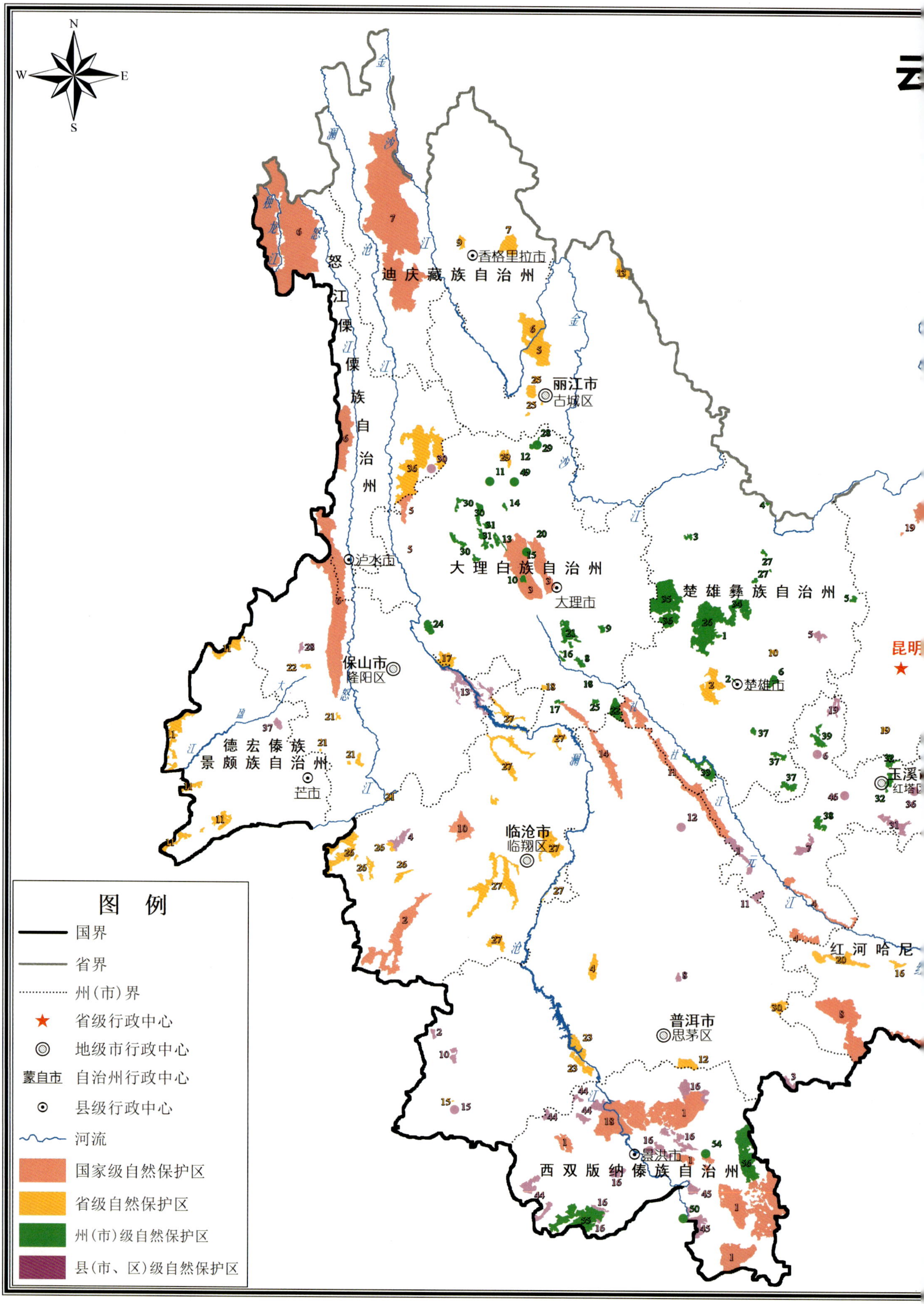

云
N
S
W
E
迪庆藏族自治州
香格里拉市
怒江傈僳族自治州
丽江市
古城区
泸水市
大理白族自治州
大理市
楚雄彝族自治州
楚雄市
昆明
保山市
隆阳区
德宏傣族
景颇族自治州
芒市
临沧市
临翔区
玉溪
红河哈尼
普洱市
思茅区
景洪市
西双版纳傣族自治州
图 例
国界
省界
州(市)界
省级行政中心
地级市行政中心
蒙自市 自治州行政中心
县级行政中心
河流
国家级自然保护区
省级自然保护区
州(市)级自然保护区
县(市、区)级自然保护区

省自然保护区分布示意图

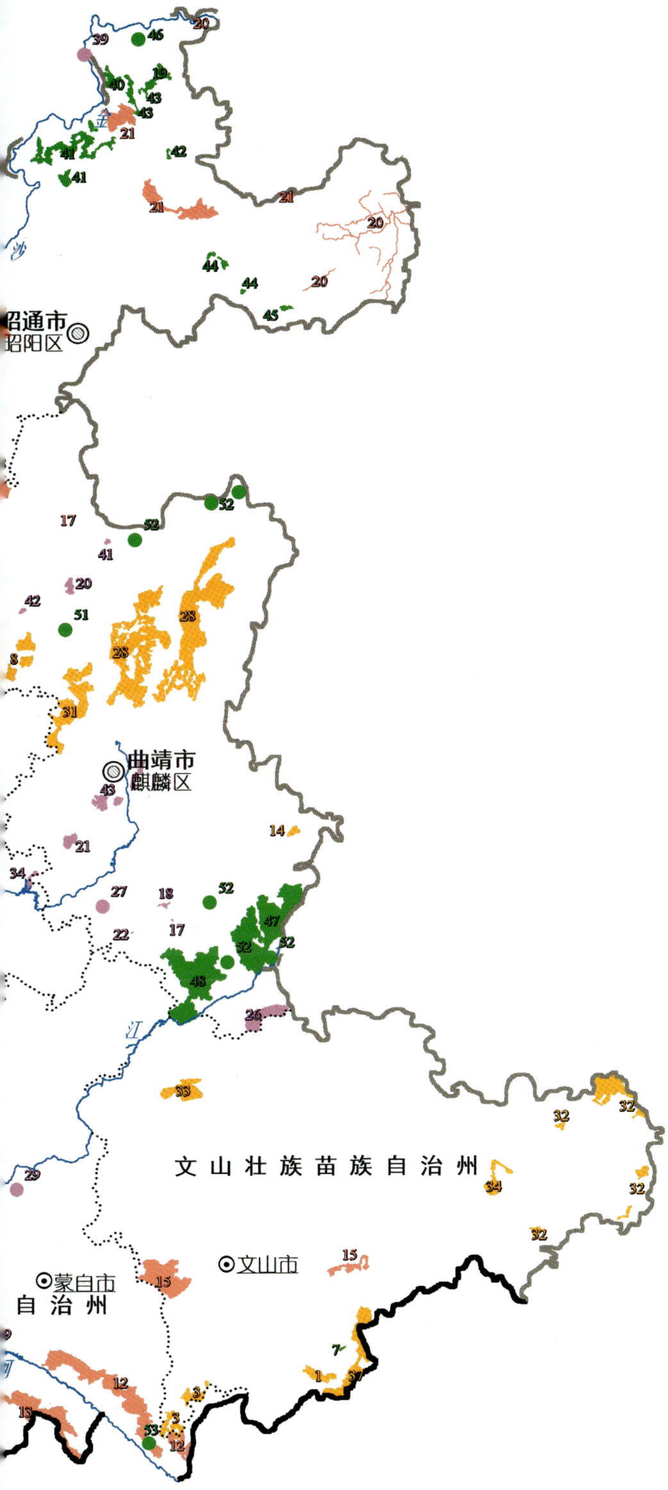

国家级保护区	
序号	名称
1	西双版纳国家级自然保护区
2	南滚河国家级自然保护区
3	苍山洱海国家级自然保护区
4	元江国家级自然保护区
5	云龙天池国家级自然保护区
6	高黎贡山国家级自然保护区
7	白马雪山国家级自然保护区
8	黄连山国家级自然保护区
9	药山国家级自然保护区
10	永德大雪山国家级自然保护区
11	哀牢山国家级自然保护区
12	大围山国家级自然保护区
13	金平分水岭国家级自然保护区
14	无量山国家级自然保护区
15	文山国家级自然保护区
16	大山包黑颈鹤国家级自然保护区
17	会泽黑颈鹤国家级自然保护区
18	西双版纳纳板河流域国家级自然保护区
19	轿子山国家级自然保护区
20	长江上游珍稀特有鱼类国家级自然保护区（云南段）
21	乌蒙山国家级自然保护区

省级保护区	
序号	名称
1	麻栗坡、马关老君山省级自然保护区
2	紫溪山省级自然保护区
3	马关古林箐省级自然保护区
4	威远江省级自然保护区
5	玉龙雪山省级自然保护区
6	哈巴雪山省级自然保护区
7	碧塔海省级自然保护区
8	会泽驾车省级自然保护区
9	纳帕海省级自然保护区
10	禄丰雕翎山省级自然保护区
11	铜壁关省级自然保护区
12	太阳河省级自然保护区
13	泸沽湖省级自然保护区
14	富源十八连山省级自然保护区
15	竜山省级自然保护区
16	元阳观音山省级自然保护区
17	永平金光寺省级自然保护区
18	巍山青华绿孔雀省级自然保护区
19	中国前寒武系（震旦系）---寒武系界线层型剖面省级地质自然保护区
20	红河阿姆山省级自然保护区
21	龙陵小黑山省级自然保护区
22	腾冲北海湿地省级自然保护区
23	糯扎渡省级自然保护区
24	澄江动物化石群省级自然保护区
25	丽江拉市海高原湿地省级自然保护区
26	镇康南捧河省级自然保护区
27	临沧澜沧江省级自然保护区
28	珠江源省级自然保护区
29	剑川剑湖湿地省级自然保护区
30	墨江西歧桫椤省级自然保护区
31	沾益海峰省级自然保护区
32	富宁驮娘江省级自然保护区
33	丘北普者黑省级自然保护区
34	广南八宝省级自然保护区
35	建水燕子洞白腰雨燕省级自然保护区
36	兰坪云岭省级自然保护区
37	麻栗坡老山省级自然保护区
38	寻甸黑颈鹤省级自然保护区

州(市)级保护区	
序号	名称
1	牟定化佛山州级自然保护区
2	楚雄西山州级自然保护区
3	大姚昙华山州级自然保护区
4	永仁方山州级自然保护区
5	武定狮子山州级自然保护区
6	禄丰樟木箐州级自然保护区
7	麻栗坡下兴箐州级自然保护区
8	弥渡太极顶州级自然保护区
9	祥云水目山州级自然保护区
10	漾濞雪山河州级自然保护区
11	剑川石宝山州级自然保护区
12	鹤庆朝霞寺州级自然保护区
13	洱源罗坪鸟吊山州级自然保护区
14	洱源茈碧湖州级自然保护区
15	大理凤阳鹭鸶栖息榕树州级自然保护区
16	巍山巍宝山州级自然保护区
17	南涧凤凰山候鸟州级自然保护区
18	南涧土林州级自然保护区
19	水富铜锣坝市级自然保护区
20	大理蝴蝶泉州级自然保护区
21	弥渡大黑山水源林州级自然保护区
22	弥渡天生营州级自然保护区
23	巍山隆庆鸟道雄关州级自然保护区
24	永平博南山州级自然保护区
25	南涧大龙潭州级自然保护区
26	楚雄三峰山州级自然保护区
27	元谋土林州级自然保护区
28	鹤庆草海州级湿地自然保护区
29	鹤庆龙华山州级自然保护区
30	洱源西罗坪州级自然保护区
31	洱源黑虎山州级自然保护区
32	红塔山市级自然保护区
33	双柏恐龙河州级自然保护区
34	牟定白马山州级自然保护区
35	姚安花椒园州级自然保护区
36	姚安大尖山州级自然保护区
37	双柏白竹山州级自然保护区
38	玉白顶市级自然保护区
39	易门龙泉市级自然保护区
40	永善小岩方市级自然保护区
41	永善五莲峰市级自然保护区
42	盐津乌蒙山市级自然保护区
43	盐津白老林市级自然保护区
44	镇雄袁家湾市级自然保护区
45	镇雄以拉市级自然保护区
46	绥江二十四岗市级自然保护区
47	罗平万峰山市级自然保护区
48	师宗菌子山市级自然保护区
49	洱源海西海州级自然保护区
50	西双版纳澜沧江－湄公河流域鼋、双孔鱼州级自然保护区
51	金沙江水系水生动物市级自然保护区
52	曲靖珠江水系水生动物市级自然保护区
53	南溪河水生野生动物州级自然保护区
54	西双版纳罗梭江鱼类州级自然保护区
55	西双版纳布龙州级自然保护区
56	西双版纳易武州级自然保护区

县(市、区)级保护区	
序号	名称
1	新平哀牢山县级自然保护区
2	佛殿山县级自然保护区
3	牛倮河县级自然保护区
4	棠梨山县级自然保护区
5	禄丰五台山县级自然保护区
6	易门脚家店恐龙化石县级自然保护区
7	新平磨盘山县级自然保护区
8	宁洱松山县级自然保护区
9	个旧薹棕县级自然保护区
10	勐梭龙潭县级自然保护区
11	墨江常林河（坝卡河）县级自然保护区
12	镇沅湾河县级自然保护区
13	昌宁澜沧江县级自然保护区
14	澄江梁王山县级自然保护区
15	孟连南垒河水生生物县级自然保护区
16	景洪县级自然保护区
17	师宗大堵水库县级自然保护区
18	师宗东风水库县级自然保护区
19	易门翠柏县级自然保护区
20	鲁纳黄杉县级自然保护区
21	马龙区黄草坪区级自然保护区
22	师宗翠云山县级自然保护区
23	朗目山区级自然保护区
24	青峰山区级自然保护区
25	五台山区级自然保护区
26	师宗丁累大箐县级自然保护区
27	陆良彩色沙林县级自然保护区
28	腾冲地热火山县级自然保护区
29	开远南洞县级自然保护区
30	翠坪山县级自然保护区
31	通海秀山县级自然保护区
32	宜良竹山总山神天然林县级自然保护区
33	阳宗海老爷山县级自然保护区
34	宜良九乡麦田河县级自然保护区
35	华宁登楼山县级自然保护区
36	江川大龙潭县级自然保护区
37	梁河勐科河流域县级自然保护区
38	巧家马树县级自然保护区
39	金沙江绥江段珍稀特有鱼类县级自然保护区
40	会泽牯牛寨杜鹃县级自然保护区
41	会泽大井元江栲县级自然保护区
42	会泽待补鸡鸣山县级自然保护区
43	曲靖潇湘谷区级原始森林生态自然保护区
44	勐海县级自然保护区
45	勐腊县澜沧江绿三角县级自然保护区
46	峨山高鲁山县级自然保护区

审图号：云S(2019)010号

本图境界不作划界依据。

Nature Reserve in
Yunnan Province

第一篇 云南自然保护区历程

自然保护区历程

一、自然保护区发展历程

（一）发展阶段

根据自然保护区发展、建设和管理状况，将云南自然保护区60年的历程分为始建阶段（1958—1960年）、停滞阶段（1961—1977年）、快速发展阶段（1978—2005年）、规范化管理阶段（2006年至今）4个发展阶段。

1. 始建阶段（1958—1960年）

1956年，动物学家秉志与植物学家钱崇澍、秦仁昌等老一辈科学家提出的《请政府在全国各省市（区）划定天然林禁伐区，保护自然植被，以供科学研究需要》的第92号提案，在第一届全国人民代表大会第三次会议上通过。国家林业部发布了《天然森林禁伐区（自然保护区）划定草案》。12月，云南省林业厅报经省政府同意，发布了云南省禁伐区划留意见。

1958年9月，吴征镒研究员和寿振黄研究员联名提出《筹建自然保护区的建议》，建议建立24个自然保护区。10月4日，中国科学院云南分院将《建议》行文报云南省人民委员会。10月10日，省人民委员会以省人委（58）会科字第2号文批复，拉开了云南自然保护区建设的序幕。

1959—1960年，在云南省林业综合设计院承担编制的《云南省林业发展规划总方案》中，提出建设24个自然保护区的方案，确定了地点和大致范围，规划总面积约26万公顷。

中国科学院云南分院对西双版纳进行了勘查，初步确定了大勐龙、勐养、勐腊、勐仑4个保护区范围，面积合计约5.72万公顷。云南大学生物系组织对上述4个自然保护区和无量山自然保护区进行了植被和植物区系的调查。

在后续的20年间，因仅有西双版纳境内的4个保护区持续得到一定程度的保护管理，又因在20世纪80年代整合成了西双版纳自然保护区，所以云南自然保护区始建年度确定为1958年，西双版纳自然保护区被确定为云南建立的第一个保护区，并于1986年扩建晋升为国家级自然保护区

2. 停滞阶段（1961—1977年）

1961年以后，中国受三年自然灾害的持续影响，已规划保护区的隶属关系、机构设置、人

员编制、经费来源等未能得到落实。1966年后，又逢10年之久的“文化大革命”，使得此期间保护区的建设处于停滞状态。

1973年8月，全国第一次环境保护工作会议酝酿讨论《自然保护区管理条例（草案）》，受当时形势所限未能取得应有成果。

同年，云南省科教局发文将因采伐而失去保护价值的大勐龙保护区调整出保护区，余下勐养、勐腊、勐仑3个保护区也做了调整，总面积调减至4.58万公顷。

1976年9月，云南省林业局下达勐养、勐仑、勐腊3个林管站第一批招工指标，西双版纳州林业局增设自然保护科，景洪县和勐腊县林业局增设自然保护股。

3. 快速发展阶段（1978—2005年）

1978年12月，中国共产党召开十一届三中全会，做出了拨乱反正、改革开放的重大决策，实现了中华人民共和国成立以来党的历史性伟大转折。随着一系列自然保护区政策的出台、会议的召开，云南与全国一道，开展了自然保护区区划，使自然保护区建设步入了抢救性保护和快速发展的轨道。

1979年10月，国家林业部、中国科学院等八部门联合发出了《关于加强自然保护区管理、区划和科学考察工作的通知》，正式把自然保护区的工作提上了议事日程。

1979年12月3日，云南省人民政府向国务院上报了《关于建立南滚河自然保护区的报告》，1980年3月16日，根据《国务院关于建立南滚河自然保护区的批复》（国发〔1980〕67号），同意建立南滚河自然保护区，使之成为云南第一个国家级自然保护区。

1980年9月，全国农业区划委员会在四川成都召开了“全国自然保护区区划工作会议”，对全国自然保护区建设做了具体部署。

同年，云南省林业厅组织云南省森林资源勘察四大队进行综合论证，在1960年《云南省林业发展规划总方案》中对自然保护区的规划基础上，经现场踏勘、征询意见、分析研究，提出了在全省建立22个自然保护区和12个保护点的区划方案上报。

1981年11月6日，云南省人民政府以云政发〔1981〕310号文发出《关于建立自然保护区的通知》。从此云南开始进入规模化建立自然保护区的轨道，各级自然保护区逐步建立。

1981—1983年间，云南省森林资源勘察四、五、六大队，对30个自然保护区（点）进行了全面调查和规划后，云南省人民政府于1983—1986年分批对其中的26个进行了正式批复。

1985年6月21日国务院批准、1985年7月6日林业部公布施行《森林和野生动物类型自然保护区管理办法》，这是我国首部自然保护区行政法规，为依法保护自然保护区提供了法律依据。

1986年7月10日，西双版纳、高黎贡山根据《国务院批转林业部关于审定国家级森林和野生动物类型自然保护区请示的通知》（国发〔1986〕75号），晋升为国家级自然保护区。

1987年10月6日，云南省人民政府发布了《云南省森林和野生动物类型自然保护区管理细则》。

1988年5月9日，白马雪山、哀牢山根据《国务院关于公布第二批国家级森林和野生动物类型自然保护区的通知》（国发〔1988〕30号），晋升为国家级自然保护区。

1990年，云南省林业厅成立野生动植物保护管理办公室，加强了全省林业系统所辖自然保护区的管理和指导。

1993年，西双版纳国家级自然保护区加入联合国教科文组织世界生物圈保护区网络。

1994年10月9日，国务院令第167号发布了《中华人民共和国自然保护条例》。

1996年，启动全球环境基金（GEF）“自然保护区管理”项目，包括西双版纳自然保护区建设和云南省林业厅机构能力建设，为期5年。

1997年12月3日，云南省第八届人民代表大会常务委员会第三十一次会议通过《云南省自然保护区管理条例》，1998年3月1日起施行。

1999年，启动中荷合作云南省森林保护与社区发展项目（FCCDP），项目区包括菜阳河、糯扎渡、无量山、高黎贡山、小黑山、铜壁关6个自然保护区，为期9年（含巩固期）。

2000年，高黎贡山国家级自然保护区加入联合国教科文组织世界生物圈保护区网络。

2001年6月，由国家林业局组织编制的《全国野生动植物保护及自然保护区建设工程总体规划》得到国家计委的正式批准。云南省林业厅组织编制了《云南省野生动植物保护及自然保护区建设工程总体规划》，2002年10月11日获省人民政府批复。

2004—2005年，云南省林业厅联合省编办、省财政厅等开展了全省林业系统管理的自然保护区调研。

在自然保护区快速发展阶段，全省新建和晋级自然保护区191个。在1984—1988年和1999—2003年的两个五年间，出现新建和晋级自然保护区的两次高峰，新建和晋级自然保护区数量分别达到46个和73个。至2005年底，全省共建立自然保护区157个，总面积300.97万公顷，自然保护区的空间布局基本完成。

4. 规范化管理阶段（2006年至今）

2006年10月28日，国家林业局宣布正式启动全国林业示范自然保护区建设工作，同时宣布全国51个首批国家级示范自然保护区正式挂牌。开展示范自然保护区建设旨在逐步探索和形成我国自然保护区建设和管理的典型模式，为全国自然保护区发展发挥指导和示范作用，全面促进我国自然保护区建设管理水平的整体提高。云南有西双版纳、高黎贡山、白马雪山3个国家级自然保护区作为示范保护区，以此为标志，云南自然保护区从快速发展阶段进入规范化管理阶段。

2006年8月，云南省编办同意云南省林业调查规划院加挂“云南省自然保护区研究监测中心”牌子，履行全省自然保护区技术支撑职能。

2008年1月，云南省人民政府批准印发了云南省林业厅组织云南省林业调查规划院编制的《云南省生物多样性保护工程规划》，提出了自然保护区发展方案、重点保护区建设、保护区能力建设等规划内容。

2008年6月，国家林业局批准云南省为国家公园建设试点省，以具备条件的自然保护区为依托开展国家公园建设工作，探索具有中国特色的国家公园模式。

2011年10月31日，出台了《云南省人民政府关于进一步加强自然保护区建设和管理的意见》（云政发〔2011〕225号）。

2012年以来，云南省林业厅组织制订了《自然保护区建设项目生物多样性影响评价技术规范（LY/T 2241—2014）》《自然保护区与国家公园生物多样性监测技术规程（DB 53/T 391—2012）》《 自然保护区与国家公园巡护技术规程（DB 53/T 392—2012）》《森林旅游示范区评定规程（DB 53/T 627—2014）》《湿地生态监测（DB 53/T 653—2014）》《自然保护区管理规范（DB 53/T 855—2017）》等一系列自然保护区规范管理的相关技术标准。

2014年12月31日，印发了《云南省机构编制委员会关于印发〈云南省自然保护区管理机构管理办法（试行）〉的通知》（云编〔2014〕85号）。

2015年，云南省编委相继对16个州、市设置国家级、省级自然保护区管护机构进行了批复。

2016年，云南省林业厅同省委组织部、省委编办、省财政厅、省人社厅，联合下发了《关于进一步明确自然保护区管理体制有关问题的通知》（云林联发〔2016〕32号）。

在自然保护区规范化管理阶段，全省自然保护区数量、面积趋于稳定，新建和晋级自然保护区数量仅26个。至2017年底，全省自然保护区数量161个，总面积286.41万公顷，基本形成了布局较为合理、类型较为齐全、功能较为完备的自然保护区网络体系。

（二）发展状况

受国家大政方针和政策、法规、认识等一系列因素影响，云南省自然保护区数量、面积的发展变化在不同时期呈现出不均衡的特点。不同年度新建和晋级自然保护区的数量情况见图1、表1。

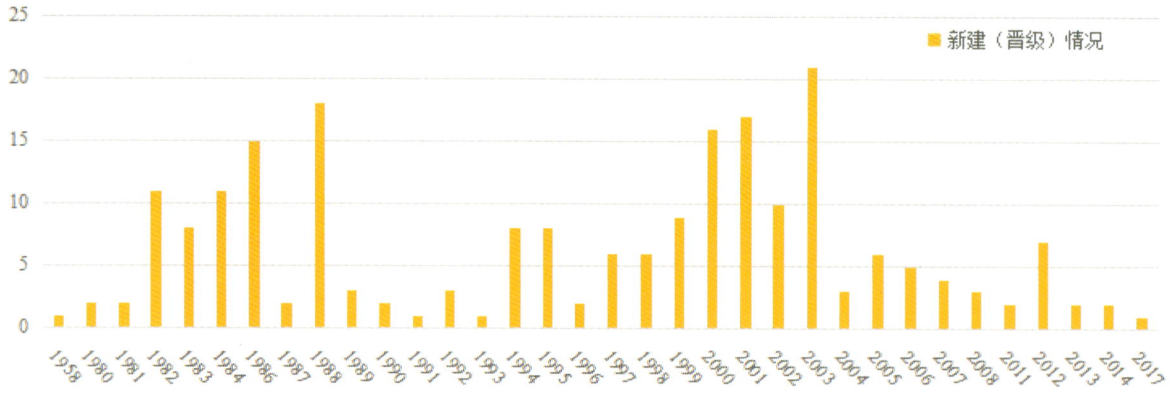

图1　自然保护区新建（晋级）数量按年度统计示意图

不同年度全省自然保护区面积数量情况见图2、表1。

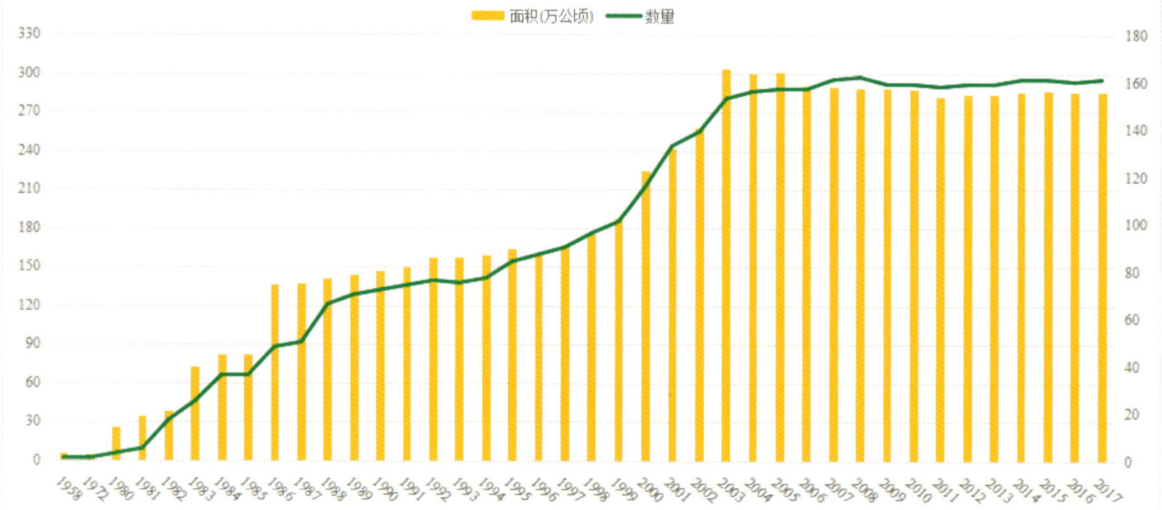

图2　自然保护区数量面积按年度统计示意图

表1　自然保护区数量面积与新建情况按年度统计表

年份	数量与面积										新建（晋级）情况				
	合计		国家级		省级		州市级		县级		合计	国家级	省级	州市级	县级
	数量	面积	数量	面积	数量	面积	数量	面积	数量	面积					
1958	1	57233			1	57233					1		1		
1972	1	45800			1	45800									
1980	3	258348	1	6670	1	241700			9978	1	2	1			1
1981	5	341575	1	6670	2	321400	1	3527	9978	1	2		1	1	

续表

年份	数量与面积										新建（晋级）情况				
	合计		国家级		省级		州市级		县级		合计	国家级	省级	州市级	县级
	数量	面积	数量	面积	数量	面积	数量	面积	数量	面积					
1982	17	379777	1	6670	2	321400	13	41729	9978	1	11			11	
1983	25	733256	1	6670	7	664221	13	41729	20636	4	8		5		3
1984	36	821147	1	6670	17	750912	13	41729	21836	5	11		10		1
1985	36	821147	1	6670	17	750912	13	41729	21836	5					
1986	48	1361182	3	368370	28	932774	12	38202	21836	5	15	2	13		
1987	50	1366546	3	368783	28	932774	12	38202	26787	7	2				2
1988	66	1405097	5	608927	25	685270	28	67706	43194	8	18	2		15	1
1989	70	1435578	5	608927	27	692328	28	67706	66617	10	3		1		2
1990	72	1467689	5	608927	27	692328	29	86906	79528	11	2			1	1
1991	74	1500472	5	608927	29	725428	29	86906	79211	11	1		1		
1992	76	1568376	5	608927	28	718428	30	95906	145115	13	3			1	2
1993	75	1568376	5	608927	29	778201	30	95906	85342	11	1		1		
1994	77	1587364	6	688627	34	789307	27	50706	58724	10	8	1	6		1
1995	84	1635930	6	688627	37	829151	27	50706	67446	14	8		4		4
1996	87	1597816	6	688627	40	791037	27	50706	67446	14	2		2		
1997	90	1668001	6	688627	42	799826	25	41167	138381	17	6		3		3
1998	96	1749242	6	688627	44	812642	25	41167	206806	21	6		2		4
1999	101	1883773	6	688627	45	972007	25	41167	181972	25	9		2		7
2000	116	2249077	8	1117970	42	864338	25	41167	225602	41	16	2	1		13
2001	133	2424077	10	1203990	40	806945	40	172049	241093	43	17	2		13	2
2002	139	2576735	10	1203990	48	985408	38	159068	228269	43	10		7		3
2003	153	3038797	13	1381859	45	993966	56	458525	204447	39	21	3	1	17	
2004	156	2997413	13	1381859	44	925579	57	472525	217450	42	3			1	2
2005	157	3009714	15	1402946	46	932223	56	463633	210912	40	6	2	3	1	
2006	157	2913038	17	1433398	45	806219	56	446910	226511	39	5	2	1	2	
2007	161	2902207	17	1433398	45	805730	58	433965	229114	41	4			2	2
2008	162	2894012	17	1433398	45	775962	59	456131	228521	41	3			1	2
2009	159	2894400	17	1433398	44	779391	57	453096	228515	41					
2010	159	2883652	17	1433398	44	779470	57	447424	223360	41					
2011	158	2817655	18	1446656	42	713662	58	454636	202701	40	2	1		1	
2012	159	2840411	20	1483510	38	693240	57	443201	220460	44	7	2	1		4
2013	159	2840420	21	1509697	38	674270	56	435993	220460	44	2	1	1		
2014	161	2864259	21	1509697	38	674442	57	444908	235212	45	2			1	1

续表

年份	数量与面积										新建（晋级）情况				
	合计		国家级		省级		州市级		县级		合计	国家级	省级	州市级	县级
	数量	面积	数量	面积	数量	面积	数量	面积	数量	面积					
2015	161	2869579	21	1509697	38	677231	57	444066	238585	45					
2016	160	2855997	21	1509697	38	677814	56	441306	227180	45					
2017	161	2864092	21	1509697	38	677814	56	441306	235275	46	1				1

二、自然保护区现状

（一）数量与面积

至2017年底，全省已建各种类型、不同级别的保护区161个，总面积286.41万公顷，占全省总面积的7.3%。全省自然保护区数量位居全国第6位，保护区面积位居全国第9位，面积占比低于全国自然保护区14.8%的平均水平，居全国中游。

1. 按保护级别统计

至2017年底，全省有国家级自然保护区21个，面积150.97万公顷，分别占全省自然保护区总数的13.0%和总面积的52.7%。省级自然保护区38个，面积67.78万公顷，分别占全省的23.6%和23.7%。州（市）级自然保护区56个，面积44.13万公顷，分别占全省的34.8%和15.4%。县（市、区）级自然保护区46个，面积23.53万公顷，分别占全省的28.6%和8.2%。

2. 按保护类型统计

森林生态系统类型自然保护区94.7个，面积219.76万公顷，分别占全省的58.82%和76.73%。湿地生态系统类型自然保护区15.3个，面积12.48万公顷，分别占全省的9.50%和4.36%（苍山洱海国家级自然保护区属森林生态系统和湿地生态系统两种类型，分别按面积以70%和30%进行统计）。野生动物类型自然保护区23个，面积42.78万公顷，分别占全省的14.29%和14.94%。野生植物类型自然保护区10个，面积7.76万公顷，分别占全省的6.21%和2.71%。地质遗迹类型自然保护区8个，面积1.74万公顷，分别占全省的4.97%和0.61%。古生物遗迹类型自然保护区2个，面积0.38万公顷，分别占全省的1.24%和0.13%。自然文化综合体类型自然保护区8个，面积1.51万公顷，分别占全省的4.97%和0.53%。

3. 按行政区划统计

全省16个州（市）均有自然保护区分布，各州（市）自然保护区的数量、面积存在差异，具体见表2。

表2　各州(市)自然保护区数量、面积统计表

序号	州(市)名称	数量（个、%）		面积（万公顷、%）		
		合计	占全省保护区数量比例	合计	占全省保护区面积比例	占各州(市)国土面积比例
1	昆明市	6	3.7	2.80	0.98	1.3
2	曲靖市	23	14.3	30.33	10.59	10.2
3	玉溪市	15 1/6	9.4	11.04	3.85	7.2
4	昭通市	14	8.7	10.94	3.82	4.8
5	楚雄州	16 3/6	10.2	18.89	6.60	6.5
6	红河州	8	5.0	18.34	6.41	5.6
7	文山州	8	5.0	9.46	3.30	2.9
8	普洱市	12 5/6	8.0	10.55	3.68	2.3
9	西双版纳州	9	5.5	42.91	14.99	21.8
10	大理州	27 1/2	17.1	18.13	6.33	6.2
11	保山市	4 1/2	2.8	11.57	3.63	5.3
12	德宏州	2	1.2	5.48	1.91	4.8
13	丽江市	3	1.9	4.07	1.42	1.9
14	怒江州	2 1/2	1.6	40.84	14.26	27.8
15	迪庆州	4	2.5	32.00	11.17	13.4
16	临沧市	5	3.1	20.22	7.06	8.3

注：跨州市的自然保护区数量按分数计算。

4. 按面积规模统计

小型规模的自然保护区有108个，面积共32.11万公顷，分别占全省自然保护区总数的67.1%和总面积的11.2%。中型规模的自然保护区有41个，面积共95.98万公顷，分别占全省自然保护区总数的25.4%和总面积的33.5%。大型规模的自然保护区有9个，面积共65.35万公顷，分别占全省自然保护区总数的5.6%和总面积的22.8%。超大型规模的自然保护区有3个，面积共92.97万公顷，分别占全省自然保护区总数的1.9%和总面积的32.5%。

5. 按管理部门统计

林业部门管理的自然保护区共有132个，面积269.41万公顷，分别占全省的82.0%和93.7%。环保部门管理的自然保护区共有10个，面积14.94万公顷，分别占全省的6.2%和5.2%。农业部门管理的自然保护区共有8个，面积0.56万公顷，分别占全省的5.0%和0.2%。国土部门管理的自然保护区共有4个，面积0.86万公顷，分别占全省的2.5%和0.3%。水利部门管理的自然保护区共有3个，面积1.01万公顷，分别占全省的1.9%和0.3%。住建部门管理的自然保护区共有3个，面积0.51万公顷，分别占全省的1.8%和0.2%。旅游部门管理的自然保护区1个，面积0.28万公顷，分

别占全省的0.6%和0.1%。

按照正在开展的机构改革，自然保护区等自然保护地即将由林业和草原部门统一管理。

6. 按流域统计

金沙江流域的自然保护区有52个，面积66.60万公顷，分别占全省的32.3%和23.3%，占流域面积的6.1%。珠江流域的自然保护区有30个，面积31.17万公顷，分别占全省的18.6%和10.9%，占流域面积的5.3%。红河流域的自然保护区有30个，面积44.91万公顷，分别占全省的18.6%和15.7%，占流域面积的6.0%。澜沧江流域的自然保护区有37个，面积84.11万公顷，分别占全省的23.0%和总面积的29.4%，占流域面积的9.5%。怒江流域的自然保护区有7个，面积29.03万公顷，分别占全省的4.3%和10.1%，占流域面积的8.7%。伊洛瓦底江流域的自然保护区有5个，面积30.59万公顷，分别占全省的3.1%和10.6%，占流域面积的16.1%。

（二）建设与管理

1. 法制建设与执法

在国家颁布的相关法律法规基础上，云南省陆续制定了一系列与保护区相关的地方性条例、办法或细则，为保护区管理提供了法律依据。主要有：《云南省森林和野生动物类型自然保护区管理细则》《云南省珍稀动物保护名录》《云南省第一批省级重点保护野生植物名录》《云南省珍贵树种保护条例》《云南省陆生野生动物保护条例》《云南省自然保护区管理条例》《云南省重点保护陆生野生动物造成人身财产损害补偿办法》《云南省林地管理条例》和《云南省湿地保护条例》。

部分州、市颁布了地方法规，包括：西双版纳州《自然保护区条例》《野生动物保护条例》《澜沧江管理条例》《森林资源保护条例》；大理白族自治州《苍山保护条例》；文山州《森林和野生动物自然保护区管理条例》；红河州《林业管理条例》等。

全省有9个保护区实现了一区一法，如《拉市海高原湿地自然保护区管理办法》《云南省昭通大山包黑颈鹤国家级自然保护区条例》等。

2. 机构与人员

（1）管护机构

2014年12月31日，云南省编办出台了《云南省自然保护区管理机构管理办法》，自然保护区体制长期不顺的难题得到突破性解决，自然保护区改革发展进入新阶段，全省保护区管理机构逐步健全。目前保护区已设置156个管护机构，其中：国家级自然保护区管护机构35个；省级自然保护区管护机构40个；州（市）、县（市、区）级自然保护区管护机构81个。

（2）人员编制

目前全省省级以上自然保护区人员编制数为2726名，属事业编制，其中，国家级自然保护区有人员编制1836名，占总编制数的67.4%；省级自然保护区有人员编制890名，占总编制数的32.6%。州（市）级、县（市、区）级自然保护区主要是由当地主管部门代为监督和管护，其人员编制纳入当地主管部门，人员编制尚未进行统计。

3. 基础设施建设

当前，国家级自然保护区基础设施建设基本能满足保护需求，大部分保护区还具备了实现对外开展科普宣教、教学实习、科研合作的功能。有15个省级保护区在1995年前由云南省计委（现云南省发改委）投资建设了管理局、所、站址的部分办公用房；有4个省级保护区通过开展国际合作项目，解决了部分管护用房建设和界桩、界碑埋设，有10个省级保护区由县级财政投资建设了管护站所用房；约五分之一的省级自然保护区设置了部分界桩、界碑。

“十一五”期间，全省共立项实施国家级自然保护区基础设施建设项目18个，总投资16730万元。共有11个项目竣工，实际完成投资10222万元，其中，中央投资7427万元，省级配套778万元，州（市）、县配套2017万元。同时，大山包、碧塔海、纳帕海、泸沽湖、海峰5个湿地自然保护区实施了湿地保护与恢复工程建设项目，总投资3630 万元。

“十二五”期间，全省自然保护区基础设施建设累计投资23389万元。其中，中央下达的国家级自然保护区基础设施建设项目9个，投资11559万元。

2016—2017年，国家林业局分别下达临沧南滚河、永德大雪山国家级自然保护区三期基础设施工程建设项目资金1613万元、1360万元。

“十二五”以来，中央预算内投资林业基础设施建设项目投入大山包、苍山洱海、腾冲北海等湿地自然保护区资金共26129万元；中央财政林业发展改革湿地补贴项目投入拉市海、碧塔海、纳帕海、大山包等湿地自然保护区17050万元。

4. 能力建设

能力建设是自然保护区保护、管理能力得到保障的重要体现。自2008 年国家建立国家级自然保护区能力建设补助资金投入渠道以来，“十一五”期间，全省自然保护区共争取项目11个，总投资1000万元；“十二五”期间，中央、省级财政分别安排资金10080万元、1750万元，实施自然保护区能力建设项目102个，开展国家级自然保护区中央财政补助资金项目36个。

2016年，财政部、国家林业局批复了轿子山等8个国家级自然保护区财政补助资金项目，批复资金为2100万元。

2006年以来，西双版纳国家级自然保护区管理局与老挝南塔省农林厅、南木哈国家级自然保护区、丰沙里省和乌多姆赛省自然资源与环境厅等协商开展合作保护。中老双方共开展了12

次中老边境交流合作年会、7次边民交流会、15次工作推进会、6次野外监测巡护。双方共同在边境一线建立了“中老跨境生物多样性联合保护区域”，构建起了长约220千米、面积约20万公顷的中老边境绿色生态长廊，率先建立跨境联合保护区域，双边交流互访和多方合作机制，促进了热带雨林和亚洲象的保护。

5. 总体规划与管理计划

全省已编制总体规划且在实施年限内的自然保护区共有48个，其中：国家级保护区11个，省级保护区25个，州（市）级保护区8个，县（市、区）级保护区4个，同时有42个自然保护区总体规划在编。有14个国家级、10个省级和4个州市级、县级自然保护区编制了管理计划。

6. 巡护管理

全省国家级和省级自然保护区多已进行了程度不等的勘界，并埋设界桩及功能区桩，但有少数省级保护区以及大多数州市级、县级保护区还未开展勘界立标工作。

巡护管理是保护区的日常工作、基础工作，多数保护区持续开展巡护。2013—2014年，省林业厅组织制订了《自然保护区与国家公园巡护技术规程》地方标准，发布了《云南省自然保护区与国家公园巡护管理办法》。目前，全省各保护区建立了巡护工作制度，部分制定了巡护工作计划，明确巡护责任，规定了基层工作人员和护林员月巡护天数；制定出巡护路线，明确巡护目的、重点部位、防火重点、重点保护物种位置等。

7. 科考与科研监测

目前，全省全部国家级和省级自然保护区、约三分之一的州市级和县级自然保护区已经完成或正在组织开展综合科学考察，少数保护区组织开展了第二次科学考察。

西双版纳、高黎贡山、白马雪山等12个自然保护区设立了科研机构，组建了科研队伍，各级自然保护区参与从事科研工作的共有401人。近几年保护区组织或与其他科研机构合作开展的项目呈大幅增长趋势，2017年，全省国家级和省级自然保护区共开展各类研究项目128项，其中新启动项目6项，在研项目90项，结题项目32项。

保护区生物多样性监测工作开展了20余年，但一直不成体系。2013—2014年，省林业厅组织制订了《自然保护区与国家公园生物多样性监测技术规程第1部分：森林生态系统及野生动植物》《湿地生态监测》《云南省自然保护区与国家公园生物多样性监测管理办法》；2015年印发了《云南省自然保护区生物多样性监测体系规划》。目前，全省国家级自然保护区和少数省级自然保护区完成了监测计划的编制工作，通过了专家审查和省林业厅的正式批准，按计划开展监测工作。全省已投资建设65个国家级、省级陆生野生动物疫源疫病监测站，多依托自然保护区开展监测。

8. 宣传教育

长期以来，各自然保护区管理机构通过报刊、书籍、网站、电视等媒体，利用每年的“爱鸟周”“世界环境日”“湿地日”“野生动物保护宣传月”“护林防火”等有利时机，组织开展生物多样性保护的知识竞赛、观鸟比赛、云南生态保护摄影大赛，印制系列宣传画册和宣传材料，拍摄播出各类专题片等多种形式，广泛开展宣教活动，每年受教育人数达120 万人次。已有30个自然保护区建立了网站。2017年，省林业厅与报业集团联合开展“美丽云南——穿越自然保护区”融媒体采访活动；自然保护区开展夏令营、冬令营宣传活动70余次，参与人数约8000人次。

保护区已建游客教育中心17处，建筑面积约5.5万平方米，年访客人数达790万人次；已建陈列馆、宣教馆23处，建筑面积约1万平方米，年访客人数达235万人次；已建科研宣教基地23处。

“十二五”期间，全省各级自然保护区共接受各级新闻媒体报道3866次（篇），共制作各类题材宣传视频短片142部，其中在国家级媒体播放的113部；共制作发放各种宣传品246.89万份。2017年，各级新闻媒体宣传报道全省各级自然保护区共889次（篇）。全省自然保护区各类题材的宣传视频短片在省级以上媒体播放的有53部，共计时长293分9秒。

大围山、西双版纳、高黎贡山、无量山、白马雪山等保护区与高校、科研院所合作，建立了教学实习基地，每年开展教学实习近1000人次。

9. 社区共管

全省部分保护区管理部门与当地社区保持了良好关系，逐步建立了社区参与管理机制，协调并妥善处理好资源保护与利用冲突。在社区共管实施中，与天然林保护、退耕还林、农村能源建设以及国际合作等项目的实施结合起来，帮助推广先进实用农业技术，兴修水利设施，发展混农林业等，从而做到和谐共赢，促进山区社会进步。以白马雪山保护区通堆水社为例，2004年白马雪山国家级自然保护区管理局在这里开展社区共管活动，通过4年努力，该村的社会经济面貌发生了深刻变化，粮食亩产从过去的200 斤增至600斤，实现了村村通电，家家都装上了电视机，经济收入从户均3000元增长到10000元；高黎贡山自然保护区保山管护局帮助百花岭村寨成立的中国第一个“农民生物多样性保护协会”已20多年，目前仍在发挥重要作用。

截至2017年底，共建立社区共管示范村106处。2017年，共签订管护协议8027份，社区共管投入经费共计2252.39万元，社区共管项目支出经费共计2638.63万元，共聘请护林员4399人。生态旅游服务为保护区周边居民提供了就业渠道，以西双版纳保护区为例，每年景区解决当地社区群众就业岗位1000多个。

三、自然保护区保护成效

（一）大部分典型和特有自然生态系统及重要物种得到有效保护

自然保护区的建设使云南大多数自然生态系统类型、珍稀濒危野生动植物和重要自然遗迹得到了就地保护，在全省生物多样性保护与生态保护中发挥了核心作用。根据调查统计，全省超过90%的国家重点保护植物和约80%的国家重点保护动物，被列为主要保护对象在自然保护区得到有效保护。自然保护区奠定了全省生物多样性宝库的地位。

全省自然保护区保护了云南省80%的典型森林生态系统类型和最精华的天然优质森林。全省面积约57%的热带雨林和季雨林已在西双版纳、大围山、黄连山、铜壁关等多个自然保护区中得到保护；约15%的季风常绿阔叶林已在西双版纳、黄连山、菜阳河、文山、糯扎渡、高黎贡山等自然保护区得到保护；约15%的半湿润常绿阔叶林已在金光寺、雕翎山等自然保护区得到保护，约16%的中山湿性常绿阔叶林已在哀牢山、无量山、高黎贡山、大雪山等自然保护区中得到就地保护；约36%的寒温性针叶林已在白马雪山、玉龙雪山、哈巴雪山等自然保护区得到保护。同时，还涵盖了30%的天然湖泊水体，孕育了集水面积在100公顷以上的河流908条；全省37个主要高原湖泊有10个被划为保护区。

众多珍稀濒危物种在自然保护区得到保存、发展。据调查，国家重点保护植物的种群数量在保护区内分布的比例达70%以上，其中巧家五针松、望天树等全部分布于保护区内，毛枝五针松分布比例为97.2%，东京龙脑香为92.5 %，长蕊木兰为98.2%。滇金丝猴在白马雪山国家级自然保护区的种群由2004年的约1300只增加到2014年的约1900只，在云龙天池国家级自然保护区由2004年的85只增加到2014年的130只；2011年在高黎贡山国家级自然保护区泸水片发现怒江金丝猴种群分布，目前已证实有3群200余只；全省西黑冠长臂猿约有307群，其中在无量山、哀牢山等自然保护区内分布有301群，占98.0%；黑颈鹤种群数量在大山包国家级自然保护区由2002年的916只增加至2017年1422只。

（二）西南生态安全屏障的生态服务功能得到显著加强

云南地处青藏高原与长江中下游平原、中南半岛过渡的云贵高原，太平洋与印度洋地质板块和大气环流结合部，生态区位极为重要，是我国重要的生态安全屏障。在国家“两屏三带”十大生态安全屏障中，云南肩负着“西部高原”“长江流域”“珠江流域”三大生态安全屏障的建设任务，在国家生态安全战略和国际生态安全格局中具有重要的地位。云南省地处六大流域的中、上游或源头区域，生态区位十分重要。全省已实施天然林保护、退耕还林、重点生态公益林补偿和防护林体系建设工程。特别是自然保护区已基本在各个流域形成保护网络，成为重要的流域生态安全屏障。由于多年的保护管理，自然保护区自然资源和生物多样性得到较好的保护与恢复，保护区生态服务功能显著提升。根据2011年完成的评估报告，经对选取的6类11项指标进行评估，云南省国家级、省级自然保护区2010年提供的森林生态服务价值达2009.02亿元，相当于云南省2010年地区生产总值（GDP）的27.8%，每年每公顷森林生态服务价值达12.31万元（每亩价值8200元），为云南省森林生态系统服务功能平均值5.06万元（《中国森林生态服务功能评估》）的2.4倍。根据2018年完成的最新评估，云南省国家级、省级自然保护区森林生态系统服务功能总价值提高到每年2129.35亿元，单位面积森林生态系统服务功能价值为每年每公顷13.02万元。森林生态系统服务功能总价值较2010年增加120.33亿元，增长率5.99%；每公顷森林生态系统服务功能价值较2010年提升0.71万元，增长率5.77%。评估结果充分体现了自然保护区这一特殊区域的森林生态服务的价值和地位，确保了西南生态安全屏障得到巩固和提升。

（三）为以国家公园为主体的自然保护地体制改革奠定了基础

党的十八届三中全会明确提出要建立国家公园体制，确定了我国保护地建设的主导方向。党的十九大报告提出构建国土空间开发保护制度，完善主体功能区配套政策，建立以国家公园为主体的自然保护地体系。云南省在1996年以来率先开展了国家公园保护模式的探索，云南省人民政府批准建设的13个国家公园中，有西双版纳、普洱、高黎贡山、南滚河、大围山、哀牢山、白马雪山等11个国家公园是在自然保护区的基础上建立的。云南已建的自然保护区有着优越的自然资源禀赋，特殊的地质地貌，加上生态系统类型多样，物种多样性富集，景观资源独特而丰富，以及多年的保护实践，为国家以国家公园为主体的自然保护地体制改革奠定了良好的自然条件和管理基础，必将为改革的成功发挥决定性作用。

（四）自然生态文化不断弘扬

基于人对自身与自然界关系认识的不断提高，生态文明建设的教育机制，各类媒体对生态文化的广泛宣传，以人与自然和谐发展为主的生态文明观已深入人心。云南省多年来依托自然保护区，积极开展科普宣教，致力于提高公众保护意识，营造生态文明，取得了良好的成效。自20世纪90年代以来，部分保护区就与国内外的大专院校、科研院所开展广泛合作，建立了一批各具特色的教学实习基地、科普教育基地及研究基地。建成了一批“全国科普教育基地”“云南省科普教育基地”“区校共建”的教学实习基地。全民参与自然保护与森林生态文化宣传，具有云南特色的生态文化宣传教育网络体系建设稳步推进。以自然保护区为主体的宣传教育基地创建活动已启动实施，各民族优秀的自然生态保护文化得到不断弘扬。

（撰稿：华朝朗、钟明川、杨芳）

Nature Reserves in
Yunnan Province

第二篇

云南自然保护区回顾

自然保护区建设前期工作琐记

——为云南自然保护区建设60周年而作

“忆往昔，峥嵘岁月稠。”自1958年开始，自然保护区建设与发展，走进了云南林业建设的日程，迄今已过花甲之年。作为一名长期从事森林资源调查规划设计部门的科技人员，也曾受聘担任过云南省自然保护区评审委员会委员，经历了这六十年来云南省自然保护区发展的起伏过程，更多的是参与或主持过一些保护区建设与发展项目的前期工作。适逢云南自然保护区建立60周年之际，做些片段回顾，以为纪念。

一、自然保护区建设的兴起

中华人民共和国成立后，百废待兴。经过三年的经济恢复时期，在实施第一个五年计划期间，于1956年第一届全国人民代表大会第三次会议上，通过了以动物学家秉志先生等提出的《请政府在全国各省市（区）划定天然林禁伐区，保护自然植被，以供科学研究需要》的第92号提案。为此，林业部发布了《天然森林禁伐区（自然保护区）划定草案》。云南省林业厅随之报经省委批转，于同年12月，发布了云南省禁伐区划留意见。

1958年9月，时任云南植物研究所副所长、中国科学院学部委员的吴征镒教授和云南动物研究所研究员寿振黄教授联名提出《筹建自然保护区的建议》。建议中提出在四个类型的地域中，建立24个自然保护区。这四个类型是：①自然垂直分布明显，容易找出山地自然条件变化规律和动植物分布规律的地域；②具有典型热带、亚热带的特殊动植物种类及典型热带森林的地域；③保护较好的松林或杂木林，对深入研究林区林分，保存采种区有帮助的地域；④对特殊类型植被能起地区自然条件的指示作用，应继续研究的地域。1958年10月4日，中国科学院云南分院将这一《建议》行文报云南省人民委员会，得到省领导的高度重视，于10月10日以省人委（58）会科字第2号文批复，并向各有关地州县发出通知，要求“立即采取措施禁伐、禁猎、禁止破坏自然保护区。指出保护区所在人民公社（或农业社）负责日常保护工作”，由此拉开了云南省自然保护区建设的序幕。

1959—1960年，云南省林业综合设计院在承担编制《云南省林业发展规划总方案》时，遵循省人民委员会的通知和中国科学院云南分院的报告，先后访问了云南植物研究所的吴征镒、冯国楣、李锡文诸位先生，充分听取了他们的意见，并共同研究保护地点的选择和保护对象。最终在规划方案中做出建设24个自然保护区的方案，并利用航空摄影照片和已有的地形图，确定自然保护区的地点和大致范围，总面积约26万公顷，并参考森林资源调查和专业调查资料，确定了主要保护对象。在此时期，中国科学院云南分院对西双版纳进行了勘查，初步确定了大勐龙、勐养、勐腊、勐仑4个保护区范围，由云南大学生物系组织对这四个自然保护区和无量山自然保护区，进行了植被和植物区系的调查。其调查成果，全部刊登在《云南大学学报》1960年第1期（云南自然保护区植被专号）上，开创了云南省自然保护区专业生物本底调查的先河。

遗憾的是，中国遭受三年自然灾害，以及随之而来的“文化大革命”，自然保护区建设深受影响。其间虽然因西双版纳大勐龙自然保护区热带森林被毁，省科委、省林业局曾于1978年提交了《关于西双版纳自然保护区情况的紧急报告》，但在隶属关系、机构设置、经费来源、人员编制等问题均未能落实，致使已规划、刚刚起步的事业，陷于停滞状态。

二、自然保护区建设的春天

1978年12月，中国共产党第十一届三中全会，英明地做出了拨乱反正、改革开放的重大决策，开始了中国特色社会主义道路的新征程。自然保护区建设也迎来发展的春天。

1979年10月，林业部、中国科学院等八部门联合发出了《关于加强自然保护区管理、区划和科学考察工作的通知》。1980年9月，全国农业区划委员会在四川成都召开了“全国自然保护区区划工作会议”，对全国自然保护区建设做了部署。会后，云南省林业厅立即行动，重新审定了1960年《云南省林业发展规划总方案》中对自然保护区的规划。邀请中国科学院在昆单位和云南大学、云南林学院等单位专家座谈。由省森林资源勘察四大队技术人员综合形成区划方案，并组成28个区划专业组，分赴51个县，对区划方案进行现地踏勘，并与当地政府沟通，征询意见。经分析研究后提出了在全省建立22个自然保护区和12个保护点的区划方案上报。1981年11月6日，省人民政府以云政发〔1981〕310号文发出《关于建立自然保护区的通知》。云南自然保护区建设又重新起步了！

为落实省人民政府通知，省林业厅将自然保护区的调查规划任务下达给云南省森林资源调查管理处（即云南省林业调查规划院前身）。于1981年至1983年间，该处所属云南省森林资源勘察四、五、六大队，对30个自然保护区（点）进行了全面调查规划，分别提交了调查规划报告和专业调查报告。依据这些成果，省人民政府先后于1983—1986年分别正式批复，明确了自然保护区的隶属关系、机构设置、人员编制和经费渠道等问题，使自然保护区建设步入正轨。

这期间，在省林业厅、省林学会主持下，由省森林资源勘察四大队、五大队分别牵头，邀请西南林学院、云南大学生物系、云南师范大学地理系、昆明动物研究所、昆明植物研究所、云南省林科院等单位有关专家，对西双版纳和哀牢山两个大型自然保护区，进行了地质地貌、气候、森林土壤、植物植被、野生动物、社会状况等多学科的综合考察，考察成果汇编成《西双版纳自然保护区综合考察报告集》（全书78万字，彩照42幅，1989年云南科技出版社出版）和《哀牢山自然保护区科学综合考察报告集》（全书45万字，彩照60幅，1988年云南民族出版社出版）。两处自然保护区的大型综合性科学考察，空前地动员了全省自然科学界的力量，引起了各方重视，推动了云南自然保护区建设，也初步揭示了自然保护区生物多样性的本底概况。

保护区的综合考察得到了省内资深专家的热情支持和指导。记得在哀牢山自然保护区考察前，邀请了吴征镒、曲仲湘、徐永椿、任玮、薛纪如、姜汉桥、金振洲、唐跃、曹诚一等老一辈教授座谈，提出了很多宝贵意见和建议。例如吴征镒先生提出冷杉林的分布问题，因为哀牢山以北的大理苍山，和哀牢山以南的镇康大雪山都记录有苍山冷杉林的分布，而哀牢山却无冷杉林的记载；姜汉桥先生提出考察时注意在哀牢山或无量山一带寻找云南松林与思茅松林天然分界线的建议；等等。这些意见不仅丰富了考察内容，更增添了科考的针对性与科学内涵。

在总结对30多个自然保护区的调查规划和两个自然保护区的科考成果的基础上，云南省林业调查规划院编写了《云南自然保护区》一书，由中国林业出版社于1989年出版，这是全国首部全省性自然保护区的科学专著，引起了国内外学术界的瞩目，也为全省自然保护区建设提供了基础资料。

三、自然保护区建设基础性工作广泛开展

20世纪90年代以来，全省自然保护区建设形成高潮，各自然保护区管理机构陆续建立，人员编制和经费逐渐落实，基础设施建设稳步推进，法制建设不断完善，社区共管开始实施。遵循“布局合理、类型齐全、结构科学、管理高效”的原则蓬勃发展，建立起以保护森林生态系统、野生动植物、内陆湿地等为主要保护对象的自然保护区网络体系。当回顾这些成就时，也欣喜地看到了我们为之努力的科学考察、总体规划、工程设计、管理计划、科学监测等基础性工作的成果付诸实施。蓝图变成了现实，令人欣慰。

开展综合科学考察，较全面地了解和掌握自然保护区的地理状况和生物多样性本底，是自然保护区建设的首要基础性工作。同时，也是评审自然保护区建立可行性的依据。继20世纪80年代对西双版纳和哀牢山两自然保护区的大型综合科学考察之后，20多年来，在省林业厅或省环境保护局的主持下，大都由省林业调查规划院或西南林学院等分别牵头，邀请有关科研教学单位的专家共同协作，先后对全省20个国家级自然保护区和30多个省级自然保护区，进行了综合科学考察。各自然保护区的综合科学考察都编写有综合性和各学科的专业报告，取得了丰硕成果。其中西双版纳、高黎贡山、哀牢山、无量山、南滚河、文山等20多个自然保护区的考察成果，已整理成科学专著正式出版，为生物多样性研究做出了贡献。

自然保护区总体规划是保护区建设与管理的基础性工作，其成果是保护区建设与管理的指导性文件。总体规划在对保护区环境、资源、经济和管理条件等因素的调查、评价与战略分析基础上，划定保护区范围、面积，确定主要保护对象、明确建设与发展思路与目标，进行总体布局和功能分区，科学合理地制定自然保护、生态恢复、科研监测、宣传教育、基础设施与配套工程、生态旅游、社区发展、机构设置等专业规划，以及建设投资估算和保障措施。总体规划文本，经评审后报上级机关批准实施。迄今全省的国家级保护区和大部分省级保护区都已编制了总体规

划。云南省林业调查规划院以其机构性质和人员、经验、技术储备等优势，承担了全省大多数的自然保护区总体规划任务，并且还承担编制了《云南省野生动植物保护和自然保护建设工程总体规划》《云南省生物多样性保护工程规划》《云南省极小种群物种拯救保护规划纲要和紧急行动计划》《云南省国家公园发展规划纲要》等全省性自然保护的总体规划。

自然保护区生物多样性监测，是检验保护管理成效和开展科学研究、实施科学管理的基础性工作。云南省自然保护区监测总的来说还处于起步阶段，其监测体系、监测方法、指标、信息等都有待完善提高。除省林业调查规划院曾多次编制过《云南省野生动植物和自然保护区资源监管项目建设可行性研究报告》外，从宏观来看，云南省林业厅保护处和云南省自然保护区研究监测中心，每年编制的《自然保护区年报》，较为详尽地发布了云南自然保护区的基本情况与管理状况，其统计数据逐年连续性，可整体上掌握全省自然保护区的动态。各自然保护区管理机构，也先后开展了监测活动，如高黎贡山国家级自然保护区，1995年即开始从海拔750米的怒江河谷，至3400米的山顶，设置了40余块永久性实测样地，不断积累可供监测分析的资料。西双版纳国家级自然保护区采用样线法、样地法结合巡护，进行动植物物种监测，2001年即提出亚洲象、绿孔雀种群监测报告等一系列初步成果。云南省林业科学院2003年编写出版的《莱阳河自然保护区定位监测》专著，对自然环境与生物多样性全面监测的探索，更有着积极意义。

此外，遵照我国基本建设程序的要求，省林业调查规划院不同时期陆续编制了自然保护区的总体设计和可行性研究报告。例如1987年的《西双版纳自然保护区总体设计》、1993年的《白马雪山自然保护区总体设计》、2000年的《西双版纳自然保护区二期建设项目可行性研究》、2003年的《大山包黑颈鹤自然保护区工程建设项目可行性研究》等，这些前期工作，为建设提供了技术支撑。

四、自然保护区建设外援项目引进工作

国家改革开放政策的实施，为开展自然保护区建设与管理的国际合作敞开了大门。为弥补保护与建设资金不足和引进国际先进保护理念和方法，在国家有关部委的关怀、支持下，云南省保护区获得了诸多的合作交流与国际资助项目。在省政府重视和省林业厅的组织下，因前期工作扎实，项目均得到顺利批准实施。例如：

GEF项目：是全球环境基金资助、世界银行担任执行机构、林业部承担实施的“中国自然保护区管理”项目，在云南、江西、福建、陕西、湖北五省的自然保护区中实施。云南省项目由西双版纳自然保护区建设和云南省林业厅机构能力建设两项组成。在林业部统一部署下，省林业厅以省林业调查规划院人员为主成立了工作组，开展了前期工作。首先调查整理有关资料，深入分析问题，研究建设项目。参与了林业部组织在北京和福建武夷山等地举办的项目研讨，数易其稿，编制和提交了《项目建议书》和多项论证文本。为有效实施项目，1995年10月，省林业厅组织保护区和规划院共派出12人，分别前往陕西佛坪和河北神农架两保护区，参

与世界银行举办的项目实施试点班。1994年开始，在世界银行专家指导下，工作组编制了《云南省自然保护区体系保护计划》，协助指导编制《西双版纳国家级自然保护区管理计划》，作为项目实施的具体方案。经过不懈的努力，1995年经世界银行执行董事会批准，项目于1996年正式启动，为期5年。

FCCD项目：是在联合国巴西环发大会后，中国与荷兰两国政府商定的“中荷合作云南省森林保护与社区发展”项目。1996年1月，省林业厅到北京参加会议后，即开始引进项目的前期工作，省林业调查规划院承担有关方案的编制，确定项目内容，提交《项目建议书》。与此同时，实施项目的高黎贡山、无量山、小黑山、糯扎渡、菜阳河、铜壁关6个保护区所在的县市林业局和省林业调查规划院，都成立了项目领导小组，进行筹备。其间荷兰方面两次派出官员和专家到云南实地考察。省林业厅也组成代表团赴荷兰学习。经过两年多的努力，1998年1月两国政府签署了实施协议，同年5月正式启动，为期5年。项目实施期间内，编写了《无量山国家级自然保护区》《小黑山自然保护区》《糯扎渡自然保护区》《菜阳河自然保护区》和《菜阳河自然保护区定位观测》5部专著，正式出版。2004年，在商务部和国家林业局的支持下，省林业厅与荷兰驻中国大使馆共同签署了为期3年的项目巩固期援助协议（被视为二期项目），使6个项目保护区的高质量管理得到巩固。

WWF项目：是省林业厅保护办与世界自然基金会协议，资助《云南自然保护》季刊的部分经费。为反映和推动云南自然保护区建设与管理，宣传方针、政策，交流管理经验，沟通保护信息，普及科学知识，展示物种资源，传播典型事例，省林业厅主办了图文并茂的内部刊物《云南自然保护》（季刊），由省林业厅保护办与省林业调查规划院老科技工作者协会共同组成编辑部。从2001年始，至2007年停刊，共出刊28期，200余万字。刊物发送至基层和与省外有关单位交流，深受欢迎。

自然界是人类社会产生、存在和发展的基础。自然保护区是人与自然的生命共同体，在生物多样性保护和维护国土安全等方面，发挥着重要作用。自然保护区建设与管理程度，是一个地区或一个国家生态文明水平的标志。我们能参与保护区的建设，是人生的一种幸运，也是林业工作者的一份责任。

习近平总书记在中国共产党第十九次代表大会政治报告中提出“加快生态文明体制改革，建设美丽的中国”的任务。云南省今年也召开多次会议，号召“将云南建设成中国最美丽的省份”。由此不觉想到，我国林学前辈，新中国第一任林垦部长梁希教授的名句：“无山不绿，有水皆清，四时花香，万壑鸟鸣，替山河装成锦绣，把国土绘成丹青，新中国的林人，同时是新中国的艺人”。这正是我们建设自然保护区愿景和责任的写照。愿我国在改革开放四十年来的大好形势下，为促进自然保护更加蓬勃的发展而继续努力。

（撰稿：刘德隅，85岁，正高级工程师，曾任云南省林业调查规划院副总工程师）

几代人共同的奋斗
——西双版纳国家级自然保护区建设历程

西双版纳自然保护区主要保护热带雨林、季雨林、南亚热带常绿阔叶林和亚洲象、野牛、印支虎、白颊长臂猿、犀鸟、绿孔雀等各种珍稀动植物，是我国保护热带森林生态系统面积最大的自然保护区。

一、保护区发展历程

西双版纳自然保护区的建立、发展和建设经历了艰难曲折的历程，几代人为此付出了艰苦的努力。

1958年，云南省人委根据第一届全国人大会议通过的92号提案和中国科学院云南分院的建议，批准在西双版纳建立小勐养、勐腊、勐仑和大勐龙4个自然保护区。1959年10月，由中科院西南综合考察队在初步考察的基础上完成四片保护区的勘查划定工作，总面积5.72万公顷。由当地人民公社管理，开创了云南省自然保护区的历史。但限于当时条件，未及时建立管理机构从事日常的保护管理工作。十年“文革”期间保护区遭到严重破坏。1973年，云南省科教局对自然保护区进行调整，大勐龙保护区因失去保护价值而放弃，余下3个保护区也调整了范围，总面积调减为4.58万公顷，并明确自然保护区由林业部门管理。

1978年，国务院副总理方毅出席在西双版纳勐仑植物园召开的全国第二次植物园工作会议，根据与会专家的呼吁向党中央、国务院做了专题报告。国务院以国发〔1978〕124号文批转方毅副总理《关于保护、发展和合理利用西双版纳森林资源的意见》，并组织八部委派遣负责同志和科技人员会同云南省有关部门和科研、教学单位，于1978年10月至1979年6月先后三次前来考察、调研和制订规划，提出调整扩大自然保护区的方案。1980年，省人民政府派遣庞大的工作队于3—6月根据国务院联合工作组和中共云南省委《关于西双版纳州经济发展规划》中关于增划自然保护区的意见，会同州、县政府有关部门重新进行勘查划界工作，扩大勐养、勐仑、勐腊三片自然保护区，新划尚勇、曼搞两片保护区，总面积24.17万公顷，为便于统一领导和集中管理，调整为一个自然保护区，统称西双版纳自然保护区。1986年7月，经国务院批准列为国家级自然保护区。1993年，申报联合国教科文人与生物圈委员会获批准，列为联合国教科文人与生物圈自然保护区。

1983年，省林业厅组织由省森林资源勘察四大队牵头，邀请省内大专院校、科研单位、林业部门共20个单位协作，对自然保护区进行多学科的综合考察，获得丰富的资料，先后出版了《西双版纳自然保护区综合考察报告集》和《中国自然保护区——西双版纳》大型画册等专著，在此基础上进行的规划、设计为后来自然保护区的建设和保护管理提供了科学依据。

1985年，为加强自然保护区的管理和建设，省人民政府批准成立西双版纳国家级自然保护区管理局，为县处级林业事业单位，由州人民政府直接领导，下设5个自然保护区管理所和7个森林公安派出所，总编制285人（其中林业公安派出所干警35人），自然保护区管理机构的组建和自然保护区的建设由州林业局负责。时任云南省人民政府副省长的刀国栋亲自到林业部汇报，与国家计委等有关部门协商，争取投资。

1986年元月，国务院办公厅秘书局以国办密函〔1986〕6号文通知：经林业部、国家计委和云南省人民政府商定，在“七五”期间投资1500万人民币，即每年300万元。国家计委和林业部的投资共1000万元用于自然保护区各级管理机构的办公、职工住房和护林设施的瞭望台、界桩、界碑等的建设，省政府的投资用于保护区核心居民的搬迁。根据国家投资规模，省林业厅委托省林业调查规划院组成总体规划队，在总体规划的基础上，编制《西双版纳自然保护区总体规划设计方案》，报省政府和林业部批准实施。此后开展了管理机构的基本建设和筹建工作。

1987年11月，自治州换届，州人大常委会任命自然保护区管理局的主要领导干部，于1988年1月刻印公章，挂牌办公，西双版纳傣族自治州国家级自然保护区管理局正式成立。

二、开展的保护管理工作

（一）开展调查，不断反映情况，争取得到上级部门的重视和支持

1975年3月，国务院国发（45号）《转发农林部、四川省革命委员会关于四川省珍贵动物保护管理的调查报告》，根据文件精神，西双版纳州林业局开始把自然保护区的保护管理工作提上主要议会日程，尽管处于与思茅地、州分家（1973年8月）期间，在林业部门管理力量薄弱的情况下，组织了工作组，通过查阅档案找到1958年划定保护区的原始资料，云南大学学报（1960年）第一期《云南自然保护区植被专号》刊载的西双版纳自然保护区初步考察成果、五万分之一地形图和1973年省科教局对保护区进行调整等材料。通过翻山越岭、走村串寨实地调查，弄清了大勐龙自然保护区全部被毁的原因和其他三片保护区不同程度被蚕食的情况，结合保护区管理一无机构、二无人员、三无资金、四无办公设备和交通工具的现实，编写出《西双版纳自然保护区的现状、存在问题及建立管理机构意见》的报告，多次上报省林业厅，抄报省人民政府和原国家农林部。还专程到省林业厅向领导口头汇报情况，请求解决问题。经多方努力，终于收到一定效果。1976年9月，省林业厅下达第一批招工指标（40人），开始招工充实勐养、勐仑、勐腊3个林管站，州林业局增设自然保护科，景洪县和勐腊县林业局增设自然保护股。开始有专人去做自然保护区的管理保护工作。根据调查和平时管理工作掌握的情况，也为国务院联合工作组调整扩大自然保护区提供线索。

（二）反复多次清理“盲流”人员

西双版纳自然条件较好，1978年前后，思茅地区（现普洱市）墨江、普洱、镇沅等县贫困山区的农民大批涌入西双版纳深山老林和自然保护区内毁林开荒，最多时达上万人。对森林资源极大破坏，也严重威胁原建的自然保护区的安全。情况报告省政府及有关部门，引起高度重视，省政府召集省林业厅、省民政厅、省公安厅等相关部门的领导和两地、州政府及有关部门多次召开会议，听取汇报，研究对策和商讨有关政策措施。考虑到这些村民属于饥民逃荒的性质，光靠依法打击是行不通的，只能从实际出发，商定凡是1978年以前来的一律清理回原籍，并责成思茅地区有关县派出工作队配合清理工作。从1978年至1983年，州政府组织林业、民政、公安等有关部门会同当地基层干部等大批工作队，开展清理遣返工作。这项工作是十分艰巨和艰苦的，一是要深入到每个“盲流”点摸清情况，造册登记。二是要做艰苦细致的说服工作，磨破了嘴皮，做到骂不还口、打不还手。在做这项工作中，我们每个人身心都经历痛苦的煎熬，一是看到成片的天然森林被毁而心疼和愤慨，二是见到这些人生活的贫困、艰辛和无奈而于心不忍，但又不得不狠下心来把他们清走。通过艰苦细致的工作，允许他们秋收后，遣送到地、州交界处交由其所在县的工作队送回原籍。但由于当地生产条件恶劣，生活无着，部分人员吃完带回去的粮食后，又重新返回来重操“旧业”，这样返回来再清，反反复复，难度之大可想而知。直到1983年底，大规模的清遣返工作才告一段落，被破坏形成的林窗几年后才逐步恢复植被。这是西双版纳自然保护区管理、建设中的一个插曲。

（三）自然保护区的划界工作，制定自然保护区的地方法规

有了国务院、省委省政府批准的调整扩大自然保护区的方案，还必须到实地落实边界的划定工作。我们配合省人民政府工作队深入到林区，跋山涉水、走村串寨，宣传自然保护区的重要意义和有关法律、法规、方针、政策，不但基层干部知道，村寨群众也要明白。以明显的地形、地物，如：河流、道路、山梁、箐沟等划定自然保护区的边界，在大面积原始森林保存完好、珍稀野生动植物集中分布区划定为核心区，面积12万多公顷，约占总面积的50%。

在划定保护区的过程中，有关方面主要解决两方面的矛盾：一是保护自然环境和自然资源同发展橡胶的矛盾，把虽然适合发展橡胶但有重要保护价值的原始森林划入保护区的范围，凡经营橡胶的国有农场在自然保护区内已开垦种植的维持现状，不再扩大；二是同社队群众的矛盾。除核心区内20个村寨需搬迁出保护区易地安置外，其余的村寨根据实际情况划定经营种植范围并划给一定的山林以发展生产，改善生活。

通过现场实地划界和后来自然保护区建设建立的永久性界碑、界桩，以法律形式固定下来并得到多级政府和当地群众的认可和接受，改变了过去对自然保护区的意义认识不清、界线不明的状况。

自然保护区划定后，我们便着手拟订地方性法规，根据国家颁布的相关法律、法规，结合当地的实际情况，起草了《西双版纳国家级自然保护区管理条例》，几经征求意见，反复修

改，按立法程序经西双版纳州人大常委会审议通过，并报经云南省人大常委会批准颁布施行，使自然保护区的保护管理工作走上法制的轨道。该《条例》的主要特点是授予自然保护区管理机构执法权。此后自然保护区多级管理机构和林业公安派出所，在管理工作中查处了一大批偷猎、盗伐、毁林等案件，使管理工作走上正轨。

（四）依托科研单位，开展力所能及的科研工作

1985年，州林业局自然保护科与中国科学院西双版纳热带植物园合作对自然保护区开展植被调查，双方派出人员通过20天的短期培训后开展工作，中国科学院资深院士、昆明植物研究所吴征镒老先生带领和指导我们完成望天树林区第一个样方的调查工作。以后按照统一方法完成了几个样方的调查，雨季到来时告一段落。在这次调查中发现龙脑香科的一个新种——版纳青梅，使热带雨林的标志树种增至3个（竭布罗香、望天树、版纳青梅），以事实回应国际上对西双版纳有典型热带雨林的质疑。本次考察采集了近2万份植物标本。从此保护区与植物园建立了长期合作关系。

（五）与国际自然保护区组织建立合作关系，提高机构的管理能力

西双版纳自然保护区特殊的地理位置、复杂多样的森林植被类型和丰富的珍稀野生动植物资源受到国际社会的关注。通过大量的前期准备工作，在林业部、省林业厅的支持下，1986年10月成功地接待了“世界自然保护基金会”名誉主席、英国女王的丈夫爱丁堡公爵菲力普亲王的来访。开始与WWF的合作，他们多次派遣专家，与我们合作举办了多期培训班，中外专家共同讲课，开展野外实习，提高管理人员的专业水平，商讨制定管理计划，还援助了一些观测设备等。我们还与英国野生动物基金会合作在望天树林区中架设了“树冠走廊”，为观察研究森林上层的小型哺乳类动物的种类、种群分布和活动范围提供了可能，并积累了一定的资料。

从1991年至1993年，通过大量的前期工作，在林业部和省林业厅的帮助下，争取到了全球环境基金（GEF）援助项目。以后通过项目的实施，吸取国外自然保护区的先进理念和管理办法，大大提高了自然保护区的管理能力。

（六）较好地处理保护与开发利用的关系

1992年，改革开放的大潮也冲击到自然保护区，为了发展经济，有的领导和一些人把目光瞄向了自然保护区，甚至错误地认为保护区是绊脚石。我们根据新情况，请省林业调查规划院在原总体规划的基础上，制订了在保护区实验区开展旅游的规划，共划出10个景区和景点，划定范围、面积共占自然保护区总面积的3%左右，并规定不管谁来投资开发都要遵守的规则，服从保护区管理机构的监管，避免了无序开发带来的破坏。现在野象谷景区、望天树景区通过开发建设，已成为云南省的金牌旅游景点，每年吸引国内外的大批游客，促进了地方经济的发展，而确保了保护区的绝大部分得到保护。我们还拒绝了地质勘探部门对自然保护区范围内的矿产资源勘察。对国家和省重点建设工程凡涉及自然保护区的，如昆曼公路思茅—小勐养段和景洪电站对自然资源影响，从环评大纲的审定和环评报告的评审，都严格把关，坚持原则，宁

做现在的恶人，不做历史的罪人。把工程对自然保护区的影响和造成的损失减少到最小程度。使自然保护区至今没有受到大的破坏。

所做的工作还很多，其中核心区村寨居民的搬迁是一个艰巨的系统工程，说服动员，同他们的代表共同选址，本着“搬得出、稳得住、能致富”的原则，类似现在的易地扶贫的做法。但限于资金短缺，仅搬迁出10个村寨，只完成任务的一半。至于基本建设，指定了一位副局长专门负责，严格按总体设计的投资规模和建设地点，招标投标，预算、结算和验收都建立档案，还有对野生动物伤害人畜、毁坏庄稼的理赔工作。机构的组建重点是选调干部，在劳动人事部门的支持下面向社会招工，除接收安置一批复员、转业军人外，留下一批指标接收林业大专院校的应届毕业生，充实管理机构的科研、技术力量等，就不展开叙述了。

我是1974年底调到西双版纳州林业局工作的，从贯彻国务院国发〔1975〕45号文开始，就和自然保护事业结下了不解之缘。1980年增设自然保护科时，我出任副科长。1983年机构改革，任命我为州林业局局长，深感责任重大，如临深渊，如履薄冰，生怕工作中出现差错。工作千头万绪，但主要精力仍放在自然保护区的建设和保护管理上。

西双版纳自然保护区的建立、发展和建设，首先是党中央、国务院，省委、省人民政府的重视和支持，科研院所和大专院校广大专家、学者、社会有识之士的大力呼吁，省林业厅、省林业调查规划院做了大量的工作，有关部门给予了支持配合。这里我还要特别感谢祖祖辈辈生活在这里勤劳质朴的各个少数民族群众，是他们保护、保存下来大面积连片的热带原始森林，使自然保护区的建立成为可能。经过几代人的不懈努力和艰苦奋斗，成果真的来之不易，要倍加珍惜。现今党中央、国务院和各级党委政府更加重视保护自然环境和自然资源。随着国家的强盛，对自然保护区建设和管理的投入不断加大，自然保护区事业会更兴旺发达。

（撰稿：苏正党，曾任西双版纳国家级自然保护区管理局第一任局长）

回顾与展望

——我所经历的云南自然保护区发展历程

近日，接到自然保护区研究监测中心华朝朗主任来电，说今年是云南规划和建设自然保护区60周年，要我们曾经参与高黎贡山、西双版纳、白马雪山、哀牢山等自然保护区建设的几位老同志，把保护区建立、发展历程及感受做一番回忆，以作纪念。屈指算来、参与保护区建设已近35年，从一个青春年少、意气昂扬的青年学生，到而今已变成白发满头、疾病缠身的接近退休的老人，不禁百感交集，思绪万千。特别是目前正在推进的党政机构改革方案做出重大决策，将国土资源部、住建部、水利部、农业部、国家海洋局等部门管理的自然保护区、风景名胜区、自然遗产、地质公园等管理职责移交国家林业和草原局，下设自然保护地管理司监督管理国家公园等各类自然保护地，提出新建、调整各类国家级自然保护地的审核建设。改变过去“九龙治水，无水可喝”的混乱局面，使我国自然保护地建设进入一个新的历史发展期，面临着新的机遇和挑战。回顾过去所走过的曲折道路，是为了更好地展望新的未来。因此，欣然提笔，把自己所经历的四段自然保护区建设发展历程记录如下。

一、初识高黎贡

1984年9月2日，作为西南林学院的首届毕业生，满怀着梁希先生“无山不绿，有水皆清，四时花香，万壑鸟鸣，替河山装成锦绣，把国土绘成丹青。新中国的林人，同时也是新中国的艺人”的期望和梦想，我服从组织分配来到了位于高黎贡山山麓的保山市林业局坝湾国有林管理所工作。高黎贡山在1958年就被区划为全省拟建的24个自然保护区之一。1962年“四固定”时被划建为国有林管理区，并分别建立了坝湾、芒宽、大蒿坪、曲石、界头等国有林管理所。1983年，云南省人民政府根据云南省森林资源勘察四大队的规划和省林业厅、人事厅、财政厅的建议，批复建立高黎贡山自然保护区，规划在保山设管理处，下设保山、腾冲、泸水3个管理所和派出所及若干管理站。1984年11月中旬，保山市林业局主要领导找我谈话，12月上旬将在坝湾召开高黎贡山自然保护区挂牌仪式，市政府领导将出席，局里由寿能璜副局长负责筹备，要我任秘书组长，协助寿副局长做好相关工作。12月8日，在保山市潞江区公所召开了隆重的高黎贡山自然保护区保山管理所挂牌仪式，保山市人民政府副市长金成富出席致辞并揭牌，任命来自山西省屯留县的老八路裴金忠为所长兼支部书记，军队转业干部余家济为副所长兼支委，杨森为森林派出所所长，下辖坝湾管理站、芒宽管理站、白花林管理站及森林派出所，共有干部职工33人。腾冲县林业局、泸水县林业局应邀参会。

回去后也分别成立了腾冲管理所和泸水管理所。至此，3个管理所正式开始履行保护区管理机构职责。1985年元月，我被增补为保山管理所副所长，开始走上了建设和管理自然保护区的探索之路。

1985年春节，由保山地区文化局副局长蔡汉晖撰写的《世界杜鹃之王——大树杜鹃》纪录片脚本被云南电视台选中并立项拍摄记录片。由导演王荣有、摄像李小国组成的拍摄团队一行在农历腊月二十八浩浩荡荡开赴位于高黎贡山腹地的腾冲县界头区大塘乡大河头村旁龙川江源头的沙滩上，搭起了帐篷。腾冲县森林公安派出了保卫人员，当地聘请了向导和护林员，作为首个学习林学到保护区工作的大学毕业生，我也被聘为业务指导配合拍摄。从公路的尽头，到大树杜鹃所在地，还需在原始森林里穿行4个小时。从腊月二十九至正月初一连续三天，我们天不亮就起床吃饭，然后跟随向导在十二点之前赶到拍摄现场，下午四点以前要赶紧收工，在天黑之前走出原始密林。通过三天的紧张拍摄，终于完成了野外拍摄工作。这也是我首次深入高黎贡山腹地，真正见识了什么是原始森林，什么是真正的大树杜鹃，在高黎贡山度过了首个战斗的春节。该片后被广电部评为二等奖，并翻译成多国文字语言，发行多个国家。

随后，我又参加了由保山地区林业局组织的高黎贡山首次野生动植物考察，并负责森林及树木部分。经过四个多月的外业调查和标本采集，近半年的内业整理，完成了首次野生动植物考察报告，该项成果获得保山行署科技进步三等奖。

在做好资源调查的同时，我们认真贯彻颁布的《森林和野生动物类型自然保护区管理办法》，宣传建立自然保护区的重大意义，预防和扑救森林火灾，制止毁林开荒、刀耕火种，查处乱捕滥猎野生动物和乱砍盗伐国有林木资源。扶持老百姓在保护区边缘国有林内种植草果，开展杉木、秃杉、华山松等植树造林活动。开启了由传统国有林管理模式向自然保护区管理的探索之路。让当地社区懂得保护高黎贡山就是保护我们自己的道理。

二、重返高黎贡

1994年元月，时任保山地区行署林业局党委副书记、副局长的我，又被组织安排改任行署林业局党委委员、高黎贡山国家级自然保护区保山管理处处长。高黎贡山保护区地跨两地州三县市，由于行政管辖的问题，管理处机关没有落实，不能像西双版纳保护区形成一个统一的管理局一致对外。特别是在1986年被国务院列为全国首批20个国家级自然保护区后，由于没有一个统一的管理处，林业部不予批复总体规划和建设项目可行性研究报告，无法获取中央财政的投资扶持。因此，保山地委率先批准成立保山管理处。元月19日，举行了高黎贡山国家级自然保护区保山管理处挂牌仪式。时任保山地委副书记张培光、行署副专员朱家忠为管理处揭牌。省林业厅保护办负责人陈念祖代表省林业厅致辞，时任怒江州林业局办公室主任的李海曙和保护科长马军到场祝贺，并复印了保山管理处成立的批复文件。回去后不久，怒江管理处也被怒江州委批准成立了。高黎贡山从此分为南段、北段两个管理处分别管理和协调。

管理处成立以后，我们首先选调各类相关人才充实干部队伍，同时走出去、请进来，到浙江天目山国家级自然保护区参加中国人与生物圈国家网络会议。向他们学习开展生态旅游的经验和做法。1996年5月，在时任林业部保护司助理调研员印红的带领下，我和时任西双版纳国家级自然保护区管理局局长熊云翔等4人一起赴美国执行中美自然保护区议定书，考察了黄石、大提顿、落基山等国家公园、森林游览区、野生动物避难地。深入了解和体验了美国自然保护运动的兴起背景、发展历程和分类分级管理状况。从而对我国自然保护工作面临的问题和困境有了深刻的理解。我们还积极争取实施了中荷合作森林保护与社区发展项目等外援项目，不仅解决了我们开展工作缺乏资金的困境，同时也带来了新的保护和发展理念，使高黎贡山及龙陵小黑山省级自然保护区、德宏铜壁关省级自然保护区的保护管理工作与国际先进的理论接轨，明确了保护区发展的方向目标与具体路径、施工程序、对策和措施，培训了一大批优秀人才、管理人员及技术骨干。在云南大学党承林教授、中国人与生物圈国家委员会秘书长韩念勇的帮助指导下，高黎贡山国家级自然保护区于2000年被联合国教科文组织接纳为世界生物圈保护区。我也被推选为中国人与生物圈国家委员会委员。实现了让世界了解高黎贡山，让高黎贡山走向世界的目的。

三、选调保护办

2004年3月，我被选调到省林业厅野生动植物保护管理办公室任主任，这是省林业厅2000年机构改革保留的唯一一个参公事业单位，编制5人，实有5人。同时我还兼任中荷合作项目办公室中方主任、国家濒管办昆明办事处副主任。上任伊始，我就联合省编办、省财政厅、省人大环资委等单位开展全省林业系统管理的自然保护区大调研。时任省编办事业处的唐曼容处长、李志康主任科员参加了大理州、丽江市、迪庆州的调研，通过走访与实地查看，深感保护区管理现状的混乱和不堪，批而不建、建而不管的现象大量存在。有的保护区建立二十多年没有编制总体规划，没有开展过科学考察，有的保护区批准后没有机构人员。特别是厅保护办人少事多，无法承担全省的保护管理职责。调研结束后，省编办同意为保护办增加编制到10人，领导职数增加为一正两副。因此，保护办首次得以面向社会招收硕士研究生3人，从州、县选调干部2人，充实了工作人员，更好地履行起全省保护管理的职责。针对自然保护区科考、总规严重滞后的局面，省财政厅同意省级财政每年增列150万元预算经费加大推进此项工作。调研工作历时三年，终于摸清了全省自然保护区的家底。为满足日益增长的开展自然保护区科学考察、编制总体规划及编制上报中央财政补助建设项目可行性研究报告的需求，指导和帮助省林业调查规划院争取省编办同意加挂自然保护区研究监测中心的牌子，内部调整7名工作人员专门开展此项工作，根据国务院批准的湿地保护规划，指导和支持西南林学院争取国家林业局批准建设国家高原湿地研究中心，为云南省保护区和湿地科学管理提供了科技支撑。

四、再回保护处

2012年9月，大病初愈后我又回到野生动植物保护与自然保护区管理处任处长，同时兼任云南省国家公园管理办公室主任。上任以后，我们主动与省委编办地方处、事业处和法规处多次召开座谈会，多方多层次征求意见，进一步修改完善方案，向省编办领导及省委深改办等相关部门多次汇报。历时三年于2014年12月31日终于出台了《云南省自然保护区管理机构管理办法》。这是由时任代省长的陈豪同志签署、云南省第一份关于自然保护区机构编制的规范性文件，为进一步理顺自然保护区管理体制奠定了基础。我们还争取把省级自然保护区机构能力建设补助经费纳入省级财政预算，每年补助500万元。

云南省于2006年开始在普达措（碧塔海省级自然保护区）开展国家公园试点工作，并于2009年经国家林业局批准成为国家公园建设试点省。我们积极争取国家林业局和省政府主要领导支持，2014年4月28日，由国家林业局、云南省人民政府、世界自然保护联盟联合在昆明召开了国家公园建设研讨会，全国各省市区林业厅负责同志和相关研究单位的院士专家、新闻媒体参会，会议认真总结和推广云南省试点工作取得的经验，介绍国际发展状况，研讨中国国家公园建设的未来和方向，掀起了全国开展国家公园试点建设的高潮。

党的十九大报告要求建立以国家公园为主体的自然保护地体系。同时，在国家林业和草原局加挂国家公园管理局，设立自然保护地管理司，统一领导自然保护地建设管理。从此，我国的自然保护工作进入了新的历史发展时期，我们相信，自然保护区的明天一定会更好。

（撰稿：赵晓东，曾任高黎贡山国家级自然保护区保山管理局局长、云南省林业厅保护处处长）

二十年前的回忆

——回顾白马雪山国家级自然保护区的建设

我从1963年参加工作以来，热爱林业工作、爱岗敬业、全身心地投入到藏区德钦县边疆林业工作的开创和发展上。特别是1983年，主持组建白马雪山自然保护区管理所工作，1988年经国务院批准为国家级自然保护区，同时升格为管理局。在工作中处处以身作则、深入基层、团结同志、秉公执法、开拓创新，为自然保护区的建设、管理、发展做出了一定的贡献，献出了人生的青春年华。

在云南自然保护区建立60周年之际，回顾如下：

一、机构的建立

1983年12月初，白马雪山自然保护区建立，在各种自然条件十分艰苦的情况下，根据县委、县政府的部署安排，和新组成的同事们一起按规划设计着手组建管理机构，成立了县级保护所，当时有工作人员3人。之后根据工作需要，在自然保护区基层建立霞若、叶日、茨卡通3个管理所及书松试验站和保护区森林派出所共5个站点。

二、抓职工队伍建设

1983年12月底，在德钦县政府、劳动人事部门的支持配合下，经考试、政审、择优录取了20名年龄在20岁左右，身体健康的高、初中男性应届毕业生，集中进行了“林业基础知识”“森林防火”“森林保护条例”等知识的培训，培训结束后分配到各所、站、点，并下到各乡、村、社。当时保护区各所、站、点无办公室，无职工住房，无食堂，无交通工具，工作环境极为艰苦，保护区工作人员只有住在村民家与群众同吃、同住、同劳动，边学边干，同时向保护区的群众宣传国家为什么要建自然保护区，建立自然保护区的目的、意义及重要性。当时阻力很大，保护区的群众从来没有听说过自然保护区是什么一种概念，干什么工作的，不能够接受保护区工作人员的宣传，在工作上不给予支持，初次参加工作的青年职工受到了一定的打击。针对这种情况，我们加强了青年职工的政治思想教育，鼓励他们要安心工作，克服困难，知难而进。虚心向群众学习，与群众交心，耐心宣传，逐步改变了保护区群众的观念，让他们从不认识到初步认识，从反对到支持，从支持到参与，从参与到主动保护，工作出现了新的转变。

三、抓保护是群众的保护，“要保护、先致富”

白马雪山自然保护区地处边远山区，交通不便，社区生产生活十分落后，保护区群众没有固定的经济来源。八九十年代百分之九十五以上的保护区社区村民处于贫困状态，日常的基本生活都难以维持。“山富人穷”是历史遗留造成的，肚子吃不饱，保护怎么搞，这是最根本的问题。针对当时自然保护区存在的主要问题，我们开展了调研，认真分析问题，大家出谋划策，找准问题核心，着手抓了以下几个方面的工作：

1. 在保护区内招聘了一批当地群众心里有威望、有能力、信得过的村、社干部和村民，聘用为自然保护区的护林员，参与保护区的保护工作，每年发给2400元的工资；同时在保护区核心区内招聘了一批重点户为承保员，每年补助500元。利用护林员、承保员的身份，很好地开展了自然保护区的保护工作，解决了保护区社区部分村民的基本生活，扩大了保护区的管护队伍，使保护区的保护工作得到顺利开展。

2. 抓保护区野生动物肇事赔偿工作，让保护区社区村民参与野生动物肇事统计、查勘工作，保护区对社区群众财产被野生动物肇事损害的农作物、牲畜、水果等给予补偿。使自然保护区的野生动物得到了更好的保护。

3. 为村民办实事，想群众所想，急群众所急，保护区内发生特殊情况及时调查落实，用有限的资金救助村民解决眼前困难，十多年来为村民共办37次，群众受到感动，表示今后要支持保护区工作。

4. 在开展项目科研活动中尽量安排保护区社区村民参与，如植树造林、迹地清理、森林病虫害防治，保护区调查聘用向导，保护区项目考察物资运输等工作，千方百计让保护区社区村民参与。使社区村民了解自然保护区的基本情况，参与自然保护区的保护工作，同时增加保护区社区村民的经济收入。

5、组织保护区社区村社干部、群众到相对发达地区、开展工作较好的自然保护区进行考察、参观、学习。学习别人的先进经验、工作经验，提高了我们职工、社区村社干部、群众的认识，改变理念，开阔了眼界。

保护区由局领导、所领导、职工、护林员、承包员参加组成的管理队伍，形成了上下联系、左右配合、层层把关的自然保护区管理网络。在具体工作中，局、所内实行岗位责任制，护林员实行管理负责制，承包员重点户实行经济承包责任制，签订管理合同明确责、权、利三者关系，有效地调动了各级管理人员的积极性，开创了保护工作的新局面。

四、积极开展科研活动

在保护区管理局工作的十多年中，领导和组织了：

1. 高山针叶林连年生长量的测定，更新方式及树种实验（本局职工完成）。

2. 高山小毛虫防治，由本单位完成，村民参与，效果满意。

3. 熊类资源和高山花卉资源调查（由本局完成）。

4. 滇金丝猴种群数量及保护区内各种动植物资源清查（由昆明动物研所与本局职工共同完成），效果满意。

5. 藏马鸡数量、分布、调查及驯养繁殖（州林科所和本局完成）。

6. 滇金丝猴生态行为学定点观测研究（国际合作，“八五”攻关项目），得到上级主管部门的认可及好评。

7. 白马雪山国家级自然保护区综合考察与总体设计（由省林业调查规划设计院、动物所、植物园、州林业局及本局职工完成，获部级优秀工程设计，林业部门颁发三等奖）。

由于在保护区的规划、建设、管理、科研工作中有强烈的事业心和责任感，任劳任怨、吃苦在前、乐于奉献、深入基层、模范带头、成绩显著，我多次得到各级政府及有关部门的嘉奖，个人得奖如下：

（1）1999年建国五十周年，我被国家环境保护总局、农业部、林业部、国土资源部评为全国自然保护区管理先进个人。12月28日在北京人民大会堂，王炳全副委员长为我颁发证书，此时是我一生中最难忘的时刻。

（2）1993年中国野生动物保护协会成立10周年，我被评为全国保护野生动物先进个人。12月18日在人民大会堂，田纪云副总理为我颁发证书。

（3）1997年被云南省林业厅评为全省保护野生动植物资源保护先进个人和艰苦创业先进模范。

（4）1995年被迪庆州委、州政府评为全州“二五”普法和全州科技普及先进个人。

（5）1988—1997年多次被德钦县委、县政府、政法委、机关党委评为优秀共产党员、党务工作者、稳定边疆和综合治理先进个人。

我所取得的以上成绩应归功于党，归功于各级领导、业务主管部门，归功于保护区广大人民群众、保护区全体职工和其他支持帮助过我的友好人士。没有他们的帮助支持，也就没有我的今天。2002年，我满六十岁，光荣退休离职了。我深知自然保护事业工作艰巨、任务繁重、周期性长，我以一个保护志愿者名义继续再做奉献，发挥余热，安度晚年。

（撰稿：董德福，76岁，曾任白马雪山国家级自然保护区管理局第一任局长）

一腔赤诚　守护绿色

——无量山哀牢山国家级自然保护区发展历程

回想云南无量山、哀牢山两个国家级自然保护区的建立之初，那一段段艰难的建区历程和一个个难忘的故事，虽时隔30多年，却仍然记忆犹新。“两山”国家级自然保护区的建立，所有的故事还得从1986年讲起。

1968年我应征入伍，归属云南省军区蒙自军分区边防十四团；1979年至1986年担任营长职务；曾参加过对越自卫反击战。1986年12月21日，我从部队转业回到景东彝族自治县，时任县长见到我便眉开眼笑：“你回来就好，回来就好，解了我燃眉之急。”当时我是两眼一抹黑，“丈二和尚摸不着头脑”。看到我满脸诧异，县长如释重负地解释说：“今年3月20日，省政府批准建立哀牢山无量山省级自然保护区，要求景东县成立哀牢山无量山自然保护区管理所。谁来担任管理所所长？我找了整整9个月，都没有合适人选。真是‘踏破铁鞋无觅处，得来全不费工夫’。你是部队培养出来的硬人才，保护区管理所所长一职非你莫属……”就这样，我担起了“两山”保护工作的重任，于1987年1月，火着枪响地筹建成立了哀牢山无量山自然保护区景东管理所。

当时，“两山”自然保护区的建设主要是分“三步走”。

第一步是勘界立标。

顾名思义，勘界就是测定具有法律作用的自然保护区区域边界；立标就是给自然保护区区域边界下界桩、设立宣传牌。我把管理所18名职工分成3个组，其中，无量山2个组、哀牢山1个组。我们对着地图，徒步勘界立标，一路走来，其中艰辛难以言说。我们前脚埋下木头界桩，后脚就被当地群众给拔了。因为他们误以为我们要霸占他们的山林。弄清缘由后，我们苦口婆心、耐心细致地做群众思想工作的同时，改变策略，把木头界桩换成了水泥界桩。还有，就是遇上雾大的季节，我们经常迷路，待在林子里几天都走不出去……但就算是风餐露宿、日晒雨淋，我们也没有想过要放弃。

记得在1987年元宵节的第二天，也就是阳历2月13日，星期五，我带领勘界组10人，每人背负50多斤重的行囊，从高峰翻山越岭徒步向黄草岭进发。途中，年龄最小的队员唐云走不动了，他丢弃行囊，脱掉外衣外裤，大汗淋漓地瘫倒在地上号啕大哭。我关怀地问：“小唐，你怎么啦，为什么瘫在地上哭？”唐云止住哭声，抽泣地说：“我实在走不动了，想跟你们一起走又走不动，想躺在这里歇一歇又害怕豹子把我吃了……”我扶他站起来，说尽好话安慰他，给他穿上衣服，让大家分担了他的行李，搀着他硬是走完8个多小时山路，傍晚才走到黄草岭一农户家借宿。谁想，睡到半夜，唐云又哭诉说肚子痛，我拿出豌豆七给他嚼服止痛，彻夜陪着他。次日黎明，我们又徒步无量山，开始了新一天的勘界立标。

就这样，我们在“两山”徒步穿梭、日晒雨淋、风餐露宿了45天，终于完成了勘界立标工作：设置水泥界桩351棵，界定明确了“两山”保护区的面积、范围及功能区划。其中，在无量山自然保护区设置水泥界桩238棵，界定辖区保护面积23355公顷，按功能区划分，核心区面积16596.7公顷、缓冲区面积4730.8公顷、实验区面积2027.5公顷；在哀牢山自然保护区设置水泥界桩113棵，界定辖区保护面积11812公顷，按功能区划分，核心区面积3549.6公顷、缓冲区面积444.3公顷、实验区面积7878.1公顷。与此同时，还在保护区周边交通沿线设置了永久性水泥宣传牌105块。

第二步是宣传引导。

“两山”自然保护区周边区共涉及10个乡镇、48个村民委员会、578个自然村、5.4万人。其中，无量山保护区跨涉锦屏、文龙、安定、漫湾、林街、景福6个乡（镇）、24个行政村、194个自然村、2.5万人；哀牢山保护区跨涉龙街、太忠、大街、花山4个乡（镇）、24个行政村、384个自然村、2.9万人。

那时，交通闭塞，进村入户只能靠步行；宣传工具不发达，宣传引导只能靠“磨嘴皮子”。我们把“能展示生态系统的原貌，显示和反映出自然生态系统的真实面目；物种基因库，为保存野生物种和它们的遗传基因提供有效保证；科学研究的天然实验室，为进行各种生物学、生态学、地质学、古生物学及其他学科的研究提供有利条件；开展公众教育、丰富旅游，向广大公众普及自然科学知识的重要场所，满足人类精神文化生活的需求；维持生态系统平衡，提高当地群众的生存环境质量，促进农业生态环境逐步向良性循环转化，提高农作物产量，减免自然灾害”等建立自然保护区的目的意义，用通俗易懂的语言编印成小册子，再带上1984年9月20日颁布、1985年1月1日实施的《中华人民共和国森林法》（后来又带上由国务院于1994年10月9日发布、1994年12月1日起实施的《中华人民共和国自然保护区条例》），构建横向到边、纵向到底的宣传网，分组分批、三番五次深入点多面广的保护区周边，逐村逐组、挨家挨户，苦口婆心、耐心细致地反复宣传建立自然保护区的重要意义，解读法律法规，教育引导保护区周边人民群众自觉保护森林资源，提升全民保护动植物意识，造福子孙后代。

说到惊险，我们的职工是冒着生命危险开展宣传工作的。记得那是2000年11月25日，我们5名职工正在花山镇文明村开展宣传活动，突然来了一伙醉酒壮汉，不分青红皂白，拿起木棍、石头、砖块就朝护林宣传人员的头部、身上打砸，干警李学奇、王元军、左军和职工鲁成荣、罗志强5人身受重伤，险些丧命……

第三步是保护建设。

建立自然保护区是保护生态环境、生物多样性和自然资源最重要、最经济、最有效的措施。为加强对“两山”自然保护区的管理，我们一手抓自身建设、一手抓护林守绿。自身建设上，硬件、软件同发力。先后建设局机关和锦屏、文龙、漫湾、芹菜塘、花山、龙街6个管护站办公区、住宿区，改善干部职工办公、住宿条件；先后引进专业技术人才10余人，充实管护力量，打造了一支过硬的管护队伍。护林守绿方面，切实加强巡山监督管理，防止人为破坏自然资源，查处破坏保护区的违法活动和案件，建立自然保护区科研监测支撑体系，开展国际合作与交流，加强机构建设和管理人员培训，着力提高管理能力和管护水平。

在护林守绿中，我们的干部职工秉公执法，敢于向违法行为做斗争，坚决维护保护区资源的安全。2002年11月23日，刘长铭等5名职工会同省林科院科研人员在无量山西坡大寨子开展植被监测工作，劳累了一天回到营地正在忙于整理白天采集来的资料。22时左右，一声清脆的枪响划破了伸手不见五指的漆黑夜空。凭着多年的工作经验，刘长铭断定是有人偷猎，立即组织人员开始搜索：省林科院的老师负责守候路口，熟悉山形的刘长铭等人向枪声传来的方向搜索过去。寂静的夜晚，深邃的夜空，刘长铭等人小心翼翼地搜索着偷猎者。次日凌晨2时许，徒劳的偷猎者走出密林准备返回时，与早已等待多时的刘长铭不期而遇。刘长铭当即打开手电筒射向偷猎者，并厉声吼道：“站住，我们是自然保护区的！”偷猎者闻声拔腿就跑。借着电筒光，刘长铭看清是两名偷猎者，戴头灯的那人背着猎枪，另一人背着挎包。刘长铭盯住带枪的偷猎者追踪，还有两米距离就要将其制服的刹那间，丧心病狂的偷猎者突然调转枪口扣动了扳机……枪响了，一大股火药味扑鼻而来，刘长铭的身体感到了强烈的振动。说时迟、那时快，刘长铭不顾生命危险，一个箭步扑上去，把开枪的偷猎者紧紧按倒在地，与随即赶到的同事一起把偷猎者制服。回过神来，刘长铭才发现自己胸前的衣服被猎枪子弹穿破了一个大窟窿……真是上天有眼，刘长铭竟毫发未伤。面对持枪偷猎者，刘长铭挺身而出，奋不顾身，毅然用生命捍卫了国家财产不受侵犯。

……

回想走过的历程，我最大的感受就是：“守护绿水青山，保住金山银山，需要流血流汗，需要勇敢担当，需要奉献付出。冰冻三尺，非一日之寒。只有一步一个脚印，一代接着一代干，才能守住绿水青山，才能让绿水青山变成金山银山。”

我和我的一帮自然保护人把青春、智慧和才华奉献给了这片神奇的土地。我们以生态文明理念为引领，以呵护绿水青山为己任，把“美丽中国”作为生态文明建设的宏伟目标，一代接着一代干，在哀牢山、无量山创造了守绿护绿的不朽功绩：做硬设施，建立和完善了保护区管护点、哨卡、瞭望台，2016年，“两山”自然保护区被命名为“云南省生态文明教育基地”；做足保护，在自然保护区徐家坝、大寨子监测站安装网络视频监控探头44个，在人为活动频繁地段、重点路口安放红外感应相机，建立国内首个无量山野外黑冠长臂猿视频监控系统和哀牢山徐家坝视频监控系统，2015年被国家林业局表彰为“全国保护森林和野生动植物资源先进集体”，2016年被环保部等七部委表彰为“全国自然保护区建设和管理工作先进集体”；做强舆论，深入持久地开展法律法规进单位、进学校、进企业、进社区和进村寨宣传教育活动，让群众明白了“靠山吃山，先要养山；靠水吃水，定要护水”的硬道理；做大宣传，黑冠长臂猿保护宣传活动走进云南师大、浙江大学、北京动物园，走到世界珠穆朗玛峰峰顶，中央、省、市多家媒体先后刊播了《探秘无量山》《探访黑冠长臂猿》《大山深处活出精彩》《万蟾谷秘密》等系列报道，无量山护猿人刘业勇荣获2015年SEE第六届生态奖；做实科研，成功实现野外习惯化黑冠长臂猿3群、灰叶猴1群，长臂猿监测研究处于国内领先地位，无量山成为国际国内重要的灵长类研究基地，继2008年6月被中国野生动物保护协会授予“中国黑冠长臂猿之乡”后，2017年，中国野生动物保护协会再次授予景东彝族自治县“中国灰叶猴之乡”荣誉称号。

（撰稿：张兴伟，曾任景东哀牢山无量山国家级自然保护区管理局第一任局长）

Nature Reserves in
Yunnan Province

第三篇 云南自然保护区概览

滇西北

滇西北包括迪庆藏族自治州、怒江傈僳族自治州和丽江市，位于东经98°08′～101°30′，北纬25°33′～29°14′，西与缅甸接壤，东与楚雄州相邻，北与四川省、西藏自治区毗邻，南与保山市、大理州相连，国土面积5832000公顷。

滇西北属于东喜马拉雅山系南部的横断山脉腹地，区内山脉高耸，峡谷深切，形成世界地理上独有的三江并流奇观，最高为梅里雪山的卡瓦格博峰，海拔达6740m，最低为怒江边的蛮云村，海拔738米，相对高差6002米。

滇西北植被类型丰富多样、保存完整，垂直变化明显，发育了从亚热带河谷到寒温带高山的各种森林、灌丛、湿地、草甸和高山流石滩等各类植被，陆地生物地理景观类型占全省的80%以上。该区是北半球生态系统最具代表性的地区之一，是世界级的生物基因库。它既是物种的起源中心和孑遗物种的集中分布地，也是物种的分化和分布中心，同时是全球众多动物种的唯一分布区或模式产地，拥有中国30%以上的高等植物和25%以上的动物种类，物种丰富度每平方千米达3.88种，为中国各地之首。该区特有物种丰富，仅滇西北特有种达900种以上。此外，该区是世界著名花卉植物的分布中心，享有“世界园艺之母”的美誉。这里也是我国高原湿地分布最为集中、最具代表性的区域，碧塔海、纳帕海、拉市海3个湿地入选《国际重要湿地名录》，占我国9个高原国际重要湿地的1/3。

目前，滇西北共建立了10个自然保护区，总面积769337公顷，占国土面积的13.19%，包括2个国家级保护区，面积606212公顷（不含高黎贡山国家级自然保护区保山片）；7个省级保护区，面积154991公顷；1个县级保护区，面积8600公顷。

白马雪山曲宗贡大果红杉林
（李东红 摄）

（撰稿：宋劲忻）

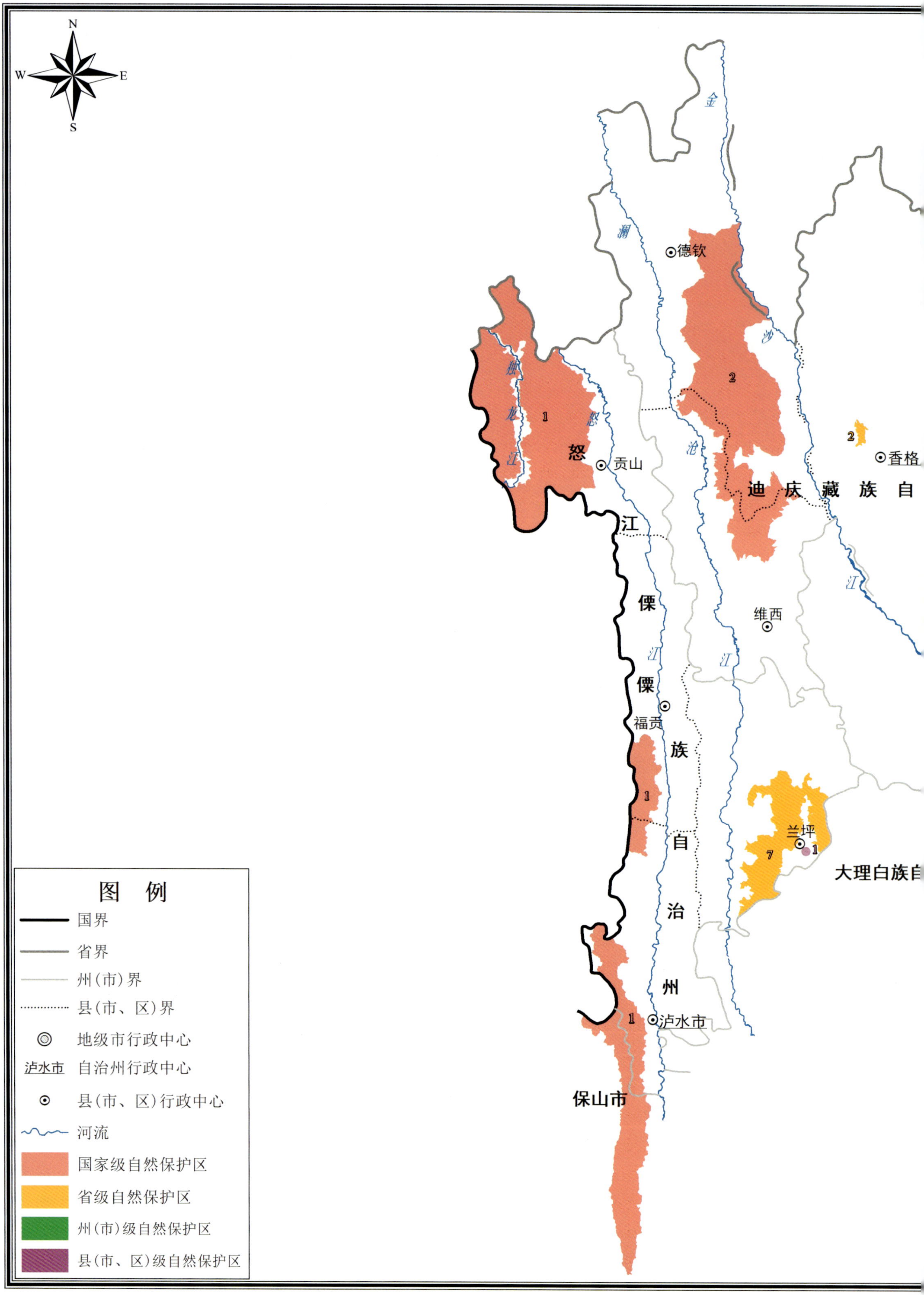
N
S
W
E
德钦
贡山
香格
怒
江
傈
僳
族
自
治
州
迪 庆 藏 族 自
维西
福贡
兰坪
大理白族自
泸水市
保山市
金
沙
江
澜
沧
江
独
龙
江
怒
江
1
2
2
1
1
7
1
图 例
国界
省界
州(市)界
县(市、区)界
地级市行政中心
泸水市
自治州行政中心
县(市、区)行政中心
河流
国家级自然保护区
省级自然保护区
州(市)级自然保护区
县(市、区)级自然保护区

滇西北自然保护区分布示意图

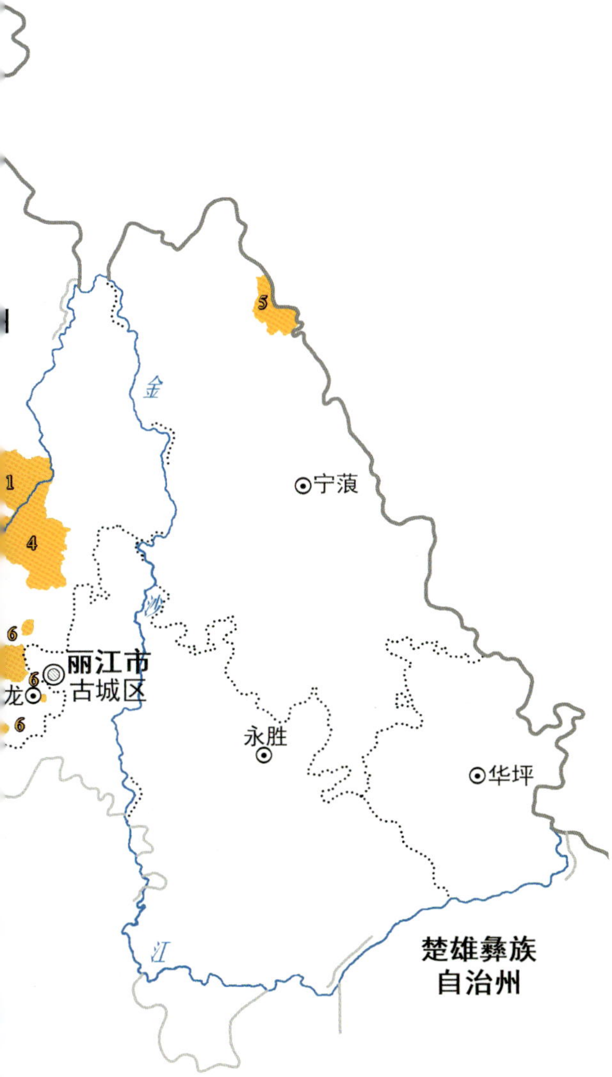

序号	名称
1	高黎贡山国家级自然保护区
2	白马雪山国家级自然保护区
1	哈巴雪山省级自然保护区
2	纳帕海省级自然保护区
3	碧塔海省级自然保护区
4	玉龙雪山省级自然保护区
5	泸沽湖省级自然保护区
6	丽江拉市海高原湿地省级自然保护区
7	兰坪云岭省级自然保护区
1	翠坪山县级自然保护区

审图号：云S(2019)010号
本图境界不作划界依据。

高黎贡山国家级自然保护区

高黎贡山国家级自然保护区位于云南省西部、高黎贡山主脉中南段的中上部，地处怒江傈僳族自治州的泸水市、福贡县、贡山县和保山市的隆阳区、腾冲市境内。保护区由北、中、南互不相连的三片组成，地理位置处于北纬24° 56′ ~ 28° 22′，东经98° 08′ ~ 98° 50′，总面积405549.0公顷。

高黎贡山国家级自然保护区于1983年经云南省人民政府批准建立为省级自然保护区，1986年经国务院批准晋升为国家级自然保护区，2000年4月，怒江省级自然保护区经批准纳入高黎贡山国家级自然保护区统一管理，同年，保护区加入联合国教科文组织世界人与生物圈保护网络。2003年高黎贡山作为“三江并流”重要组成部分，被联合国教科文组织列入《世界自然遗产名录》。

鸟瞰高黎贡山（杜小红 供）

2006年被国家林业局批准为全国示范建设保护区。2009年，保山市被中国野生动物保护协会评定为“中国白眉长臂猿之乡”。

保护区属自然生态系统类别，森林生态系统类型的大型自然保护区。保护区主要保护对象为保护中山湿性常绿阔叶林和亚高山温性、寒温性针叶林垂直自然景观及其生物多样性完整的森林生态系统，保护以贡山棕榈、怒江红杉、怒江冷杉、喜马拉雅红豆杉、长蕊木兰、贡山三尖杉、大树杜鹃、多种兰科植物等珍稀特有野生植物，保护以怒江金丝猴、高黎贡羚牛、高黎贡白眉长臂猿、熊猴、戴帽叶猴、白尾梢虹雉、金雕等为代表的珍稀特有野生动物。

怒江金丝猴（董磊 摄）

保护区的地质构造比较复杂，以板块碰撞挤压而成的板块缝合带伴生的褶皱带、大断裂带为主。保护区山体的岩石主要由片麻岩、片岩、千枚岩等变质岩系组成，由于近期地壳大幅度上升，河流强烈下切，保护区内形成以中山山地、高山、极高山为主的地形地貌，山

羚牛（王斌 供）

白眉长臂猿（王斌 摄）

戴帽叶猴（彭建生 摄）

顶上冰川地貌发育，还残存有现代冰川，河流深切的河谷多为“V”形峡谷，以怒江峡谷最有名，境内最高峰嘎瓦嘎普峰海拔5128米，最低海拔为怒江边的蛮云村738米，相对高差4390米。

保护区具有我国西部典型季风气候特征，气候要素垂直变化十分明显，从河谷到山顶依次出现亚热带、温带、亚寒带、寒带性质的垂直气候带。高黎贡山山体的西坡为迎风坡，年降水量达3600毫米以上，与印度东北部、东喜马拉雅并列，形成3个多雨中心，东坡相对湿度较低。

保护区由于其特殊地理位置和自然环境，孕育着极为丰富的野生植物资源。据调查，保护区分布有10个植被型，16个植被亚型，68个群系；保护区记录有维管束植物264科1361属5728种（亚种），其中，裸子植物有7科17属33种（亚种），被子植物211科1234属5102种（亚种、变种），蕨类植物46科110属593种（亚种、变种）。列为国家Ⅰ级重点保护野生植物的有喜马拉雅红豆杉、光叶珙桐、长蕊木兰、银杏、南方红豆杉、篦齿苏铁6种；国家Ⅱ级重点保护野生植物有桫椤、金毛狗、油麦吊云杉、澜沧黄杉、贡山三尖杉、云南榧树等30种。保护区药用植物1000多种，有亚热带、温带、寒带地区的药用植物；观赏植物460~600种，如云南的八大名花，除茶花外几乎全有分布；竹类约40余种。

与野生植物一样，高黎贡山的野生动物资源之丰富实属少有。据不完全统计，保护区已知哺乳类动物有205种，鸟类525种，两栖动物52种，爬行类动物81种，鱼类49种，昆虫1720种，其中大型蛾类5科536属1005种。分布有国家重点保护野生动物81种，其中国家Ⅰ级重点保护野生动物有怒江金丝猴、高黎贡白眉长臂猿、熊猴、戴帽叶猴、云豹、扭角羚、白尾梢虹雉、金雕等18种，国家Ⅱ级重点保护野生动

白尾梢虹雉（王斌 摄）

独龙江植被（怒江管护局 供）

贡山绿绒蒿（董磊 摄）

贡山蓟（怒江管护局 供）

大树杜鹃（孙海涛 摄）

物有小熊猫、中华鬣羚、巨松鼠、普通鵟、红隼、红腹角雉、血雉、白鹇等63种。保护区既有较多的热带性种类，也有温带甚至寒带种类；既有低山平原种类，也有高山种类，是一个各种类型哺乳类都较丰富的森林动物综合体。

保护区所处的高黎贡山因其"动植物种属复杂、新老兼备、南北过渡、东西交汇"的特殊格局而被世界动、植物学家誉为"雉类和雉类的乐园"、"哺乳类动物祖先的发源地"、"东亚植物区系的摇篮""世界物种基因库"。保护区在极为有限的范围内，富集了极其丰富的生物多样性资源，不但是我国生物种类最为丰富的地区，也是举世瞩目的生物多样性保护关键区域。1992年被世界自然基金会列为A级自然保护区，中国科学院生物多样性委员会编撰的《中国生物多样性》一书将其列为"具有国际意义的陆地生物多样性关键地区"和"重要模式标本产地"。保护区不但有着极其丰富的物种多样性和生态系统多样性，而且蕴藏着极其丰富的遗传多样性。特别是新近在保护区怒江片泸水和保山片腾冲分别发现的"怒江金丝猴"和"红鬣羚"，极大地提升

怒江大峡谷（黄莹 摄）

彩色湿地
（艾怀森 摄）

听命湖
（陈奕欣 摄）

了保护区的物种多样性和遗传多样性，可以预见，在保护区保存完好的原始森林中，还有很多新种和新分布、待发布和发现的种类，极具潜在的科研保护价值。

2015年，经云南省机构编制委员会批准，设立“云南高黎贡山国家级自然保护区保山管护局”，为保山市林业局下属正处级事业单位，下设腾冲、隆阳管护分局，核定事业编制121名；设立“云南高黎贡山国家级自然保护区怒江管护局”，为怒江州林业局下属正处级事业单位，下设泸水、福贡、贡山管护分局，核定事业编制277名。

（撰稿：杨国伟、杨桂良、姜明、唐卫红、史延河）

白马雪山国家级自然保护区

白马雪山国家级自然保护区是我国海拔最高、面积最大的以保护滇金丝猴及其栖息地为目的的自然保护区，位于迪庆藏族自治州维西县和德钦县境内，介于东经98°47′～99°21′，北纬27°25′～28°36′，海拔1950～5429米，总面积281640.0公顷。其中，核心区面积116122公顷，缓冲区面积48243公顷，实验区面积117741公顷。

保护区属野生生物类别，野生动物类型的超大型自然保护区。主要保护对象为滇金丝猴、寒温性针叶林、珍稀濒危野生动植物及其栖息地、河流湖泊、雪山冰川、山地植被垂直带自然景观。

保护区地处青藏高原南延部分横断山脉中段，是全球生物多样性热点地区，是著名的“三

五冠神峰（肖林 摄）

初秋（彭建生 摄）

江并流”世界自然遗产的核心地带，是亚热带向青藏寒温带过渡地带。

保护区记录有7个植被类型、11个植被亚型、37个群系。记录有维管束植物1835种，大型真菌298种，其中，国家Ⅰ级重点保护植物有玉龙蕨、独叶草等4种，国家Ⅱ级重点保护植物有云南榧树等9种；记录有哺乳动物100种、鸟类353种、昆虫447种，其中，国家Ⅰ级重点保护野生动物有滇金丝猴、雪豹、金钱豹、云豹、高山麝、林麝、黑麝、黑鹳、黑颈鹤、金雕、高山兀鹫、黑颈长尾雉等20种，Ⅱ级重点保护野生动物有猕猴、穿山甲、黑熊等43种。

高原湖泊（和晓斌 摄）

保护区是中国低纬度高海拔地区生物资源保存最为完整而原始的高山针叶林区，为区内野生动植物提供了生存载体和栖息繁衍场所，成为中国西南地区动植物种质资源基因库，素有“寒温带高山动植物王国”“第三纪古热带生物区系的避难所”“北温带植物体系的摇篮”“世界花园之母”“鸟类的天堂”“雉类的乐园”和“画鹛的起源地”之称。

滇金丝猴又叫黑白仰鼻猴，是我国有分布的四种金丝猴之一，也是分布海拔高度最高的种类，被誉为“高原精灵”，是与大熊猫齐名的国宝，堪称是世间最美丽的动物，作为中国特有的世界珍稀濒危灵长动物，仅分布于中国西南横断山脉、金沙江和澜沧江之间滇西北和藏东南的狭小区域，现存种群18个，数量约为3000只，而保护区有8个滇金丝猴种群，约2500只，大约为该物种全部种群数量的80%，毋庸置疑，保护区是地球上金丝猴最重要的繁殖生存之地。

保护区作为全球生物多样性热点区域，最大特色是动植物特有种多，如横断山区特有植物有425种，占保护区内种子植物总种数的23.2%；哺乳动物仅横断山型和青藏高原型的特有种达43种，占保护区内哺乳动物总数的43.0%；横断山区特有鸟类达63种，占保护区鸟种类总数的26.6%。

保护区由于海拔落差大，植物的垂直分布异常明显，形成了壮观的垂直带谱，南北跨度只有1.2个纬度，水平距离不足40千米内，包含了中国北部的生态植被，有7至16个植物分布带谱，相当于中国从南到北几千千米的植物分布带，蔚为奇观，其高山杜鹃林2005年被《中国国家地理》评为“中国最美十大森林之一”。保护区是举世瞩目的古生物保存中心，喜马拉雅红豆杉、榧树、三尖杉、光叶珙桐等

淡腹雪鸡（肖林 摄）

藏马鸡（格玛江初 摄）

水獭（肖林 摄）

滇金丝猴（管护局 供）

高山流石滩（和晓斌 摄）

鲁堆神山（格玛江初 摄）

植物是第四纪冰川的活化石。

保护区的高山湖泊涵养水源、保持水土，峰顶冬季积雪而夏季融雪，为人类提供了丰富的淡水资源，丰富的森林资源调节当地气候，对区域的生态环境起着重要作用。更重要的是50余条河流流经保护区，如金沙江在保护区境内流淌长达250千米，流域面积3303公顷，保护区的有效保护管理为下游地区的社会、经济发展提供了重要的生态安全保障。保护区内的高山峡谷地貌，是横断山脉最典型、地势起伏最壮观的一段，区内海拔5000米以上的山峰有20座，最高峰白马雪山海拔5430米。保护区丰富的旅游资源，又是多民族聚居的地区，形成了当地特色的文化，吸引着中外游人关注。

1983年由云南省人民政府批准建立白马雪山省级自然保护区，并设立保护区管理所，1988年经国务院批准，晋升为国家级自然保护区，原“保护区管理所”更名为“云南白马雪山国家级自然保护区管理局”，下设4个管理所站。2015年省机构编制委员会同意设立“云南白马雪山国家级自然保护区管护局”，为迪庆州林业局下属正处级单位，核定事业编制133名。

（撰稿：吴富勤、董震林、谢红芳）

黄杯杜鹃（和鑫明 摄）

玉龙蕨（余昌元 摄）

杜鹃盛开——栎叶杜鹃灌丛（郎批 摄）

哈巴雪山省级自然保护区

哈巴雪山省级自然保护区于1984年经云南省人民政府批准建立，位于迪庆藏族自治州香格里拉市东南部，介于东经100°02′18″～100°14′30″，北纬27°10′00″～27°24′28″，海拔1550～5396米，总面积21908.0公顷，其中，核心区面积7975.0公顷，缓冲区面积4231公顷，实验区面积9702公顷。

保护区地处青藏高原向云南高原过渡的地带，横断山纵向岭谷区中段，是著名的“三江并流”世界自然遗产地的重要组成部分。保护区属自然生态系统类别，森林生态系统类型的中型自然保护区。主要保护对象为原始的寒温性针叶林森林生态系统、典型而完整的植被垂直带谱及多样的自然景观。

哈巴湾海（杨学光 摄）

哈巴雪山倒影（杜继宏 摄）

长穗高山栎林（余昌元 摄）

丁　茜（吴富勤 摄）

高山雪莲（杜继宏 摄）

保护区植被分布有7个植被型，28个群系，种子植物1633种，大型真菌298种，其中，国家Ⅰ级重点保护野生植物有喜马拉雅红豆杉、玉龙蕨2种，国家Ⅱ级重点保护野生植物有丁茜等5种；哺乳动物102种，鸟类186种，两栖爬行动物27种。其中，国家Ⅰ级重点保护野生动物有云豹、林麝等4种，国家Ⅱ级重点保护野生动物有黑熊、猕猴等34种。

保护区海拔高差达3900米，发育形成了在北半球除沙漠和海洋以外的各类生态系统类型，这一区域包括河谷亚热带、温带、寒温带、寒带等，保留了森林、湿地（高原湖泊、沼泽化草甸等）、灌丛、草甸和流石滩等生态系统。保护区在较小的空间内集中了从亚热带干暖河谷到高山寒带的各种植被类型，呈带状有规律地分布在不同的海拔高度上，形成完整、典型的植被垂直带景观。保护区内分布的现代冰川是北半球纬度最低、位置最南的现代海洋性冰川。保护区自然地理条件独具一格，生境类型多样，孕育了丰富的动植物资源，保存了大量的中国和横断山特有物种，是野生生物资源天然的基因库，被誉为“世界花园之母”和“天然动物园”。

1984年成立哈巴雪山自然保护区管理所，2015年省机构编制委员会同意设立“哈巴雪山省级自然保护区管护局”，为迪庆州林业局下属副处级单位，核定编制25名。

（撰稿：吴富勤、董震林、张文擎）

第四纪冰川（杜继宏 摄）

植被垂直分布（余昌元 摄）

纳帕海省级自然保护区

纳帕海省级自然保护区于1984年经云南省人民政府批准建立，位于迪庆藏族自治州香格里拉市境内，介于东经99° 37′ 10.6″ ~ 99° 40′ 20.0″，北纬27° 48′ 55.6″ ~ 27° 54′ 28.0″，海拔3600米，总面积2400.0公顷，其中，核心区面积1092.4公顷，季节性核心区面积505.2公顷，实验区面积802.4公顷。

保护区地处云南最西北，位于横断山系核心部位，长江上游、植物多样性三大中心之一的生物地理区域核心部位，与青藏高原相连，是我国低纬度高海拔最具代表性的高原湖泊湿地类型。保护区属自然生态系统类别，内陆湿地和水域生态系统类型的小型自然保护区。主要保护对象为黑颈鹤、内陆高原湖泊、沼泽草甸高原湿地生态系统及其所庇护的陆生和水生生物。

保护区记录有野生湿地维管束植物115种，哺乳动物25种，鸟类130种，两栖爬行动物24种，鱼类12种，其中，国家Ⅰ级重点保护野生动物有黑颈鹤、黑鹳等5种，国家Ⅱ级重点保护野

黑颈鹤（管护局 供）

五花草甸（杨学光 摄）

马先蒿草甸（吴富勤 摄）

纳帕海（管护局 供）

湖面风光（田昆 摄）

湖与鸟的美丽约定（彭建生 摄）

生动物有白琵鹭等13种。

保护区是亚洲地区和中国西部候鸟迁徙的主要通道，其特点是鸟类多，数量大，如在这里停留越冬的湿地鸟类有50多种，高峰期数量超过2万只，其中，雁鸭类有近万只；同时是一些国家重点保护鸟类的重要越冬地，如每年约有300只黑颈鹤在此越冬，占该物种中部迁徙种群数量的90%以上，保护区成为黑颈鹤中部种群最重要的越冬栖息生境。黑鹳越冬种群数量约150只，迁徙时可达300只以上，保护区已经成为国内最大的黑鹳越冬地。此外，保护区是香格里拉市区流域的泄流处，是流域积水排泄的唯一出口，其对市区产生的生产、生活污水有着重要的过滤和净化作用。由于地理上处在著名的“三江并流”纵向

岭谷区腹地，位于大江大河的上游地区，在承接高山冰雪融水、保持水土和控制洪水方面发挥着重要作用。纳帕海为高原季节性湖泊，水域面积660公顷，湖水碧蓝，被五彩沼泽草甸与黛色的群山环抱，是我国景色最美的高原湖泊之一。

黑颈鹤居群（彭建生 摄）

2004年，纳帕海湿地被国际重要湿地公约秘书处列入“国际重要湿地”名录。保护区一直以来由纳帕海省级自然保护区管理所管理，2015年省机构编制委员会同意设立“纳帕海省级自然保护区管护局”，为迪庆州林业局下属副处级事业单位，核定编制11名。

（撰稿：吴富勤、董震林、陈志明）

碧塔海省级自然保护区

碧塔海省级自然保护区于1984年经云南省人民政府批准建立，位于迪庆藏族自治州香格里拉市境内，介于东经99° 54′ ~ 100° 03′，北纬27° 46′ ~ 27° 55′，海拔3180 ~ 4159米，总面积14133.0公顷，其中，核心区面积6063.06公顷，缓冲区面积4155.10公顷，实验区面积3914.8公顷。

保护区地处青藏高原东南缘，是著名的“三江并流”世界自然遗产的核心地带，也是亚洲地区和中国西部候鸟迁徙的主要通道。保护区属自然生态系统类别，内陆湿地和水域生态系统类型的小型自然保护区。主要保护对象为内陆高原湖泊、沼泽草甸高原湿地生态系统，典型的

碧塔海秋景（杨学光 摄）

油麦吊云杉（吴富勤 摄）

金铁锁（吴富勤 摄）

中甸叶须鱼（管护局 供）

原始高山、亚高山寒温性针叶林及其所庇护的陆生和水生生物。

保护区记录有维管束植物416种，其中，国家Ⅱ级重点保护野生植物有松茸、油麦吊云杉、金铁锁等3种；哺乳动物67种，鸟类171种，两栖爬行动物24种，鱼类4种。云豹、黑颈鹤等10种国家Ⅰ级和秃鹫等26种国家Ⅱ级重点保护动物也时常出没于密林和沼泽之内。

保护区内的硬叶常绿阔叶林是我国同类型中发育最为完好的类型，也是我国西南地区面积最大、林相最好、保存最完整、生态系统最为自然的类型。区内云杉林、冷杉林堪称“云南目前保存最原始的重要的云冷杉林区”。碧塔海为高山断陷湖泊，湖面海拔3539米，水域面积162公顷，湖水碧蓝，被黛色的群山环抱，是我国景色最美的高原湖泊之一。碧塔海独有的中甸叶须鱼，是第四纪冰川时期遗留下来的物种，距今已有250万年的历史。

弥里塘草甸（杨芳 摄）

溪流（杨学光 摄）

得益于其生态系统的典型性，及其全球范围独一无二的自然资源，2004年，碧塔海被国际重要湿地公约秘书处列入“国际重要湿地”名录。2007年6月，香格里拉普达措国家公园建立，保护区被全部纳入国家公园范围。2015年1月，普达措被列为全国国家公园体制改革试点区之一。保护区一直以来由碧塔海省级自然保护区管理所管理，2015年省机构编制委员会同意设立“碧塔海省级自然保护区管护局”，2018年4月纳入普达措国家公园管理局统一管理。

（撰稿：陶晶、唐华、吴富勤、董震林、杜杰次旦）

草本沼泽（吴富勤 摄）

碧塔海春景（杨学光 摄）

玉龙雪山省级自然保护区

冬天的玉龙雪山主峰（和荣华 摄）

云南丽江玉龙雪山省级自然保护区成立于1984年，位于丽江市玉龙纳西族自治县境内，处于北纬27°03′20″～27°40′00″，东经100°04′10″～100°16′30″，东以丽江至大具公路为界，西临龙蟠及金沙江，南起玉湖，北至大具虎跳峡，南北长26千米，东西宽19千米，法定总面积26000.0公顷。

玉龙雪山是横断山系云岭山脉中最高的一列山脉，是我国位置最南的一座有现代海洋性冰川发育的极高山，东西宽约20千米，南北长约43千米。由13座陡峻高耸的山峰组成，主峰扇子陡海拔5596米，西北部边界是著名的金沙江虎跳峡大峡谷，最低点在大具盆地金沙江谷底，海拔约1590米，相对高差达4006米，是典型的高山峡谷地区，山高、坡陡、谷深的地貌特点十分显著。保护区气候垂直分异显著，从金沙江河谷到玉龙雪山主峰，依次发育有河谷南亚热带、河谷中亚热带、山地北亚热带、山地暖温带、山地中温带、山地寒温带、高山寒带7个气候带及

玉龙蕨（余昌元 摄）

黄花杓兰（和荣华 摄）

绶草（和荣华 摄）

丽江杓兰（和荣华 摄）

棕背杜鹃（和荣华 摄）

高山冰雪带，拥有该纬度带完整的山地气候垂直带谱。

保护区属自然生态系统类别、森林生态系统类型的自然保护区。保护区以典型、完整的山地森林生态系统和玉龙蕨、喜马拉雅红豆杉、云豹、林麝、四川雉鹑等国家重点保护野生动植物及生境，以及现代海洋性温冰川和古冰川遗迹为主要保护对象。

目前保护区共记录到种子植物171科、814属、3114种；蕨类植物14科、24属、52种。玉龙雪山保护区面积不到全国保护区总面积的万分之二，却拥有如此丰富的植物多样性，实属少见。有国家重点保护野生植物11种，其中国家Ⅰ级重点保护野生植物有玉龙蕨、喜马拉雅红豆杉2种；国家Ⅱ级重点保护野生植物有油

高山松、黄背栎林（杨国伟 摄）

丽江云杉林（和荣华 摄）

麦吊云杉、澜沧黄杉、云南榧、西康玉兰、金铁锁等9种。

采集和记录到哺乳动物记录102种，隶属于9目、31科、73属；鸟类330种（另13亚种），隶属47科（另4亚科），18目；两栖动物20种，隶属于8科14属；爬行动物21种，隶属于5科16属。国家Ⅰ级重点保护野生动物有云豹、林麝、四川雉鹑3种，国家Ⅱ级重点保护野生动物有猕猴、中国穿山甲、豺、黑熊、凤头蜂鹰、黑鸢、栗鸢、红瘰疣螈等48种。

保护区是“三江并流”世界自然遗产的重要组成部分，是横断山脉地区的典型代表，滇西北地区生物多样性的重要分布区域，为动植物形成、分化和分布中心，同时因其典型而完整的垂直植被带、丰富的生物多样性、800多种动植物模式标本采集地等诸多因素使它具有多学科、多功能的保护与研究价值，在冰川学研究、动植物区系学研究、动植物垂直分布以及生态系统研究等方面具有重要意义。

保护区1984年成立管理所，2001年更名为“丽江玉龙雪山省级自然保护区管理局”，2016年设立丽江玉龙雪山省级自然保护区管护局，为丽江市林业局下属副处级事业单位，事业编制为25名。

（撰稿：杨国伟、冷泉、和珍笛）

高山草甸（杨国伟 摄）

日照金山（杨国伟 摄）

牦牛坪风光（杨国伟 摄）

泸沽湖省级自然保护区

云南泸沽湖省级自然保护区于1986年3月经云南省人民政府批准建立，位于云南省西北部，丽江市宁蒗县永宁乡落水村境内，东邻四川省盐源县泸沽湖镇，其地理坐标在东经100° 43′ 36″ ~ 100° 54′ 20″，北纬27° 36′ 57″ ~ 27° 47′ 02″。保护区总面积为8133.0公顷。2000年，《中国湿地保护行动计划》将其列为国家重要湿地。

泸沽湖在湖泊成因上属断层构造湖，湖区石灰岩广泛分布，岩溶地貌发育，形成了陡峭屈曲多弯的湖岸、深渊的港湾及石灰岩溶蚀残丘构成的许多小岛，因而在湖泊成因上又是一个溶蚀构造湖，最大湖深93.5米，平均水深40.3米，是我国第三深水湖泊，平均水位2690.7米，总容水量19.53×10^8立方米。湖面略呈西北—东南倾斜，南北长约9.4千米，东西宽约5.2千米，湖岸长约44.0千米。保护区最低海拔为泸沽湖湖面，海拔2685.0米，最高海拔为牦牛坪附近的主峰，高3869.1米，相对高差1184.1米。保护区属南温带性质的气候，夏温不足，高温期短，冬春季节光照充足，

越冬候鸟（杨国伟 摄）

泸沽湖秋景（李联翔 摄）

辐射量大。湖区年均温12.8℃，全年有干湿季之分，终年无夏，冬季长达4个月（11月至翌年2月）；但湖水不冻，仅在严冬时节湖滨浅滩有薄冰。

保护区属自然生态系统类别内陆湿地和水域生态系统类型的小型保护区。主要保护高原湖泊湿地生态系统及以波叶海菜花为特色的水生植物群落；以亚高山暗针叶林为代表的湖周山地森林生态系统及珍稀小果垂枝柏群落；泸沽湖特有的3种裂腹鱼以及黑颈鹤、猕猴、小熊猫、喜马拉雅红豆杉、松茸、波叶海菜花等众多珍稀濒危动植物资源。

保护区植物种类复杂多样，已查明的维管束植物有137科44属870种（含亚种和变种）。其中，蕨类植物有17科27属41种；种子植物有120科413属829种。按水因子划

猕猴（李联翔 摄）

白骨顶（杨国伟 摄）

小果垂枝柏（杨国伟 摄）

波叶海菜花群落（杨国伟 摄）

雪上一枝蒿（李联翔 摄）

分，水生植物（含挺水植物、浮叶植物和深水植物）有20科26属38种；陆生植物117科414属832种。国家Ⅰ级重点保护野生植物有喜马拉雅红豆杉1种；国家Ⅱ级重点保护野生植物有松茸1种。

保护区共记录有野生动物105种。其中，哺乳类6目16科26属29种；鸟类14目24科56属65种；两栖类原生种类记录有1目3科4属6种；爬行类原生种类仅记录有1目1科1种；鱼类1目2科另2亚科2属4种。国家Ⅰ级重点保护野生动物有林麝、东方白鹳黑鹳、黑颈鹤等8种，国家Ⅱ级重点保护野生动物有猕猴、小熊猫、

豺、黑熊、凤头蜂鹰、黑鸢、大天鹅、白腹锦鸡、虎纹蛙等23种。

泸沽湖与云南其他高原湖泊相比，纬度偏北，海拔较高，湖水深，水体冷凉，优良的水质、丰富的水生植物资源，为动植物的繁衍和分化创造了良好的条件。波叶海菜花是泸沽湖的特有种，在水生植物群落中占有特别重要的地位。泸沽湖有广阔的水域和沼泽地，是众多水禽在云南高原的主要越冬地和栖息地之一。泸沽湖湖畔居住着摩梭人，他们迄今还保留着母系氏族公社早期“阿夏走婚”的风俗，具有极高的人文科研价值和人文保存价值。泸沽湖在我国西南高原湖泊中地位突出，是极具代表性的高山湖泊湿地生态系统，具有极为重要的生态地位和保护价值。

保护区1986年成立管理所，2001年更名为丽江泸沽湖省级自然保护区管理局，2016年设立丽江泸沽湖省级自然保护区管护局，为丽江市林业局下属副处级事业单位，事业编制为20名。

（撰稿：杨国伟、安正学、和珍笛）

丽江拉市海高原湿地省级自然保护区

丽江拉市海高原湿地省级自然保护区建立于1998年，保护区总面积6523.0公顷，由天然高原湖泊拉市海、文海、文笔水库和吉子水库四片组成。2005年，被国际重要湿地公约秘书处列入“国际重要湿地”名录。

保护区地貌属于横断山系高山峡谷区，是“三江并流”世界自然遗产的重要组成部分。拉市海、文海为断陷盆地中的高原湖泊湿地，而吉子水库和文笔水库是在山间断陷盆地中利用自然地形修筑的水库湿地。保护区气候属低纬高原气候区，按气温垂直差异和气候学原则划分，可分为山地暖温带、山地寒温带两个气候类型。保护区水系属金沙江水系，汇集了保护区境内境外大片森林地段的40多条大小山溪，水源丰富，流水清澈，是重要的蓄水水源区。

保护区属自然生态系统类别内陆湿地和水域生态系统类型的小型保护区。保护区以高原湖泊、季节性湖泊，黑鹳、黑颈鹤、中华秋沙鸭、海菜花等珍稀濒危野生动植物及其栖息地为主要保护对象。

越冬的灰雁（杨国伟 摄）

飞翔的候鸟（管护局 供）

保护区湿地植被划分为2个植被型、5个亚型、20个群系；森林植被以半湿润常绿阔叶林和云南松林为主。保护区共记录到植物（含大型真菌）566种，分为湿地植物150种，隶属于39科115属，其中：蕨类植物3种，隶属于3科3属；被子植物147种，隶属于36科112属。另外，陆生植物416种，隶属于93科253属，其中：蕨类植物7种，隶属于6科7属；裸子植物18种，隶属于4科10属；被子植物391种，隶属于83科233属。保护区记录有保护植物11种，其中国家Ⅰ级重点保护野生植物玉龙蕨、喜马拉雅红豆杉2种；Ⅱ级重点保护野生植物6种，分别为野菱、油麦吊云杉、金铁锁、子宫草、冬虫夏草、松茸；云南省级保护植物2种，分别为云南甘草、三分三。

拉市海风光（杨国伟 摄）

亚高山草甸（杨国伟 摄）

夏天的拉市海（和云峰 摄）

两栖蓼、海菜花、李氏禾（彭丽娟 摄）

保护区共记录到鱼类25种，隶属于5目10科21属；两栖类共有14种，隶属于2目8科；爬行类共有17种，隶属于1目4科；鸟类共有233种，隶属于44科130属；哺乳动物共有35种，隶属于7目16科。有国家Ⅰ级重点保护动物林麝、黑鹳、中华秋沙鸭、黑颈鹤等8种；国家Ⅱ级重点保护动物32种，即猕猴、小灵猫、灰鹤、大天鹅、小天鹅、红瘰疣螈等。

保护区湿地冬季蓄水、夏季泄水，水陆交错过渡特点明显，水陆生境边缘性质突出，是多种区系成分的交汇地，有着丰富的湿地生物资源，又是众多湿地鸟类的栖息地，不仅生物多样性丰富，而且生境多样，是较为完整的湿地生态系统。保护区是中国西部候鸟迁徙通道上重要的候鸟越冬地，每年10月到次年3月，越冬的候鸟最高可达10余万只，可谓是候鸟的乐园。但保护区湿地生态系统极其脆弱和不稳定，既具有生境保存完好的原生湿地，也有不同干扰胁迫下的多种被扰动生境。因此，保护区在动植物多样性、生物区系地理、生态系统与恢复理论等方面具有重要的保护和科研价值。

1998年，成立保护区管理所，2002年，更名为保护区管理局，2016年设立丽江拉市海高原湿地省级自然保护区管护局，属丽江市林业局下属副处级公益一类事业单位，事业编制为21名。

（撰稿：杨国伟、黄庭发、和珍笛）

沼泽化草甸（杨国伟 摄）

兰坪云岭省级自然保护区

兰坪云岭省级自然保护区于2003年经云南省人民政府批准建立，位于怒江州兰坪县境内，地理坐标介于东经99°09′58″～99°31′19″，北纬26°10′01″～26°41′08″，东不过通甸河，西不过澜沧江，北宽南窄，南北长57.5千米，东西宽34.7千米，周长约362千米，总面积75894.0公顷。

杜鹃（管护局 供）

保护区地处横断山脉南缘云岭中部纵谷区，以中高山、高山为主体。地势由北向南倾斜，境内超过3500米的山峰有数十座，最高峰为雪邦山，海拔4295.3米，最低点位于兔峨乡腊普河拉马登水沟，海拔1899米，相对高差2396.3米。保护区气候的基带属中北亚热带，具有西部季风型、高山高原型及立体气候型特征。区内的气候四季不明显，冬长夏短，干湿季分明，降水多集中于雨季。

保护区属自然生态系统类别、森林生态系统类型自然保护区。主要保护对象是以滇金丝猴、喜马拉雅红豆杉等为代表的珍稀濒危野生动植物及其栖息环境，以及以杜鹃为代表的高山花卉种质资源地、原始森林生态系统和县城周边重要的水源涵养地。

滇金丝猴—拉沙山（管护局 供）

保护区的植被划分为9个植被型（含1个人工植被型）、13个植被亚型（含2个人工植被亚型）、22个群系（含2个人工群系）、32个群丛（含3个人工群丛）。截至目前，保护区共记录种子植物141科608属1515种（含种下等级），其中裸子植物5科14属18种，被子植物136科594属1497种。其中：国家Ⅰ级重点保护野生植物喜马拉雅

自然植被（管护局 供）

长苞冷杉（管护局 供）

红豆杉1种，国家Ⅱ级重点保护野生植物云南榧树、油麦吊云杉、西康玉兰等8种。

保护区共记录哺乳类动物9目25科56属80种；鸟类15目38科167种；两栖类8科15属20种；爬行类5科17属26种。其中：国家Ⅰ级重点保护野生动物有滇金丝猴、云豹、金钱豹、黑颈长尾雉、黑鹳等7种；国家Ⅱ级保护动物有猕猴、大灵猫、金猫、凤头蜂鹰、白腹锦鸡、红瘰疣螈等31种。

保护区位于横断山纵向岭谷区的核心区域，“三江并流”自然遗产地的东南部，是生物多样性核心地带中国—喜马拉雅的重要组成部分，横断山脉是第四纪冰川时期动植物的庇护地，以及南北动物荟萃和相互渗透过渡的桥梁。保护区分布有包括亚热带至寒温带的各种完整的森林生态系统垂直带谱。植被类型上，保护区内保存有大面积且连片分布的云南铁杉林和长苞冷杉林，其面积分别占整个保护区面积的7.4%和7.1%，是保护区主要保护对象滇金丝猴的主要栖息地，并有喜马拉雅红豆杉、云南榧树等重点保护野生植物分布，具有较大的保护和科研价值。

保护区2004年成立管理局，2016年设立“兰坪云岭省级自然保护区管护局”，核定人员编制38人，为怒江州林业局下属副处级事业单位，行使保护区保护管理职能。

（撰稿：杨国伟、和金福、唐卫红）

喜马拉雅红豆杉群落（管护局 供）

凸尖杜鹃（管护局 供）

西康玉兰（管护局 供）

丰平水库湿地（管护局 供）

贡山三尖杉（管护局 供）

兰坪翠坪山县级自然保护区

兰坪翠坪山县级自然保护区成立于2000年，东以二五山、翠坪山山脚为界，南以金坪河为界（金顶至新生桥段），西以新生桥至丰坪金坪河、挂登河段，北以高坪林子箐至白腊、青松坪山至丰坪，总面积约为8600.0公顷。

保护区紧靠兰坪县城驻地，以高山植物及部分乔灌木为主体，是县城重要的水源地之一。保护区主要保护高山森林生态系统、原始的自然景观和历史遗迹。

2017年设立“翠坪山县级自然保护区管理所”，核定人员编制4人，为兰坪县环保局下属股所级事业单位，作为兰坪县环保局环境监测站的挂牌机构。

（撰稿：杨国伟、田旭文、唐卫红）

二五山轩辕词（管护局 供）

马樱花（管护局 供）

五味子（管护局 供）

滇 中

滇中区域地处云南高原中部，地跨金沙江、珠江和红河水系，海拔处于328～4344.1米之间，相对高差超过4000米，以山地和山间盆地地形为主，属亚热带气候，日照充足，四季如春，气候宜人，干、湿季分明。行政区域包括昆明市、玉溪市和楚雄彝族自治州，包含33个县（区、市），国土总面积6439307公顷，占全省面积的16.80%。该区域在云南省人口最为集中，经济相对发达。区域内高原断陷湖泊分布集中，景观多样性较为丰富，包含了内陆高山季节性冰川至干热河谷的多种景观类型，其植被类型以暖温性针叶林、半湿润常绿阔叶林为主体，其他植被类型还有寒温性针叶林、中山湿性常绿阔叶林、落叶阔叶林、稀树灌木草丛、灌丛等，兼有大量人工植被。具有代表性的珍稀濒危保护物种有喜马拉雅红豆杉、攀枝花苏铁、元江苏铁、长蕊木兰、翠柏、黄杉、西康玉兰、西黑冠长臂猿、林麝、中华鬣羚、水鹿、绿孔雀、黑颈鹤、白鹇、白腹锦鸡等。另外，还有典型的地质剖面遗迹和古生物化石遗迹。

区域内分布有哀牢山（部分）、轿子雪山、元江3个国家级自然保护区和寻甸黑颈鹤、紫溪山、雕翎山、中国前寒武系（震旦系）—寒武系界线层型剖面、澄江动物化石群5个省级自然保护区，另有红塔山、白玉顶、牟定化佛山、大姚昙华山、双柏恐龙河、新平哀牢山、阳宗海老爷山等29个州（市）级、县（区、市）级自然保护区，保护区总面积327829公顷，占区域总面积的5.09%。

（撰稿：余昌元）

磨盘山（余昌元 摄）

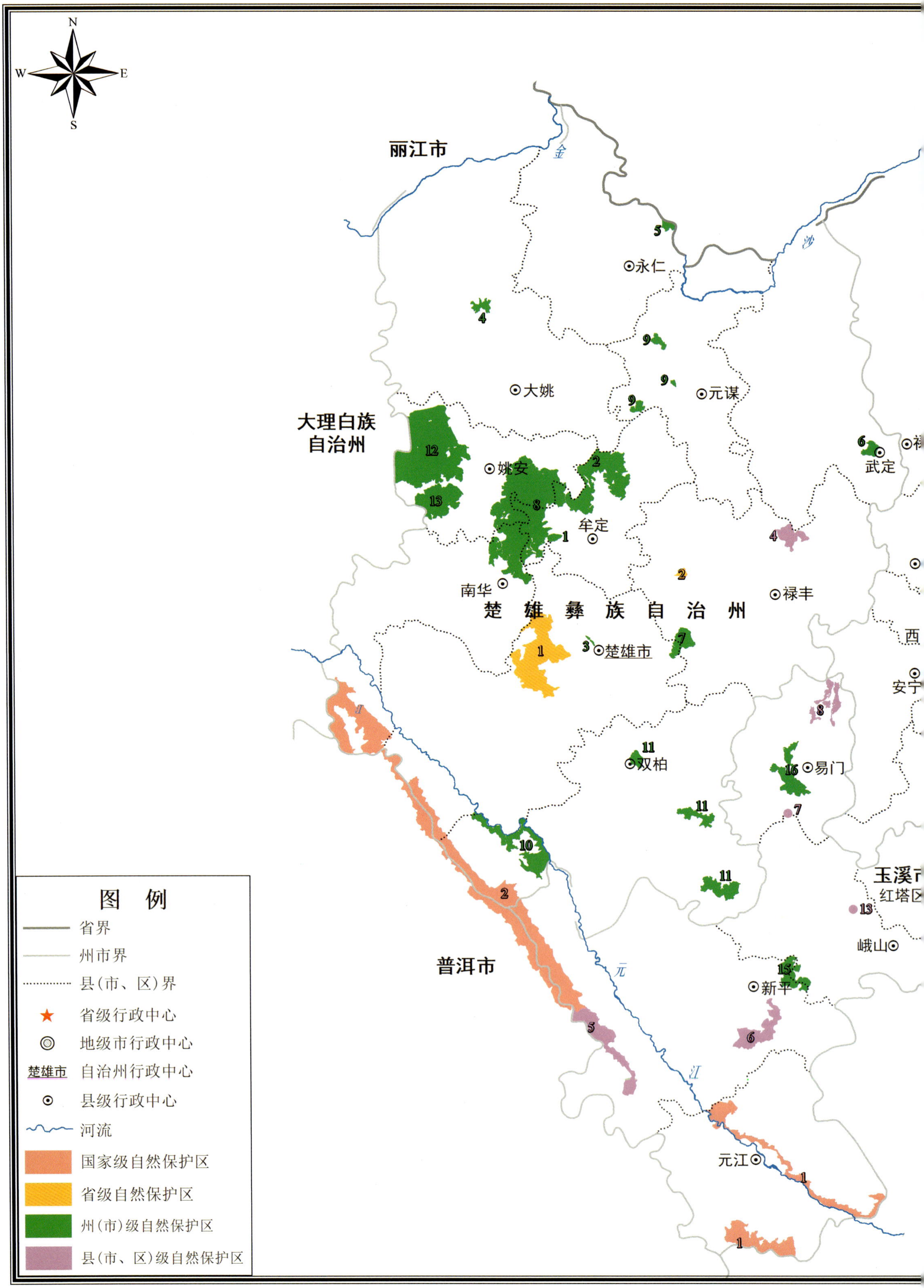
丽江市
金
沙
永仁
大姚
元谋
大理白族
自治州
姚安
牟定
武定
南华
禄丰
楚雄彝族自治州
楚雄市
西
安宁
双柏
易门
玉溪市
红塔区
峨山
普洱市
元
江
新平
元江
图例
省界
州市界
县(市、区)界
省级行政中心
地级市行政中心
楚雄市
自治州行政中心
县级行政中心
河流
国家级自然保护区
省级自然保护区
州(市)级自然保护区
县(市、区)级自然保护区

滇中自然保护区分布示意图

序号	名称
1	元江国家级自然保护区
2	哀牢山国家级自然保护区
3	轿子山国家级自然保护区
1	紫溪山省级自然保护区
2	禄丰雕翎山省级自然保护区
3	中国前寒武系（震旦系）---寒武系界线层型剖面省级地质自然保护区
4	澄江动物化石群省级自然保护区
5	寻甸黑颈鹤省级自然保护区
1	牟定化佛山州级自然保护区
2	牟定白马山州级自然保护区
3	楚雄西山州级自然保护区
4	大姚昙华山州级自然保护区
5	永仁方山州级自然保护区
6	武定狮子山州级自然保护区
7	禄丰樟木箐州级自然保护区
8	楚雄三峰山州级自然保护区
9	元谋土林州级自然保护区
10	双柏恐龙河州级自然保护区
11	双柏白竹山州级自然保护区
12	姚安花椒园州级自然保护区
13	姚安大尖山州级自然保护区
14	红塔山市级自然保护区
15	玉白顶市级自然保护区
16	易门龙泉市级自然保护区
1	宜良竹山总山神天然林县级自然保护区
2	宜良九乡麦田河县级自然保护区
3	阳宗海老爷山县级自然保护区
4	禄丰五台山县级自然保护区
5	新平哀牢山县级自然保护区
6	新平磨盘山县级自然保护区
7	易门脚家店恐龙化石县级自然保护区
8	易门翠柏县级自然保护区
9	澄江梁王山县级自然保护区
10	通海秀山县级自然保护区
11	华宁登楼山县级自然保护区
12	江川大龙潭县级自然保护区
13	峨山高鲁山县级自然保护区

审图号：云S(2019)010号

本图境界不作划界依据；嵩明县与盘龙区之间界线，因无新的行政区划调整后的标准地图，仍维持原画法。

元江国家级自然保护区

元江国家级自然保护区位于玉溪市元江哈尼族彝族傣族自治县境内，初建于1989年，2002年云南省人民政府批准晋升为省级自然保护区，2012年国务院批准晋升为国家级自然保护区。保护区地处元江干流两侧，由元江东岸片区和西岸章巴望乡台片区两个片区组成，地理坐标为东经101°21′24″～102°21′12″，北纬23°19′12″～23°46′12″，海拔350～2580米，总面积22378.9公顷。保护区地处哀牢山东坡与元江（红河）河谷，是全国唯一干热河谷自然条件下的森林生态系统类型的自然保护区。其主要保护对象为以干热河谷型稀树灌木草丛植被，桫椤、元江苏铁、旱地油杉、红花木莲等为代表的珍稀濒危保护的或特有动植物物种资源及其栖息地。

保护区记录有维管束植物2303种，哺乳动物97种，鸟类258种，爬行类动物71种，两栖类动物53种，鱼类34种。有元江苏铁、云南苏铁、千果榄仁等国

章巴片区（管护局 供）

章巴片区（管护局 供）

稀树灌木草丛（夏季）（管护局 供）

干热河谷型稀树灌木草丛（冬季）（管护局 供）

家重点保护野生植物11种；大花万代兰、元江风车子等云南省重点保护野生植物7种，希陶木、云南火焰兰、瘤果三宝木、元江海漆、云南芙蓉、元江山柑、元江素馨等保护区特有植物24种；灰叶猴、蜂猴、猕猴等国家重点保护野生动物56种。

元江苏铁（管护局 供）

希陶木（管护局 供）

保护区海拔高差较大，自下而上形成了干热河谷型稀树灌木草丛（河谷型萨王纳植被）、干热性硬叶常绿阔叶林、山地雨林、季风常绿阔叶林、暖性针叶林、半湿润常绿阔叶林、中山湿性常绿阔叶林等云南省中南部完整植被垂直带谱，其中包括豆腐果林、野茶林、红花木莲林、水青树林等珍稀群落类型，以及古地中海残余的珍稀植被——锥连栎林和滇橄仁林。保护区西岸片区，即哀牢山东坡分布的中山湿性常绿阔叶林是红河流域在东南亚热带季风气候下形成的主要典型山地垂直地带性植被，对研究我国河谷山地植被的形成和演变具有重要价值。而保护区河谷的典型植被——干热河谷型稀树灌木草丛，从保护区开始，沿元江河谷上溯百余千米，是我国少有而特殊的河谷型萨王纳植被类型。

自保护区建立以来，干热河谷型稀树灌木草丛植被逐渐恢复，而保护区山地的植被，尤其是海拔1800米以上区域的常绿阔叶林生态系统，保持着极为自然和原始的状态，动植物资源得到了较好的保护。近年来，发现多腺悬钩子、木蓝等12种云南省植物分布新纪录物种，其中特异大戟科植物新属希陶木属为元江干热河谷分布最集中的区域。为纪念西双版纳植物园创建者蔡希陶教授对云南植物研究事业所做出的巨大贡献，将该种植物命名为希陶木。于2015年4月在保护区内发

瘤果三宝木（管护局 供）

兜兰（管护局 供）

火焰兰（管护局 供）

现云南火焰兰，这是继20世纪50年代初植物学家在元江干热河谷发现云南火焰兰之后，再次寻觅到云南火焰兰的踪迹，其被称之为“植物中的大熊猫”。2018年，在云南省林业厅组织的绿孔雀专项调查工作中，在保护区首次发现了野生绿孔雀。

保护区由云南元江国家级自然保护区管护局管理，规格为正处级隶属行政主管部门为元江县人民政府和玉溪市林业局。

（撰稿：马山俊、吴建勇、张春早）

蜂猴（马晓峰 摄）

野茶林（孙茂盛 摄）

野生喜树群（管护局 供）

哀牢山国家级自然保护区

哀牢山国家级自然保护区于1981年经省人民政府批准建立，地跨云南省的3州（市）6县（市），即楚雄州的楚雄市、双柏县、南华县，普洱市的景东县、镇沅县和玉溪市的新平县，地理坐标为东经100°44′~101°30′，北纬23°36′~24°56′，海拔1700～3165.9米，总面积67700.0公顷，其中：核心区面积28578公顷，占42.18%；缓冲区面积17036公顷，占25.14%；实验区面积22140公顷，占32.68%。

哀牢山属云岭山脉向南分支的余脉，纵跨云南中部。保护区是以保护我国亚热带地区面积最大、最原始的中山湿性常绿阔叶林森林生态系统的森林类型自然保护区。其主要保护对象是以我国亚热带地区面积最大的中山湿性常绿阔叶林为主的森林生态系统；保护以西黑冠长臂猿、云豹、灰叶猴、猕猴、绿孔雀、鸳鸯等珍稀动物资源及其生态环境；保护以长蕊木兰、水青树、红花木莲、野茶树、云南七叶树、绿背石栎为主的珍稀濒危植物资源。保护区生物多样性极其丰富，加强保护，对保障保护区森林生态系统的水源涵养和水土保持功能有重要意义。

哀牢景观（唐云 摄）

瀑布（镇沅管护分局 供）

保护区记录有维管束植物207科720属1494种，其中：蕨类植物35科，61属，127种；裸子植物7科，12属，20种；被子植物165科，647属，1347种。哺乳动物27科63属86种，鸟类19目51科323种，两栖动物9科27属39种，爬行动物8科16属26种，鱼类4种。区内分布有国家Ⅰ级重点保护野生植物篦齿苏铁、长蕊木兰、银杏3种，有国家Ⅱ级重点保护野生植物千果榄仁、香果树等11种；国家Ⅰ级重点保护野生动物西黑冠长臂猿、灰叶猴、云豹、绿孔雀、黑颈长尾雉5种，国家Ⅱ级重点保护野生动物短尾猴、大灵猫、红腹角雉、白腹锦鸡等40种。另外，保护区内分布有大面积的野生茶树群落，区内千家寨发现的1棵树龄为2700年的野生茶树，被认证为“最大的古茶树”。

保护区地处特殊的地理环境，有着典型的山地气候特点，孕育了世界上同纬度地带的大面

哀牢群山（双柏管护分局 供）

哀牢山九天湿地（双柏管护分局 供）

马缨花（唐云 摄）

积以云南特有树种景东石栎、疏齿栲等为优势的原始常绿阔叶林和丰富的生物多样性，为野生动物提供了天然的栖息地与避难所和候鸟迁徙的天然通道。中国科学院西双版纳热带植物园在哀牢山徐家坝设立了生态观测站，开展了大量的科研监测工作，并取得了丰硕的成果。

2015年，景东县设立无量山哀牢山国家级自然保护区景东管护局，为市林业局下属正处级事业单位，核定事业编46名；镇沅县设立哀

红花木莲（唐云 供）

牢山国际及自然保护区镇沅管护局，为市林业局下属副处级事业单位，核定事业编20名；楚雄州设立哀牢山国际及自然保护区楚雄管护局，为州林业局下属正处级事业单位，核定事业编制57名；新平县设立哀牢山国家级保护区新平管护局，为市林业局下属副处级事业单位，核定事业编制26名。

（撰稿：郑进烜、罗世文、李晗、王鸿东、谢有能）

白鹇（镇沅管护分局 供）

哀牢髭蟾（邹国娟 摄）

轿子山国家级自然保护区

云南轿子山国家级自然保护区位于昆明市禄劝彝族苗族自治县与东川区境内，于2011年经国务院批准建立，地理坐标处于东经102°48′～102°58′，北纬26°00′～26°11′，海拔1200～4344.1米，总面积16456.0公顷，属于森林生态系统类型。其中核心区6587.1公顷，缓冲区4114.5公顷，实验区5754.4公顷。距离省会昆明142千米，距离禄劝县城134千米，距离东川区121千米。

保护区处于小江和普渡河两大断裂带之间，地理位置特殊，其森林生态系统是经过长期的演替变化而形成的，是滇中地区保存较为完好的区域。主要保护对象为：以攀枝花苏铁、喜马拉雅红豆杉、林麝等为代表的珍稀濒危野生动植物资源及其栖息环境；我国面积最大的高山柏

轿子皑皑（管护局 供）

攀枝花苏铁（管护局 供）

急尖长苞冷杉（管护局 供）

林和分布海拔最低的高山松林；晓光河源头及普渡河支流水源涵养地。具体包括：保护以急尖长苞冷杉林、高山柏林、高山松林、黄背栎林等为代表的滇中地区唯一在轿子山有分布的植被类型及森林生态系统；保护以攀枝花苏铁、喜马拉雅红豆杉、西康玉兰、丁茜、乌蒙绿绒蒿、东川当归、林麝、中国穿山甲、大灵猫等为代表的珍稀濒危和特有动植物及其栖息地；第四纪

急尖长苞冷杉林（余昌元 摄）

喜马拉雅红豆杉（管护局 供）

急尖长苞冷杉（管护局 供）

冰川遗迹尤其是冰蚀地貌；保护长江上游重大水利工程的重要水源涵养地和昆明地区的生态屏障。

保护区记录有维管植物1611种，哺乳动物79种，鸟类167种，两栖爬行动物47种。保护区内海拔高差超过3000m，为国家Ⅰ级重点保护野生动物林麝和斑羚、中华鬣羚、水獭、中国穿山甲等15种国家Ⅱ级重点保护动物提供了良好垂直生境。区内以喜马拉雅红豆杉为代表的国家重点保护植物，是十分珍贵的种质资源。

轿子山主峰雪岭海拔4344.1米，在云南滇中地区为最高峰，人称“滇中第一山”，次高峰轿子山海拔4223米，因山顶形似轿子，四时积雪，故又称“轿子雪山”。地质构造上，轿子山保护区内以构造剥蚀地貌为主，山顶部较平缓开阔，发育冰川地貌和冰碛物。区内第四纪冰川遗迹分布较广，且保存完好，是滇中第四纪冰川主要活动区之一，冰蚀地貌、冰碛物在这里随处可见。禄劝县境内拱王山系余脉有十二峰、八岭，山山雄奇，峰峰峻美；东川境内拱王山系则有十八峰二十岭，一峰比一峰秀，一岭比一岭奇。轿子山不仅是“滇中第一山”，还有着深厚的文化内涵，它不仅是一座雄奇壮丽的自然之山，而且还是一笔巨大的天人合一的自然文化遗产。

云南杜鹃（余昌元 摄）

保护区内寒温性针叶林，保存完整。其急尖长苞冷杉林在地理分

刺柏（管护局 供）

布上处于该种类分布区的东南端，是滇中高原北部山地唯一的寒温性针叶林。区内寒温性针叶林和中山湿性常绿阔叶林具有重要的涵养水源和水土保持功能，是东川晓光河、普渡河支流水源林区。

保护区每年4月至6月是杜鹃花开的季节，从低海拔到高海拔，不同种类的杜鹃花依次竞相开放，满山遍野、姹紫嫣红，形成一道亮丽的生物景观风景线，具有极高的观赏价值。

轿子山国家级自然保护区管护局，为隶属昆明市林业局管理的正处级公益一类事业单位，核定事业编制46名。

（撰稿：李晋、张映华）

第四纪冰川遗迹（管护局 供）

杜鹃灌丛（管护局 供）

天池（管护局 供）

林麝（管护局 供）

紫溪山省级自然保护区

紫溪山省级自然保护区位于楚雄州楚雄市中部，于1994年经省人民政府批准建立，其地理坐标为东经101° 17′ 59″ ~ 101° 26′ 34″，北纬24° 53′ 24″ ~ 25° 07′ 22″，海拔1510 ~ 2502米，总面积16000.0公顷，距离市府所在地25千米。

保护区地处滇中高原，保存了较典型的滇中高原亚热带半湿润常绿阔叶林，主要保护对象为亚热带半湿润常绿阔叶林生态系统，古茶花及文化古迹，以及珍稀濒危野生动植物，属于森林生态系统类型。

保护区记录有维管束植物507种，哺乳动物22种，鸟类71种，两栖爬行动物18种，鱼类10

紫溪山北门（管护局 供）

保护区远景（管护局 供）

紫顶禅寺（管护局 供）

德运碑（管护局 供）

大龙箐原始林（管护局 供）

古茶树（管护局 供）

种。区内分布有国家Ⅱ级重点保护野生植物香果树、金铁锁、龙棕、云南拟单性木兰4种；国家Ⅰ级重点保护野生动物黑颈长尾雉、云豹、蟒蛇3种和国家Ⅱ级重点保护野生动物小熊猫、中国穿山甲、水獭、猕猴、白鹇、白腹锦鸡等12种。

保护区地处金沙江和红河两大水系的分水岭地带，保存有完整的滇中高原亚热带半湿润常绿阔叶林，其间还有一些滇西北或滇东南等地的植物种类分布，是云南省南北植物交汇点之一。保护区曾是滇中著名的佛教圣地，历史文物较多，有众多寺院遗迹和塔林，现存的一方摩崖石刻是研究云南历史的重要资料。区内人工栽培了大量的珍奇古树名木，其中以云南古茶较为著名，打破了目前已知的人工栽培茶花最古老的纪录，民间有“云南茶花甲天下，紫溪茶花甲云南”之说。

1982年保护区经楚雄州人大批准为州级自然保护区，1994年经云南省政府批准为省级自然保护区，2000年国家林业局批准为国家级森林公园，2001年楚雄市政府批准成立楚雄紫溪山省级自然保护区管理局，2015年经省机构编制委员会同意设立紫溪山省级自然保护区管护局，为楚雄州林业局下属副处级事业单位。

（撰稿：蔡文婧、李忠贵）

银杏（管护局 供）

禄丰雕翎山省级自然保护区

禄丰雕翎山省级自然保护区位于楚雄州禄丰县境内，于1984年经省人民政府批准建立，地理坐标为东经101°48′20″，北纬25°12′50″，海拔2040～2593.6米，总面积613.0公顷。

半湿润常绿阔叶林（康坤 摄）

保护区地处滇中高原，为高原顶部相对隆起的山地，呈南北走向。最高为雕翎山主峰，雕翎山是星宿江和黑井河的源头和分水岭，相对高差约600m。主要保护对象为滇中地区较为完整的亚热带半湿润常绿阔叶林森林生态系统。

保护区记录有维管束植物111种，鸟类88种（哺乳动物、两栖爬行动物和鱼类未开展调查，不详）。

保护区内的亚热带半湿润常绿阔叶林是滇中地区发育较为完整的植被类型，也是我国亚热

保护区全貌（钟开鹏 摄）

历史古迹（康坤 摄）

带常绿阔叶林西部类型的代表之一。由于长期受到高原季风气候的影响，森林植被的组成特点与我国亚热带常绿阔叶林的东部类型有明显的代替关系。充分反映了云南亚热带地区常绿阔叶林的特点。区域内以元江栲、滇青冈为代表的半湿润常绿阔叶林，是云南中亚热带残留的地带性植被，对研究植被群落的分布及动态变化具有重要意义。2016年11月，雕翎山省级自然保护区管护局在禄丰县广通镇挂牌成立，行政级别为副处级，核定事业编制13人。

（撰稿：郑进烜、毕志强）

中国前寒武系（震旦系）—寒武系界线层型剖面省级地质自然保护区

中国前寒武系（震旦系）—寒武系界线层型剖面省级地质自然保护区位于昆明市晋宁区境内，于1989年3月经云南省人民政府批准建立，地理坐标处于东经102° 33′ 52″ ~ 102° 34′ 18″，北纬24° 43′ 34″ ~ 24° 44′ 23″，海拔1992 ~ 2228米，总面积约58.0公顷，属于地质遗迹类型的小型保护区，主要保护对象为云南晋宁梅树村中国前寒武系（震旦系）—寒武系界线层型剖面。保护区距离昆明50千米，距晋宁区约7千米。

保护区属于重要地层剖面和重要古生物化石群类地质遗迹，剖面距今5.6亿年，是我国推

核心区标识牌（管护局 供）

核心区地质剖面（管护局 供）

地质剖面（管护局 供）

八道湾核心区植被（管护局 供）

八道湾（管护局 供）

荐到国际上作为“界线层型”候选的重点剖面，剖面生物群具有十分丰富的个体数量和组成内容，是地史中首次出现的有壳生物类型。1984年被国际地质科学联合会正式定为全球前寒武系—寒武系界线层型三条候选剖面之一，对研究地球5亿年前地质发展史，探索生命起源，以及与生物有关的矿产形成具有重要价值。

保护区1989年成立了管理委员会进行日常事务管理。2017年6月，经省、市编办批准成立了保护区管护局，为昆明市自然资源局所属公益一类事业单位，机构规格副处级，核定事业编制18名，经费为财政全额拨款。保护区已完成规划编制，并于2018年5月11日由市人民政府报省人民政府审批。

（撰稿：李晋、夏育青、胡光普）

小歪头山植被修复区（管护局 供）

澄江动物化石群省级自然保护区

澄江动物化石群省级自然保护区位于玉溪市澄江县帽天山，于1997年5月经云南省人民政府批准建立。地理坐标为东经102° 57′ 30″，北纬24° 39′ 30″，海拔2026米，总面积1800.0公顷。主要保护对象为重要古生物地质遗迹，属自然遗迹类中的古生物遗迹类自然保护区。由澄江化石地世界自然遗产管理委员会主管。距玉溪市87千米，澄江县城6千米。

澄江动物化石群（距今5.3亿年）是当今世界上罕见的保存古生物软体组织印痕化石重要发现地，被誉为“世界近代古生物学研究史上所罕见”，与澳大利亚的伊迪卡拉动物化石群（距今5.8亿年）、加拿大布尔吉斯页岩动物化石群（距今5.15亿年）并列为“地球早期生物演化实例的三大奇迹”，被科学界誉为“古生物圣地”，在国际地学界及早期生命演化研究领域占有非常重要的地位和价值。2001年3月，国土资源部将其批准为首批国家地质公园，2012年7月，正式列入《世界遗产名录》，成为中国第一个化石类世界遗产。

古生物化石（管护局 供）

目前共发现化石点30余处，采集化石3万余块，科学鉴定认为有40个门类，100多个种的古生物化石，涵盖了现代生物的各个门类，还发现多种过去曾大量存在现已灭绝的动物新种，已超出现有动物分类体系。而寒武纪早期水母化石的发现，在国际上也属首次，填补了我国古生物研究的空白。

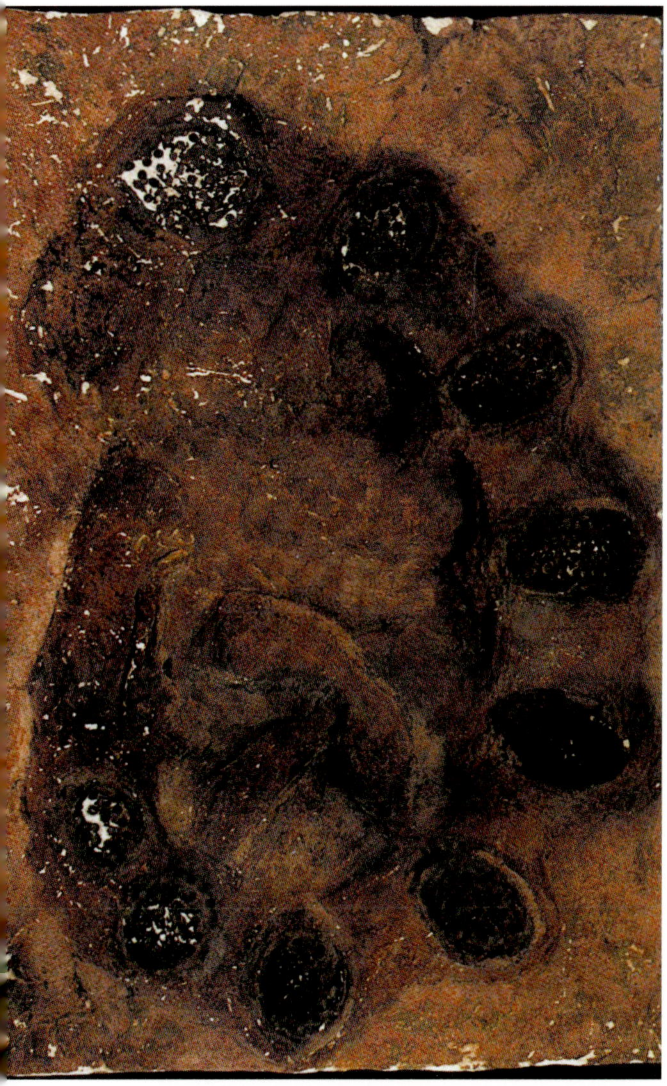

古生物化石（管护局 供）

模拟古生物模型（管护局 供）

科学家们根据研究成果绘制的澄江动物化石群生态复原图，这些生物小的只有几毫米，大的几十毫米甚至更大，它们有的像海绵，有的像今天的蠕虫，还有的像水母、海虾，或者像帽子、花瓶、花朵、圆盘……千奇百怪，展示了5.3亿年前浅海水域中各种生物的奇异面貌。

目前保护区由澄江化石地世界自然遗产管理委员会（澄江动物化石群省级自然保护区管护局）管理。

（撰稿：王钰、胡建伟）

寻甸黑颈鹤省级自然保护区

寻甸黑颈鹤自然保护区位于昆明市东北部的寻甸县境内，于2011年经昆明市人民政府批准建立市级自然保护区，2013年晋升为省级自然保护区。其地理坐标处于东经102° 59' ~ 103° 06'，北纬25° 34' ~ 25° 40'，海拔2017 ~ 2996米，总面积7217.3公顷。其中核心区1708.50公顷；季节性核心区1502.84公顷；实验区4005.98公顷。保护区东西宽9.9千米，南北长10.4千米，距离昆明120千米，距离寻甸县城54千米。

保护区所在的横河梁子属于普渡河断裂与小江断裂带之间的构造侵蚀型高中山，主要保护对象为国家Ⅰ级重点保护野生动物黑颈鹤及其越冬栖息生境——亚高山沼泽化草甸湿地，属野生动物类型的小型保护区。

保护区记录有维管束植物829种，哺乳动物38种，鸟类53种，爬行类16种，两栖类11种。区内良好的生态环境为黑颈鹤、白肩雕和金雕3种国家Ⅰ级重点保护鸟类和黑翅鸢、白尾鹞、红隼等10种国家Ⅱ级重点保护鸟类及两栖类提供了重要栖息地。区内分布的西康玉兰、金荞麦、香果树、异颖草4种国家Ⅱ级重点保护野生植物，为我国重要的种质资源。

黑颈鹤起飞（管护局 供）

沼泽湿地（管护局 供）

黑颈鹤（管护局 供）

保护区是目前已知的黑颈鹤最南端越冬地，也是昆明市唯一拥有国家Ⅰ级重点保护野生鸟类的区域，分布的亚高山沼泽化草甸湿地及亚高山草甸、灌丛为黑颈鹤提供了重要的生境。保护区内分布的常绿阔叶林等植被具有维护生态平衡、涵养水源等重要生态功能。保护区是清水海重要的水源地之一，区内沟壑纵横、坡度较大，所涵养水源通过这些沟壑流入板桥河、新田河，并最终汇入清水海。

保护区由林业部门主管，根据《云南省机构编制委员会关于昆明市设置国家级、省级自然保护区管护机

水库（管护局 供）

金荞麦（管护局 供）

香果树（管护局 供）

金雕（管护局 供）

构的批复》（云编〔2015〕47号）、《关于昆明市设立国家级、省级自然保护区管护机构的通知》（昆编〔2016〕22号），成立了云南寻甸黑颈鹤省级自然保护区管护局，为昆明市林业局下属副处级事业单位，核定事业编制18名。

（撰稿：李晋、马兴祥）

牟定化佛山州级自然保护区

保护区水源（倪家广 摄）

牟定化佛山州级自然保护区地处楚雄州牟定县共和镇境内，于1982年经楚雄州人大批准建立，属自然生态系统类别的森林生态系统类型自然保护区。地理坐标为东经101°24′～101°27′，北纬25°18′～25°19′，海拔1900～2588米，总面积666.7公顷。

保护区主要保护对象是半湿润常绿阔叶林森林生态系统、城市水源林和丰富的物种多样性。保护区记录有维管束植物126科325属452种，分布有国家Ⅱ级重点保护野生植物金荞麦1种，省级重点保护野生植物猴子木1种。保护区现已发现大型真菌20余种，其中有美味牛肝菌、松茸、鸡枞等重要食用菌18种。记录的野生动物有哺乳类36种，鸟类98种，两栖类5种，爬行类7种，其中国家Ⅰ级重点保护野生动物林麝1种，国家Ⅱ级重点保护野生动物猕猴、白腹锦鸡、白鹇4种。

樟树（倪家广 摄）

亚热带半湿润常绿阔叶林（倪家广 摄）

2017年6月，设立牟定县化佛山州级自然保护区管护局，正科级，编制8人，牟定县林业局为主管部门，为实施化佛山森林生态系统保护和自然保护区建设提供了有力的组织保障。

（撰稿：李嫣然、张仁功、刘诚）

牟定白马山州级自然保护区

龙棕（刘兴怀 摄）

牟定白马山州级自然保护区位于楚雄州牟定县境内，于2003年经楚雄州人民政府批准建立，地理坐标为东经101°27′～101°39′，北纬25°23′～25°33′，海拔1620～2485.4米，总面积15801.8公顷。

保护区主要保护对象为具有较强生态防护功能的森林生态系统和珍稀濒危野生动植物资源，属森林生态系统类型。

保护区记录有维管束植物406种，哺乳动物36种，鸟类98种，两栖爬行动物12种。区内分布有国家Ⅱ级重点保护野生植物龙棕1种，国家Ⅰ级重点保护野生动物林麝1种，国家Ⅱ级重点保护野生动物猕猴、白腹锦鸡、白鹇3种。

保护区位于滇中高原中部，森林植物区系属滇中地区典型的半湿润常绿阔叶林森林生态系统；是龙川江和周边水库塘坝的主要水源涵养林。

2017年楚雄州机构编制委员会同意设立“白马山州级自然保护区管护局”，行政级别为正科级，核定事业编制10人。

（撰稿：蔡文婧、张仁功、刘诚）

水源涵养林（刘兴怀 摄）

楚雄西山州级自然保护区

楚雄西山州级自然保护区位于云南省楚雄州楚雄市东北部，楚雄市城区以西，属鹿城镇辖区。1982年经州人民政府批准建立，地理坐标为东经101°30′46″～101°32′24″，北纬25°01′11″～25°03′08″，海拔1785～1951米，总面积213.3公顷，分为南、北两片，其中：南片79.0公顷，北片124.0公顷。

保护区地处滇中高原的楚雄紫溪山余脉。保护区的主要保护对象是：（1）亚热带半湿润常绿阔叶林和暖性针叶林森林生态系统；（2）城市水源林：西山是楚雄市城区备用水源尹家嘴水库的重要水源涵养林区；（3）城市面山森林生态景观：西山是楚雄城区西南部面山，优美的森林生态景观将城区环境点缀得更加美丽；（4）古树群：保护区内经认定挂牌的古树；（5）名胜古迹、寺庙景观。

根据野外实地考察记录，保护区共记录维管束植物共64科120属139种；区内未发现国家级重点保护野生植物和省级重点保护野生植物分布。动物资源数据不详。

保护区是楚雄城市附近森林保存最好的区域，区内森林茂密、古木参天、风景秀丽，是楚雄市的天然生态屏障。区内有高顶寺、西灵宫、兴隆寺、果成书院、红军纪念牌、纱帽石、塔凹（漂泉）等名胜古迹，有硪碌公园的茶花园、樱花观赏园、荷花池、花卉盆景区、动物饲养区和游乐区等，是楚雄市及周边县市居民良好的科普教育基地。

2004年，经州编委批准成立西山自然保护区管理所。2017年，经州编办同意，设立“西山州级自然保护区管护局”。

（撰稿：郑进烜、张仁功、李绍辉）

高顶寺（管护局 供）

Nature Reserves in Yunnan Province

大姚县华山州级自然保护区

大姚县华山州级自然保护区位于云南省楚雄州西北部，大姚县境内中部，于1982年经楚雄州政府批准建立，地理坐标为东经101°11′33″～101°15′12″，北纬25°56′20″～25°58′51″，海拔2040～2593.6米，总面积1231.4公顷。

保护区地处滇中高原，多为针、阔叶混交林和灌丛，全县16条主要河流中有6条源于昙华山，是全县的主要水源林区。主要保护对象为半湿润常绿阔叶林，属于森林生态系统类型保护区。

保护区记录有维管束植物296种，哺乳动物95种，有国家Ⅱ级重点保护动物6种，其中哺乳动物3种、鸟类3种。

2004年10月，昙华山州级自然保护区管理所经楚雄州9届人民政府第27次常委会审定，正式挂牌成立，管理所核编两人，股所级，属大姚县林业局直管单位，资金由县级财政全额拨款。2017年，经州编委同意，设立昙华山州级自然保护区管护局。

（撰稿：郑进烜、张仁功、普文平）

保护区全貌（管护局 供）

永仁方山州级自然保护区

永仁方山州级自然保护区位于楚雄州永仁县城东北，于1982年经楚雄州人大常委会批准建立，地理坐标为东经101°46′08″～101°49′36″，北纬26°08′54″～26°12′11″，海拔2200～2377米，总面积733.0公顷。

保护区东与四川会理县隔江相望，北与西南钢都攀枝花市相距60千米，山顶宽阔平坦，山下四面悬崖陡壁，山脚是奔流湍急的金沙江，成昆铁路顺山下经过，昆明到攀枝花市的公路绕半山腰通过。主要保护对象为云南松森林生态系统及珍稀濒危野生动植物，属于森林生态系统类型的小型保护区。

滴水岩（管护局 供）

保护区尚未开展综合科学考察，根据现有资料，保护区分布有维管束植物47科140种，动物资源数据不详。，其中分布有国家Ⅱ级重点保护野生植物松茸，国家Ⅱ级重点保护野生动物猕猴、白腹锦鸡、雕鸮、中国穿山甲等，其他重要动物有赤麂、狐狸、云猫、野兔、飞狐、刺猬、果子狸、雉鸡、银环蛇等。

保护区地处金沙江边，森林覆盖率高，是长江中上游重要水源林区，在保护自然生态环境、保持水土和涵养水源领域具有重要的作用。

2017年，经州编委同意，设立“方山州级自然保护区管护局”。

（撰稿：郑进烜、张仁功、王绍武）

滇楸（管护局 供）

武定狮子山州级自然保护区

武定狮子山州级自然保护区位于楚雄州武定县境内，于1982年经楚雄州人民政府批准建立，地理坐标为东经101°55′～102°36′，北纬25°28′～26°11′，最高海拔达2419米，总面积1417.0公顷。

保护区主要保护对象为滇中地区典型的半湿润常绿阔叶林森林生态系统，以及珍稀濒危动植物及栖息地，属森林生态系统类型。

狮子山航拍（管护局 供）

湿地景观（盛高义 摄）

保护区记录有维管植物443种，哺乳动物17种，鸟类26种，两栖爬行动物15种。区内分布有国家Ⅱ级重点保护野生动物小灵猫、雕鸮、秃鹫、中国穿山甲4种。

保护区地处滇中高原云岭支脉，保存着滇中高原典型的半湿润常绿阔叶林森林生态系统，是楚雄州极为重要的水源区。区内有着悠久的历史文化古迹，是著名的佛教圣地。

2014年，楚雄州机构编制委员会同意设立狮子山州级自然保护区管护局，行政级别为正科级，核定事业编制8人。

（撰稿：蔡文婧、张仁功、李永平）

常绿阔叶林内部结构（盛高义 摄）

禄丰樟木箐州级自然保护区

禄丰樟木箐州级自然保护区位于楚雄州禄丰县与楚雄市交界处，于1982年由楚雄州人大批准建立，地理坐标为东经101°45′～101°50′，北纬24°58′～25°03′，最高海拔达2161米，总面积3631.0公顷。

保护区主要保护对象为森林景观和珍稀濒临野生动植物，属森林生态系统类型。

根据调查及参考资料，保护区记录有维管束植物520种，哺乳动物37种，鸟类70种，两栖爬行动物27种。区内分布有楠木、香果树、龙棕3种国家Ⅱ级重点保护野生植物；绿孔雀、林麝2种国家Ⅰ级重点保护野生动物和穿山甲、雀鹰、凤头鹰、大灵猫、小灵猫、虎纹蛙等13种国家Ⅱ级重点保护野生动物。

保护区森林植物区系属亚热带常绿阔叶林多为针、阔叶混交林类型，有着较为强大的生态

保护区远景（管护局 供）

服务功能。

2017年，楚雄州机构编制委员会同意设立樟木箐州级自然保护区管护局，行政级别为正科级，核定事业编制20人。

（撰稿：蔡文婧、张仁功、鲁瑾才）

保护区全貌（黄金春 摄）

高山栲林（管护局 供）

楠木（管护局 供）

楚雄三峰山州级自然保护区

半湿润常绿阔叶林（余昌元 摄）

楚雄三峰山州级自然保护区地处云南楚雄州境内的南华、姚安和牟定3县境内，于2001年1月经楚雄州人民政府正式批准建立，属于森林生态系统类型。地理坐标为东经101°14′～101°27′，北纬25°11′～25°30′，海拔1900～2897米，总面积46605.6公顷。

保护区主要保护对象是以具有较强水源涵养功能的半湿润常绿阔叶林、中山湿性常绿阔叶林为主的森林生态系统和以林麝、猕猴、小灵猫、中国穿山甲、大灵猫、白鹇、原鸡等为主的国家重点保护野生动物及其栖息地。保护区记录有维管束植物124科314属441种（包括亚种及变种），记录有野生脊椎动物2目55科135种。区内分布有国家Ⅰ级重点保护野生动物林麝，国家Ⅱ级重点保护野生动物猕猴、中国穿山甲等17种，省级保护动物眼镜蛇1种。

2004年3月，楚雄州机构编制委员会同意在姚安、南华和牟定三县成立三峰山保护区管理所，并核定了人员编制，正式挂牌成立三峰山自然保护区，管理所核编19人，正股所级，属姚安、南华和牟定3县林业局直管单位，为实施三峰山森林生态系统保护和自然保护区工程建设提供了有力的组织保障。2017年，州编委批复在牟定县、南华县和姚安县分别设置管护局。行政级别均为正科级。

（撰写：李嫣然、张仁功、班云学、刘诚、董宏强、李志华）

三峰山主峰（班云学 摄）

元谋土林州级自然保护区

元谋土林州级自然保护区位于楚雄州元谋县境内金沙江一级支流——龙川江河谷下段，于2001年1月经州人民政府批准建立，属于自然遗迹类别、古生物遗迹类型的自然保护区。地理坐标为东经101°40′11″～101°47′57″，北纬25°39′51″～25°52′30″，保护区总面积1995.5公顷，整个保护区由物茂虎跳滩土林、新华浪巴铺土林和平田班果土林三部分组成。

保护区的主要保护对象包括古生物遗址，地层剖面和构造剖面及土林地貌。物茂虎跳滩土林原称芝麻土林，海拔1090米，面积926.32公顷。在虎跳滩土林中发现植物化石14科22属30种，并出土了新石器时代的石棺墓、陶片、雷老古猿及哺乳动物化石。

新华浪巴铺土林海拔1500～1640米，面积约894.05公顷。新华土林色彩丰富，顶部以紫红色为主，中部为白色，中下部以黄色为基调，期间色彩斑斓，有红、白、紫、绿、黄、棕等各色，富丽堂皇。

新华浪巴铺土林（李从富 摄）

物茂虎跳滩土林（李从富 摄）

平田班果土林海拔1100米，面积约175.14公顷。班果土林属老年期残丘阶段的代表。

保护区由元谋县土林州级自然保护区管护局管理，2017年10月，设立元谋县土林州级自然保护区管护局，正科级，11人编制，元谋县林业局为主管部门。

（撰写：李嫣然、张仁功、李从富）

平田班果土林（张诚 摄）

双柏恐龙河州级自然保护区

双柏恐龙河州级自然保护区地处双柏县西南、哀牢山东坡的鄂嘉镇境内，与哀牢山国家级自然保护区为同一山脉，于2003年4月经楚雄州人民政府批准建立，属于野生动物类型。保护区距离双柏县城115千米，地理坐标为东经101°10′～101°23′35″，北纬24°23′～24°34′，海拔623～1796米，总面积9521.4公顷。保护区依石羊江而建，其外形呈狭长条形，土地面积占保护区总面积的91.34%，森林覆盖率90%以上。

小江河（文云燕 摄）

主要保护对象是绿孔雀、黑颈长尾雉等国家Ⅰ级保护动物及其栖息地；滇南苏铁、千果榄仁等珍稀濒危野生植物资源。该区域是云南省内纬度最北的热带季节雨林，也是楚雄州唯一的低海拔沟谷分布的以千果榄仁、八宝树为建群种的热带季节雨林；是元江中上游重要水源涵养地。保护区记录有维管束植物192科736属1204种，陆栖脊椎动物239种，其中：哺乳类动物50种，鸟类154种，两栖爬行动物35种。区内国家Ⅰ级保护动物绿孔雀90余只，黑颈长尾雉137只，是楚雄州绿孔雀和黑颈长尾雉分布最集中的地区。

绿孔雀（管护局 供）

2017年5月，设立恐龙河州级自然保护区管护局，正科级，10人编制，主管部门为双柏县林业局。保护区与双柏县国有林场有部分重叠。

（撰写：李嫣然、张仁功、柏永相）

绿孔雀栖息地（杨忠兴 摄）

双柏白竹山州级自然保护区

双柏白竹山州级自然保护区位于楚雄州双柏县境内，于2003年经楚雄州人民政府批准建立，地理坐标为东经101°37′～101°56′，北纬24°22′～24°44′，海拔2040～2640.8米，总面积8012.0公顷；由3片不相连的区域组成，其中：老黑山片区面积1644公顷，白竹山片区面积2545公顷，石碑山片区面积4205公顷。白竹山和老黑山片区原为1983年双柏县人民政府批准建立的县级自然保护区；主要保护对象为中山湿性常绿阔叶林、半湿润常绿阔叶林、暖温性针叶林森林生态系统及珍稀濒危野生动植物。

保护区景观
（杨定友 摄）

保护区地理位置特殊，地形地貌复杂，是南北动植物区系交错和分化最复杂的地区，在地史上是动植物的避难所，又是南北动物的走廊，是楚雄州生物多样性最为丰富的地区。保护区记录有维管束植物近1000种，包含有国家Ⅰ级重点保护野生植物长蕊木兰1种，国家Ⅱ级重点保护野生植物水青树、榉树、红椿、松茸等6种。保护区记录有野生动物222种，其中：哺乳动物20科34种，鸟类32科167种，两栖爬行类10科21种，包含国家Ⅰ级重点保护野生动物云豹、林麝、黑颈长尾雉、蟒4种，国家Ⅱ级重点保护野生动物猕猴、斑羚、中国穿山甲、白腹锦鸡、灰头鹦鹉、灰脸鵟鹰、原鸡、斑头鸺鹠、苍鹰、松雀鹰、褐林鸮、白鹇、红瘰疣螈等13种，云南省级保护野生动物眼镜蛇、毛冠鹿2种。

中山湿性常绿阔叶林
（杨定友 摄）

保护区森林生态系统稳定，水源涵养、水土保持功能强大，为元江上游提供了重要的生态功能。涉及双柏县妥甸、法脿、安龙堡、大麦地4个乡（镇）17个村民委员会（社区），是双柏县的重要生态屏障和主要水源地。

2004年4月，成立双柏县白竹山州级自然保护区管理所，2017年5月更名为白竹山州级自然保护区管护局，为双柏县林业局管理的正科级公益一类事业单位，核定事业编制11名，现有职工10名。

（撰稿：郑进烜、张仁功、胡靖）

姚安花椒园州级自然保护区

半湿润常绿阔叶林（班云学　摄）

姚安花椒园州级自然保护区位于楚雄州姚安县境内，于2003年经楚雄州人民政府批准建立，地理坐标为东经101°56′～101°11′，北纬25°27′～25°42′，海拔1573～2772米，总面积37014.0公顷，距姚安县城15千米。

保护区主要保护对象为具有较强水源涵养功能的中亚热带半湿润常绿阔叶林、中山湿性常绿阔叶林生态系统，以及以林麝、穿山甲、白腹锦鸡等为主的珍稀濒危动物及栖息地，属森林生态系统类型。

保护区记录有维管束植物426种，哺乳动物36种，鸟类83种，两栖爬行动物21种。区内分布有国家Ⅱ级重点保护野生植物龙棕1种，有国家Ⅰ级重点保护野生动物林麝1种，国家Ⅱ级重点保护野生动物大灵猫、小灵猫、猕猴、中国穿山甲、雀鹰等12种。

保护区森林植物区系属亚热带常绿阔叶林区域，是长江上游渔泡江等多条支流的源头和径流范围，是楚雄州极为重要的水源区。

2017年，楚雄州机构编制委员会同意设立花椒园州级自然保护区管护局，行政级别为正科级，核定事业编制14人。

（撰稿：蔡文婧、张仁功、周立金）

高山草甸（班云学　摄）

姚安大尖山州级自然保护区

姚安大尖山州级自然保护区位于楚雄州姚安县境内，于2003年经楚雄州人民政府批准建立，地理坐标为东经101°15′～101°40′，北纬25°20′～25°30′，海拔1918～2436米，总面积10057.5公顷，距姚安县城15千米。

保护区主要保护对象为具有较强水源涵养功能的中亚热带半湿润常绿阔叶林、中山湿性常绿阔叶林生态系统；以及以林麝、中国穿山甲、白腹锦鸡等为主的珍稀濒危动物及栖息地，属森林生态系统类型。

保护区记录有维管束植物319种，哺乳动物28种，鸟类63种，两栖爬行动物23种。区内分布有国家Ⅰ级重点保护野生动物林麝及中国穿山甲、猕猴、白腹锦鸡、白鹇等8种国家Ⅱ级重点保护野生动物。

保护区森林植物区系属亚热带常绿阔叶林区域，是长江上游渔泡江等多条支流的源头和径流范围，是楚雄州极为重要的水源区。

2017年，楚雄州机构编制委员会同意设立大尖山州级自然保护区管护局，行政级别为正科级，核定事业编制12人。

（撰稿：蔡文婧、张仁功、马超）

云南松林（余昌元 摄）

红塔山市级自然保护区

青龙山（王宏勋 摄）

昆明龙蜥（王宏勋 摄）

白龙潭（陆俊宇 摄）

玉溪市红塔山市级自然保护区位于玉溪市中心城区东南部，于2001年批准为市级自然保护区。东接江川区，南至灵照山，西临玉溪市中心城区，北临晋宁区，地理坐标位于东经102° 33′ 55″ ~ 102° 40′ 19″，北纬24° 17′ 52″ ~ 24° 32′ 29″，海拔1680 ~ 2438米，总面积5578.6公顷，森林覆盖率达60%以上。

保护区以玉溪市中心城区东风水库、红旗水库、大红坡水库、二龙潭水库径流区水源涵养林、水土保持林、风景林、野生动植物资源及其自然环境为主要保护对象，属森林生态系统类型的小型自然保护区。

2002年设置玉溪市红塔山自然保护区管理局，2017年根据玉编办〔2017〕78号批复更名为玉溪市红塔山自然保护区管护局，下设东风、北山、灵秀3个管理所，负责片区的巡山护林工作。

（撰稿：马山俊、吴建勇）

玉白顶市级自然保护区

玉白顶市级自然保护区地跨玉溪市峨山、新平两县，位于东经102° 3′ 41″ ~ 102° 7′ 35″，北纬24° 3′ 23″ ~ 24° 9′ 19″，总面积4865.3公顷。

保护区主要保护对象为森林生态系统、自然景观和水源林，属森林生态系统类型的小型保护区。区内记录有种子植物228种，主要树种为云南松，森林覆盖率达87.09%。分布有列入国家Ⅱ级重点保护野生植物扇蕨，列入云南省第Ⅰ批省级重点保护野生植物名录的云南山茶花等重点保护物种。

保护区前身为玉溪市国营玉白顶林场，成立于1962年1月，1984年前隶属峨山林业局，为全额拨款事业单位。2003年12月，玉溪市政府批复将玉白顶林场管辖的林区列为市级自然保护区。2017年7月，市编办批复玉溪市国营玉白顶林场更名为玉溪市玉白顶自然保护区管护局，加挂玉溪市玉白顶国有林场牌子。

（撰稿：马山俊、吴建勇）

雾海景观（熊开春 摄）

路天沟综合管护用房（杨能 摄）

森林资源（倪应才 摄）

易门龙泉市级自然保护区

铜厂（管护局 供）

易门龙泉市级自然保护区位于玉溪市易门县境内，于2003年经玉溪市人民政府批准成立，地理坐标处于北纬24° 59′ 86″ ~ 24° 74′ 99″，东经101° 07′ 37″ ~ 102° 17′ 67″，总面积为5773.1公顷，属于森林生态系统类型保护区。距玉溪市140千米，距昆明86千米。

保护区主要保护大龙口、小龙口、石莲寺水源径流区水源涵养林、水土保持林、风景林、野生动植物及其栖息地生态环境。

主要植物资源有云南油杉、华山松、云南松、藏柏、圆柏、滇青冈、大果冬青、栓皮栎等；动物资源有绯胸鹦鹉、鹧鸪、大斑啄木鸟、普通翠鸟、大山雀等。

目前保护区由易门龙泉市级自然保护区管护局管理。

（撰稿：王钰、胡建伟、王希正）

宜良竹山总山神天然林县级自然保护区

宜良竹山总山神天然林县级自然保护区位于昆明宜良县境内，于2002年经宜良县政府批准建立。地理坐标处于东经103°5'20" ~ 103°7'10"，北纬24°37'55" ~ 24°40'10"，海拔2070 ~ 2586米，总面积958.0公顷。距离昆明87千米，距离宜良县城32千米。主要保护对象为滇中地区典型的半湿润常绿阔叶林，属于森林生态系统类型的小型自然保护区。

保护区水系属珠江干流上游南盘江流域及其一级支流巴江流域。保护区记录有维管束植物684种，哺乳动物68种，鸟类176种，两栖爬行动物27种。保护区有猕猴、大灵猫、小灵猫等6种国家Ⅱ级重点保护野生动物，金荞麦1种国家Ⅱ级重点保护野生植物。保护区森林生态系统具有保持水土、涵养水源等生态服务功能，对于维护南盘江—珠江的水生态安全至关重要。

清香木（管护局 供）

根据宜良县机构编制办公室2017年12月批复（宜编办〔2017〕19号），成立宜良县竹山总山神天然林县级自然保护区管护局，机构性质为全额拨款的事业单位，规格为副科级，核定编制8名。2017年批复了《宜良竹山总山神县级自然保护区总体规划（2018—2025）》。

（撰稿：李晋、余国雄、林怡辰）

宜良九乡麦田河县级自然保护区

宜良九乡麦田河县级自然保护区位于昆明宜良县境内，于2002年经宜良县政府批准建立。地理坐标为东经103°22′45″～103°26′7″，北纬25°1′24″～25°5′8″，海拔1600～2093米，总面积1956.0公顷，属于森林生态系统类型。距离省会昆明52千米。主要保护对象为珠江源头水源涵养林及其生态系统；国家和云南省重点保护野生动物及其栖息地。

全景（朱庆然 摄）

保护区分布有维管束植物591种，哺乳动物42种，鸟类131种，两栖爬行动物62种。区内分布黑鸢、凤头鹰、松雀鹰等多种国家Ⅱ级重点保护野生动物。

草地森林景观（管护局 供）

根据宜良县机构编制办公室2017年12月批复（宜编办〔2017〕18号），成立宜良县九乡麦田河县级自然保护区管护局，机构性质为全额拨款的事业单位，规格为副科级，核定编制8名。2017年12月宜良政府批准《宜良九乡麦田河县级自然保护区总体规划（2018—2025）》（宜政复〔2017〕112号）。

（撰稿：李晋、余国雄、李明屿）

草地森林景观（管护局 供）

阳宗海老爷山县级自然保护区

阳宗海老爷山县级自然保护区位于昆明宜良县境内，于2002年经宜良县政府批准建立。地理坐标处于东经103°0′9″～103°2′37″，北纬25°0′18″～25°6′5″，海拔2261～2684米，总面积1333.0公顷，属于森林生态系统类型。距离省会昆明40千米。主要保护对象为以滇石栎林、元江栲林为代表的半湿润常绿阔叶林及其自然生态环境系统；山地硬叶常绿栎林自然生态环境系统；珍稀濒危保护植物及其栖息环境。

保护区所在的老爷山是乌纳山脉的主峰，保护区记录有维管束植物834种，哺乳动物24种，鸟类106种，两栖爬行动物30种。分布有青鼬、黑翅鸢、红瘰疣螈等11种国家Ⅱ级重点保护野生动物和香果树和金荞麦2种国家Ⅱ级重点保护野生植物。保护区植被在水源涵养、水土保持、维持生物多样性等方面都发挥着极其重要的功能。

根据昆明市机构编制办公室2017年10月12日批复（昆编复〔2017〕41号），成立阳宗海老爷山县级自然保护区管护局，机构为全额拨款的公益一类事业单位，规格为副科级，核定编制8名。2017年批复了《阳宗海老爷山天然林县级自然保护区总体规划（2018—2027）》。

（撰稿：李晋、余国雄、唐平）

头状四照花（管护局 供）

滇石栎林（余昌元 摄）

禄丰五台山县级自然保护区

暖性针叶林（管护局 供）

禄丰五台山县级自然保护区位于楚雄州禄丰县境内，于1987年经县人民政府批准建立，地理坐标为东经102° 04′ 53″ ~ 102° 11′ 11″，北纬25° 17′ 21″ ~ 25° 21′ 11″，海拔2020 ~ 2525米，总面积3526.7公顷。

保护区地处滇中高原，是暖温性针叶林与半湿润常绿阔叶林集中分布的中心区域，在滇中地区极具代表性。主要保护对象为以水源涵养林为主的半湿润常绿阔叶林和暖性针叶林生态系统，以及金荞麦、龙棕、松茸、黑颈长尾雉、金雕、白鹇、白腹锦鸡、红隼、普通鵟、松雀鹰、鸢、雀鹰、黑翅鸢、斑头鸺鹠、短耳鸮、雕鸮、褐林鸮、红瘰疣螈等国家重点保护野生动植物资源。

保护区森林生态系统完整，生物多样性丰富，分布有珍稀濒危物种和国家重点保护的野生动植物。记录有维管束植物148科417属607种，陆生脊椎动物60科139属184种，哺乳动物15科25属36种，鸟类34科91属123种，爬行类6科14属14种，两栖类5科9属11种。

保护区是由禄丰县林业局行使管理职责，下设保护区管护局，开展保护区的保护、管理和监测等工作。区内森林资源得到很好的保护，发挥了较好的生态服务功能，对区内生物多样性的保护及周边社区的经济发展、社会和谐稳定具有一定的促进作用。

（撰稿：郑进烜、张仁功、陈明武）

嘎力寺水库（管护局 供）

新平哀牢山县级自然保护区

新平哀牢山县级自然保护区位于玉溪市新平彝族傣族自治县境内，地理坐标为东经101°26′01″～101°37′01″，北纬23°46′3″～24°01′14″，与云南哀牢山国家级自然保护区山水相连，总面积10236.0公顷。

保护区以中山湿性常绿阔叶林生态系统和西黑冠长臂猿及其栖息环境为主要保护对象，属森林生态系统类型的中型保护区。区内分布有维管束植物1809种，哺乳动物66种，鸟类386种，两栖爬行动物60种，其中包含西黑冠长臂猿等国家重点保护野生动植物45种。

1980年9月，初步划定哀牢山县级自然保护区界线，1983年3月批准建立新平哀牢山县级自然保护区，2017年开展自然保护区管理机构改革，成立新平彝族傣族自治县县级自然保护区管护局，统一管理磨盘山、哀牢山县级自然保护区。

（撰稿：马山俊、吴建勇）

西黑冠长臂猿（管护局 供）

滇中绿宝石——哀牢山原始林（宋劲忻 摄）

中山湿性常绿阔叶林（管护局 供）

新平磨盘山县级自然保护区

自然景观（余昌元 摄）

新平磨盘山县级自然保护区位于玉溪市新平彝族傣族自治县境内，地理坐标为东经101°55′15″～102°02′58″，北纬23°58′00″～24°03′29″，海拔1351～2614.32米，总面积5836.7公顷。

保护区以中山湿性常绿阔叶林、半湿性常绿阔叶林生态系统及珍稀濒危动植物资源为主要保护对象，属森林生态系统类型的小型自然保护区。区内分布有维管束植物1380种，野生动物446种。其中包含有长蕊木兰、篦齿苏铁、水青树、千果榄仁、红椿、中国穿山甲、猕猴、针尾绿鸠、红瘰疣螈等31种国家级重点保护物种。

保护区始建于1989年，并组建了磨盘山自然保护区管理所，2017年开展自然保护区管理机构改革，成立新平彝族傣族自治县县级自然保护区管护局，统一管理磨盘山、哀牢山县级自然保护区。

（撰稿：马山俊、吴建勇）

易门脚家店恐龙化石县级自然保护区

易门县脚家店恐龙化石县级自然保护区位于玉溪市易门县境内，于1987年9月由易门县政府批准建立，为地质遗迹类型保护区，主要保护对象为以恐龙化石为主的古生物化石群，总面积1424.0公顷。保护区是云南省仅次于禄丰的第二个恐龙化石重要分布区，2001年4月被列为玉溪市第一批市级重点文物保护单位之一。

易门县脚家店恐龙化石群于1987年7月23日发现，迄今为止，共出土恐龙化石11个个体。从化石形体分析，有体长约8米、高3米的大型恐龙和体长约5米、高2米的小型恐龙，均属勺齿龙类，生活时代为早侏罗纪，距今约1.8亿年。

目前保护区由易门县文物管理所管理。

（撰稿：王钰、胡建伟、王希正）

全貌（易门县文物管理所 供）

易门翠柏县级自然保护区

易门翠柏县级自然保护区位于玉溪市易门县六街境内，于2000年经易门县人民政府批准建立，总面积3168.3公顷，属于野生植物类型的小型自然保护区，地理坐标为东经99°54′24″～100°03′15″，北纬27°46′28″～27°55′13″，海拔1680米。距易门县城20千米，距玉溪124千米。

主要保护对象为以翠柏和黄杉为主的多种珍稀植物及其生存环境；以及白腹锦鸡、黑翅鸢、昭觉林蛙、八线腹链蛇、云南攀蜥等珍稀野生动物及其栖息环境。同时，保护珍稀植物赖以生存的水源林和多处人文景观（如静乐庵）。

目前保护区由易门龙泉自然保护区管护局管理。

（撰稿：王钰、胡建伟、王希正）

翠柏群落（管护局 供）

自然景观（管护局 供）

澄江梁王山县级自然保护区

梁王山县级自然保护区位于玉溪市澄江县境内，于1998年12月经澄江县人民政府批准建立，地理坐标在东经102° 53′ ~ 102° 59′，北纬24° 43′ ~ 24° 48′，总面积2285.4公顷，属森林生态系统类型的小型保护区，主要保护对象为以华山松为代表的暖温性针叶林森林生态系统以及白腹锦鸡、红隼、红瘰疣螈等为代表的国家Ⅱ级保护野生动植物及其生境、栖息地。保护区距澄江县城12千米，距省会昆明40千米。

梁王山坐落在滇中小江断裂地带东部边缘，自南而北，绵亘百多千米。最高海拔2820米，为滇中第一高峰，方圆数百里尽收眼底，且“一山观三海”。

目前保护区由澄江县梁王山县级自然保护区管护局管理。

（撰稿：王钰、胡建伟）

远眺（管护局 供）

通海秀山县级自然保护区

华山松林（代体能 摄）

通海秀山县级自然保护区位于玉溪市通海县西南部，于2001年9月经通海县人民政府批准设立，地理坐标位于东经102° 30′ 25″ ~ 102° 42′ 20″ ，北纬24° 1′ 15″ ~ 24° 9′ 33″ ，海拔1410 ~ 2303米，总面积9319.8公顷。

保护区在该区域分布的国家重点保护野生动植物以及滇中高原向滇南河谷过渡区的暖热性植被为主要保护对象，属森林生态系统类型的小型自然保护区。区内记录有野生维管束植物568种，野生动物207种，有喜树、黄喉貂、红隼等国家重点保护野生动植物12种。

2017年6月，由玉溪市机构编制办公室批准成立通海县秀山县级自然保护区管护局，为县林业局所属财政全额拨款的事业单位，核定编制5人，机构规格副科级。目前自然保护区管护局已挂牌成立，开展秀山自然保护区管护工作。

（撰稿：马山俊、吴建勇）

华宁登楼山县级自然保护区

华宁登楼山县级自然保护区位于玉溪市华宁县境内，地理坐标位于东经102°49′~103°09′，北纬23°59′~24°34′，总面积6144.0公顷。

科考工作（管护局 供）

保护区以保护华宁县境内主要河流、辖区内14个水库径流区的水源涵养林、水土保持林、风景林、野生动物资源及其生态环境和14个水库的水资源为主要保护对象，属森林生态系统类型的小型保护区。

该保护区前身为国营华宁东山林场，2004年6月改建为登楼山自然保护区，2017年由华宁县机构编制委员会批准成立华宁县登楼山自然保护区管护局。

（撰稿：王钰、胡建伟）

自然景观（管护局 供）

江川大龙潭县级自然保护区

江川大龙潭县级自然保护区位于玉溪市江川区境内，于2004年8月由江川区政府批准建立，属于自然生态系统类别森林生态系统类型小型保护区，地理坐标位于东经102° 42′ ~ 102° 47′，北纬24° 21′ ~ 24° 28′之间，总面积6659.0顷。

保护区主要保护对象为水源林、森林生态系统和自然景观。保护区内有4种国家Ⅱ级重点保护野生动物，有6种列入CITES附录的物种。

保护区由江川区大龙潭自然保护区管护局负责管理，江川区林业局为其行政主管部门。

（撰稿：王钰、胡建伟）

大龙潭水源点（管护局 供）

保护区全景（管护局 供）

峨山高鲁山县级自然保护区

峨山高鲁山县级自然保护区位于玉溪市峨山县境内，于2017年5月经峨山县人民政府批准建立，属森林生态系统类型保护区，总面积10314.0公顷。地理位置为东经120° 14′ 50″ ~ 120° 26′ 26″，北纬24° 7′ 35″ ~ 24° 21′ 7″，主要保护对象为水源林、森林生态系统和自然景观。保护区内最高峰火石坡2583.7米。

保护区森林覆盖率高达93%，其中80%为原始森林。区内陡崖、峭壁以及平坦如织的草甸、错落丛生的灌木、交替盛开的山花、葱翠欲滴的原始森林、蜿蜒流淌于山涧的清澈溪流等等，共同构成高鲁山四时不断的美景。

保护区保护管理工作由峨山彝族自治县高鲁山县级自然保护区管护局负责，峨山县林业局为其行政主管部门。

（撰稿：王钰、胡建伟）

高鲁山上
（柏云飞 摄）

高鲁山主峰（柏云飞 摄）

滇东北

滇东北区域地处云南省东部和东北部，地跨金沙江和珠江水系，为金沙江的下游和珠江的源头，区内海拔267～4041.6米，相对高差近3800米。行政区域包括昭通市和曲靖市，包含20个县（区、市），总面积5137470公顷，占全省面积的13.41%。该区域属全省开发利用最早的地区，人口众多，人口密度大。区域内自然资源相对丰富，生物多样性独特而富集，植被垂直带谱较为完整而典型。主要植被类型有暖温性针叶林、典型常绿阔叶林、常绿落叶阔叶混交林、硬叶常绿阔叶林、落叶阔叶林、亚高山草甸、亚高山沼泽草甸等，还有大量的人工植被分布其中。具有代表性的珍稀濒危保护物种有巧家五针松、南方红豆杉、珙桐、连香树、伯乐树、云豹、金钱豹、林麝、白冠长尾雉、黑颈鹤、灰鹤、四川山鹧鸪、金雕、白鲟、达氏鲟等。该区域也是全省生物多样性热点地区之一。

滇东北有药山、大山包黑颈鹤、乌蒙山、会泽黑颈鹤和长江上游珍稀特有鱼类（云南段）5个国家级自然保护区和珠江源、沾益海峰湿地、十八连山、驾车4个省级自然保护区，另有罗平万峰山、师宗菌子山、水富铜锣坝、永善小岩方、巧家马树等28个市级、县（区、市）级自然保护区，保护区总面积412820公顷，占区域总面积的8.04%。

（撰稿：余昌元）

珠江源（余昌元 摄）

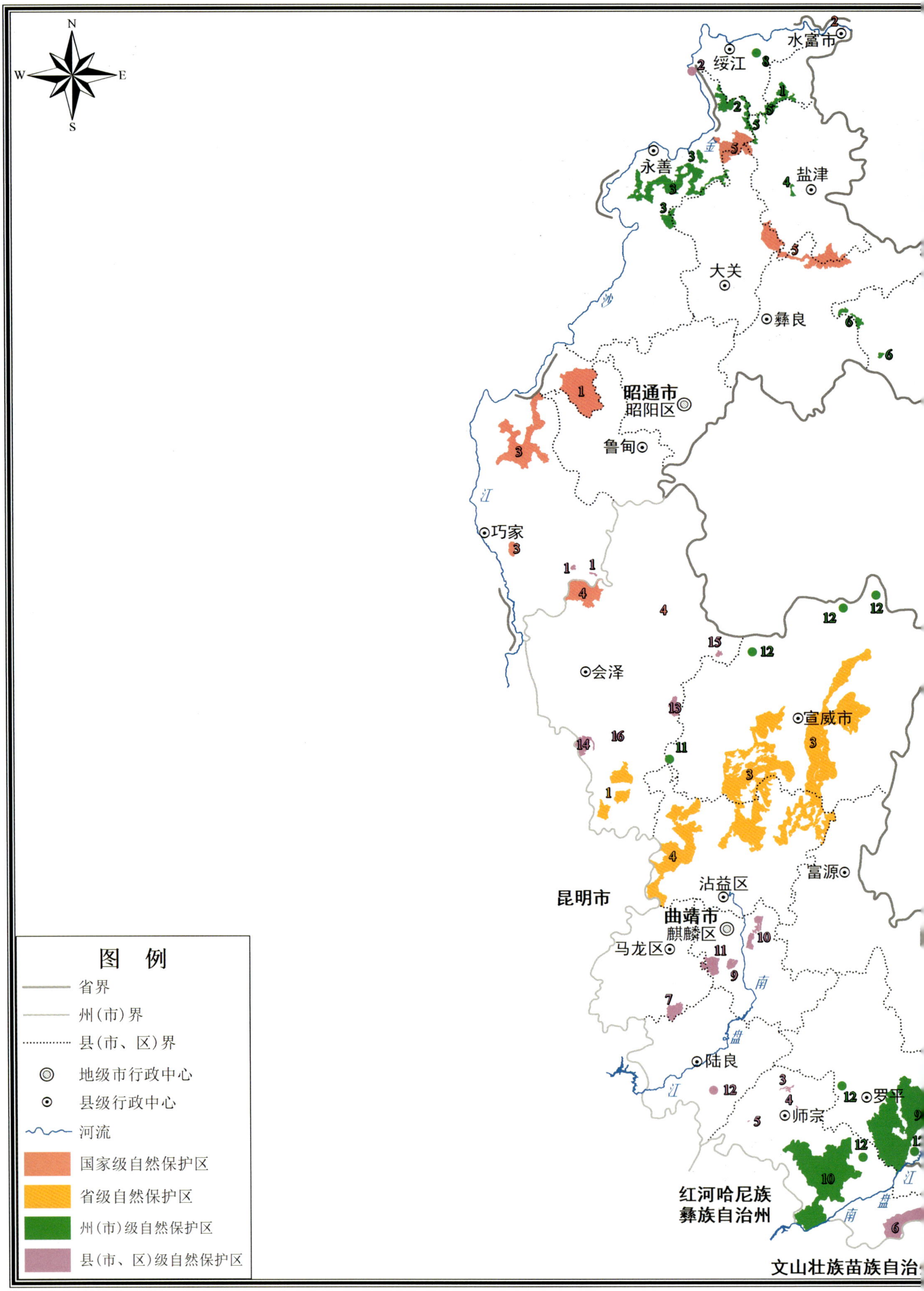
N
S
W
E
水富市
绥江
永善
盐津
大关
彝良
昭通市
昭阳区
鲁甸
巧家
会泽
宣威市
富源
沾益区
昆明市
曲靖市
麒麟区
马龙区
陆良
师宗
罗平
红河哈尼族
彝族自治州
文山壮族苗族自治
金
沙
江
南
盘
江
图 例
省界
州(市)界
县(市、区)界
地级市行政中心
县级行政中心
河流
国家级自然保护区
省级自然保护区
州(市)级自然保护区
县(市、区)级自然保护区

滇东北自然保护区分布示意图

区域	序号	名称
滇东北	1	大山包黑颈鹤国家级自然保护区
滇东北	2	长江上游珍稀特有鱼类国家级自然保护区（云南段）
滇东北	3	药山国家级自然保护区
滇东北	4	会泽黑颈鹤国家级自然保护区
滇东北	5	乌蒙山国家级自然保护区
滇东北	1	会泽驾车省级自然保护区
滇东北	2	富源十八连山省级自然保护区
滇东北	3	珠江源省级自然保护区
滇东北	4	沾益海峰省级自然保护区
滇东北	1	水富铜锣坝市级自然保护区
滇东北	2	永善小岩方市级自然保护区
滇东北	3	永善五莲峰市级自然保护区
滇东北	4	盐津老黎山市级自然保护区
滇东北	5	盐津白老林市级自然保护区
滇东北	6	镇雄袁家湾市级自然保护区
滇东北	7	镇雄以拉市级自然保护区
滇东北	8	绥江二十四岗市级自然保护区
滇东北	9	罗平万峰山市级自然保护区
滇东北	10	师宗菌子山市级自然保护区
滇东北	11	金沙江水系水生动物市级自然保护区
滇东北	12	曲靖珠江水系水生动物市级自然保护区
滇东北	1	巧家马树县级自然保护区
滇东北	2	金沙江绥江段珍稀特有鱼类县级自然保护区
滇东北	3	师宗东风水库县级自然保护区
滇东北	4	师宗大堵水库县级自然保护区
滇东北	5	师宗翠云山县级自然保护区
滇东北	6	师宗丁累大箐县级自然保护区
滇东北	7	马龙区黄草坪区级自然保护区
滇东北	8	朗目山区级自然保护区
滇东北	9	青峰山区级自然保护区
滇东北	10	五台山区级自然保护区
滇东北	11	曲靖潇湘谷区级原始森林生态自然保护区
滇东北	12	陆良彩色沙林县级自然保护区
滇东北	13	鲁纳黄杉县级自然保护区
滇东北	14	会泽牯牛寨杜鹃县级自然保护区
滇东北	15	会泽大井元江栲县级自然保护区
滇东北	16	会泽待补鸡鸣山县级自然保护区

审图号：云S(2019)010号

本图境界不作划界依据。

大山包黑颈鹤国家级自然保护区

大山包黑颈鹤国家级自然保护区于2003年经国务院批准建立，位于昭通市昭阳区，地理坐标为东经103° 14′ 55″ ~ 103° 23′ 49″，北纬27° 18′ 38″ ~ 27° 29′ 15″，总面积19200.0公顷，其中，核心区面积8686公顷，缓冲区4890公顷，实验区5624公顷。海拔2210 ~ 3364米。距离市府所在地昭阳区83千米。

保护区位于滇东北高原面上的高耸山地——五莲峰顶部的古夷平面上，大山包是其主峰，海拔多在3000 ~ 3200米。其山体浑圆，坡度平缓，谷地为亚高山沼泽化草甸，地势平坦开阔。主要保护对象为黑颈鹤及其越冬栖息地——亚高山沼泽化草甸（高原湿地生态系统）。

保护区记录有维管束植物737种，哺乳动物55种，鸟类172种，两栖爬行类22种，鱼类7种。有黑颈鹤等6种国家Ⅰ级和灰鹤、苍鹰等21种国家Ⅱ级重点保护野生动物，省级重点保护野生动物1种。

霞光鹤影（郑远见 摄）

黑颈鹤（郑远见 摄）

雪域精灵（祝明 摄）

保护区内有着独特的地域性湿地植被，保存大面积完好的亚高山沼泽化草甸湿地生态系统，湿生植物种类较多，记录达267种。丰富多样的湿生草本植物是美丽的五花草甸景观的建造者，仙人田湿地面积约50公顷，是大山包亚高山草甸景观保持最为完整、最具有代表性的草甸，春季山花烂漫，夏季绿草如茵，秋季金色遍染，冬季银装素裹。其他集中成片、面积较大的湿地还有跳墩河、大海子、勒力寨、

黑颈鹤（柴峻峰 摄）

斑头雁（郑远见 摄）

人鹤和谐相处（和之雪 摄）

湿地风光（郑远见 摄）

燕麦地水库等，是黑颈鹤最重要的越冬地之一。其中跳墩河水库水面宽阔，清澈明静，号称“十里跳墩”，偎依在一座座起伏的山峦之间，像一个美丽的少女，温婉而透明，清洁更靓丽。

黑颈鹤是世界15种鹤类中唯一终生生活在高原上的鹤类，是世界珍稀濒危鹤类。每逢秋冬之际，黑颈鹤便会从千里之外如约而至，大山包成了鹤群的天堂。根据调查和监测，目前到大山包越冬的黑颈鹤数量达1400余只，大山包为世界上约1/6的黑颈鹤种群提供了良

七彩高原（郑远见 摄）

好生境。大山包历史上就是黑颈鹤的越冬栖息地，当地群众将黑颈鹤视为“神雁”，已形成了人与黑颈鹤、黑颈鹤与牲畜之间和谐相处的环境，构成了一幅幅人鹤和谐相处的优美画面。

大山包湿地是金沙江水系重要支流之牛栏江流域与洒渔河流域的分水岭地带，是长江中上游重要的水源涵养区和生态屏障，是滇东北的“水塔”之一，它集水域、沼泽、草甸为一体，是我国湿地的独特类型。2004年12月列入“国际重要湿地”名录。2011年12月被评为“中国最美湿地”。

1990年建立了市级自然保护区，1994年升格为省级自然保护区，2003年晋升为国家级自然保护区。2015年云南省机构编制委员会同意设立云南大山包黑颈鹤国家级自然保护区管护局，核定人员编制35人，为昭通市林业局下属正处级事业单位。

（撰稿：晁增华、秦燕、党兴阳、张晓燕）

五花草甸（郑远见 摄）

亚高山草甸（郑远见 摄）

长江上游珍稀特有鱼类国家级自然保护区（云南段）

2000年4月，经国务院批准建立了长江合江—雷波段珍稀鱼类国家级自然保护区，2005年4月，国办函〔2005〕29号批准调整并更名为长江上游珍稀特有鱼类国家级自然保护区。保护区跨越四川、贵州、云南、重庆四省、市，具体位于金沙江下游向家坝至重庆的马桑溪江段，赤水河云南境内干支流、赤水河贵州境内干流、赤水河四川境内干流、岷江下游及越溪河河口区域、长江支流南广河、永宁河、沱江和长宁河的河口区，保护区河流总长度1162.61千米，总面积33174.21公顷。

金沙江水富段（管护局 供）

金沙江（管护局 供）

长江上游珍稀特有鱼类国家级自然保护区（云南段）地处云贵高原边沿山区，该江段为赤水河上游河源段及金沙江下游（水富段）。保护区（云南段）位于云南省东北部及四川南部，均属长江流域，流域面积190590公顷，涉及云南省昭通市的镇雄、威信、水富3县，共15个乡镇。其中镇雄县、威信县属赤水河水系，水富县属金沙江水系。地理坐标为东经104°23′33″～105°57′48.96″，北纬

27° 25′ 1.56″ ~ 27° 38′ 43.08″，总面积136.2公顷。其中核心区长度40.74千米，面积24.44公顷；缓冲区分为五段，全长244.29千米，面积111.72公顷。主要保护对象为21种特有鱼类及其生存的重要生境。

赤水河菠笠段（管护局 供）

保护区（云南段）内河流滩潭结合、沟壑纵横，高山峡谷与丘陵交错，喀斯特地形地貌和地下溶洞突出。区内落差大，海拔600 ~ 1700米，河流上游区域河道蜿蜒曲折，暗河相间，河谷深邃，滩多水急，下游区域具有平坝特点，河面较为开阔，并间有深潭。同时因其支流众多，高差变化形成的较为多样的气候特点，具有“十里不同天”之说，为水生生物提供了不同的生境。该区域内河床也因地质类型不同而有差异，形成了砾石、卵石、乱

赤水河新滩段（管护局 供）

小山峡（管护局 供）

石或泥沙等多种底质类型，为多种鱼类提供了理想的繁殖、栖息和越冬场所。

根据近十年来调查及相关文献，赤水河有鱼类55种，分属5目12科。其中长江上游特有鱼类21种，占本地区鱼类种类数的38.2%，特有鱼类比例略高于保护区其他河段平均水平；列入各种名录的濒危鱼类6种。其中有国家Ⅰ级重点保护的白鲟、达氏鲟，白鲟化石见于白垩纪末期，距今约1亿年，作为延续这么长时间的生存种类，具有重大的动物地理学、鱼类以至脊椎动物的起源与演化等多方面的研究价值；达氏鲟是白垩纪残留下来的孑遗种类，所以在学术上有重要的价值。还有国家Ⅱ级重点保护的胭脂鱼，其幼鱼体形奇特，花纹鲜艳，易饲养，有很高的观赏性和商品开发价值。

保护区（云南段）大部分河段水环境质量总体符合地表水Ⅲ类水标准，其中局部河段（赤水河新滩段、果哈桥段、岔河段）达到Ⅱ类水标准。

2007年9月云南省编制委员会同意云南省农业厅渔业处加挂了云南省水生动植物自然保护区管理局牌子，昭通市渔业管理站增设保护区管理

昆明裂腹鱼（管护局 供）

鲈鲤（管护局 供）

岩原鲤（管护局 供）

长薄鳅（管护局 供）

圆口铜鱼（管护局 供）

鱼洞河（管护局 供）

宽体沙鳅（管护局 供）

职能，镇雄县、威信县设立保护站，加强保护区日常管理。现从事保护区管理的人员共33人。2017年6月云南省机构编制办公室同意设立长江上游珍稀特有鱼类国家级自然保护区云南管护局，机构规格为正处级，核定事业编制25名。

（撰写：秦燕、庄清海）

药山国家级自然保护区

药山国家级自然保护区位于云南省东北部昭通市巧家县境内，于2005年经国务院批准建立。地理坐标为东经102°57′47″～103°10′13″，北纬27°08′54″～27°25′31″，海拔527～4041.6米，总面积20141.0公顷，其中：核心区面积8033公顷，缓冲区面积7211公顷，实验区面积4897公顷。保护区由南北互不相连的两片组成，北边的药山片为保护区主体部分，地处金沙江与其主要支流牛栏江的汇合处，面积19055公顷；南边的杨家湾片位于巧家县城中南部，面积1086公顷。

保护区处于华中地区和云南高原之间。因其地史的悠久，地貌的多样，富含古老的和过渡的植物区系成分，而成为联系中国种子植物特有属三大分布中心（川东—鄂西、滇黔桂和横断山）的关键地区之一。主要保护对象为保护区独特的自然生态系统及国家重点保护野生动植物和天然集中分布的药用植物资源。

药山远眺（柴峻峰 摄）

药山之秋（卢奇万 摄）

保护区内记录有高等植物2543种，哺乳动物65种，鸟类166种，爬行动物20种，两栖动物13种，昆虫262种。有巧家五针松、珙桐、南方红豆杉等4种国家Ⅰ级和篦子三尖杉、康西玉兰等7种国家Ⅱ级重点保护野生植物；有林麝、金雕等5种国家Ⅰ级和藏酋猴、乌雕、红瘰疣螈等26种国家Ⅱ级重点保护野生动物。

保护区自然地理条件独具一格，相对高差达3400米以上，生境类型多样，孕育了丰富的动植物资源，是野生生物资源的天然基因库，是22种东亚植物区系重要的植物标本模式产地之一，保护了以光叶珙桐、攀枝花苏铁、豹、黑颈鹤、穿山甲等为代表的珍稀野生动植物资源及

巧家五针松林（李文虎 摄）

猕猴（李文虎 摄）

黄背栎林（李文虎 摄）

其生境。保护区山地植被垂直带谱保持完好，相对独立，分布有大面积的半湿润常绿阔叶林和硬叶常绿阔叶林，森林景观优美，特别是大面积的珙桐群落，属国内外罕见奇观。

药山因盛产各种药材而得名，包含有天麻、虫草、贝母、大草乌、重楼等为代表的野生药用资源达856种，是不可多得的种质资源库。分布在杨家湾片的堪称植物界的“大熊猫”——巧家五针松，天然植株全球仅存34株，具有重要的科学研究价值，为药山增添了丝丝神秘。

特殊的地理条件，造就保护区重山叠嶂，复水纵横，具有雄伟的雪峰、冰川，秀丽的林海，险要的峡谷，迷人的高山草甸，多样的民族风情等，集山、水、林、崖、溶洞为一体，雄、险、奇、秀的独特景观资源。

药山地区在历史上曾是原始森林茂密，药用植物种类丰富的山区。在20世纪50年代至70年代曾出现几次毁林高潮，森林破坏严重，造成了严重的生态后果。历史的教训引起地方政府的

巧家五针松（李文虎 摄）

重视：1978年建立了荞山森林管理站，1982年成立药山自然保护区，1984年升级为省级自然保护区，2005年升级为国家级自然保护区。2015年云南省机构编制委员会同意设立云南药山国家级自然保护区管护局，核定人员编制41人，为昭通市林业局下属正处级事业单位，管护局设在县城，对保护区实施全面管理。

（撰稿：晁增华、秦燕、金光、张晓燕）

亚高山草甸（卢奇万 摄）

会泽黑颈鹤国家级自然保护区

1986年会泽县发现黑颈鹤后，县政府批准成立了大桥和长海子两个保护点，由会泽县城乡建设环境保护局主管；1990年会泽县人民政府批准建立会泽县黑颈鹤自然保护区；1994年3月，云南省人民政府批准升级为省级自然保护区；2000年9月完成的《中国湿地保护行动计划》中，会泽黑颈鹤自然保护区被列入《中国重要湿地名录》；2006年2月，国务院批准建立云南省会泽黑颈鹤国家级自然保护区。

保护区地处长江上游、乌蒙山中段的云南省曲靖市会泽县境内北部地带，地理坐标为东经103° 12′ 06″ ~ 103° 40′ 00″，北纬26° 34′ 08″ ~ 26° 44′ 24″，海拔2470 ~ 3092.2米。保护区总面积12910.6公顷，由大桥和长海子两个片区组成，大桥片区位于会泽县城西北60千米处大桥乡境内，面积为9076.28公顷，占保护区总面积的70.3%；长海子片区位于会泽县城东北52千米处的者海镇多发村境内，面积为3834.36公顷，占保护区总面积的29.7%。

云腾雾绕（孙德辉 摄）

冬日的保护区（孙德辉 摄）

保护区地处金沙江（长江）流域重要的生态区域，主要保护对象是以黑颈鹤为主的野生动物及其越冬栖息的高原湿地生态系统，属野生动物类型的自然保护区。

据自然保护区综合科学考察，区内现存植被类型（包括半人工植被）可划分为7个植被型，9个植被亚型，6个群系组，19个群系，现已记录植物190科495属884种。区内共记录陆生脊椎动物4纲22目62科218种，其中两栖纲1目5科9种，爬行纲1目5科16种，哺乳纲6目16科33种。2017年鸟纲动物增加到179种，其中，属国家Ⅰ级重点保护鸟类的有5种，属国家Ⅱ级重点保护鸟类的有

黑颈鹤食物源基地（管护局 供）

黑颈鹤生境改造——草地恢复（管护局 供）

14种，省级重点保护鸟类4种。

从1986年发现的21只黑颈鹤，迄今为止有近千只黑颈鹤来会泽保护区越冬，约占到全世界种群数量的

公益摄影大赛（管护局 供）

我伴农民闹春耕（孙德辉 摄）

保护区远眺（李嵘 摄）

多彩的土地（徐汝枞 摄）

黑颈鹤（孙德辉 摄）

10%；灰鹤占全省重要湿地灰鹤数量的78%；斑头雁、赤麻鸭均占全省这两种鸟类数量的一半以上。据统计，在会泽保护区内越冬的水禽总数达30000余只。区内生物多样性较为丰富，已成为云南省境内越冬水禽的重要栖息地之一。

2018年8月14日，《曲靖市机构编制委员会关于设立会泽黑颈鹤国家级自然保护区管护局的

野生动物救护站（管护局 供）

学习雷锋志愿活动（管护局 供）

批复》（曲编〔2018〕22号）同意设立会泽黑颈鹤国家级自然保护区管护局，机构规格正处级，核定财政全额拨款事业编制35名。

（撰稿：俞瑶、宦国跃）

乌蒙山国家级自然保护区

乌蒙山国家级自然保护区位于云南省东北部的昭通市境内，地跨大关、彝良、盐津、永善、威信5个县，于2013年经国务院批准建立，地理坐标为

森林季相景观（彭洪 摄）

东经103° 51′ 47″ ~ 104° 45′ 05″，北纬27° 47′ 41″ ~ 28° 17′ 40″，海拔880 ~ 2454米，总面积26186.7公顷，其中，核心区面积10491.46公顷、缓冲区面积4434.77公顷、实验区面积11260.42公顷。保护区由海子坪、朝天马和三江口3个不相连的片区组成。其中，海子坪片区位于彝良、威信两县境内，面积2795.61公顷；朝天马片区位于彝良、盐津、大关3县境内，面积15004.06公顷；三江口片区位于永善、大关、盐津3县境内，面积8386.98公顷。

保护区区位特殊、地质古老、地貌复杂，气候温暖、湿润，孕育了较为完整的植被垂直带谱，生物多样性十分突出。主要保护对象为：具有云贵高原代表性的亚热带山地湿性常绿阔叶林森林生态系统和亚高山沼泽化草甸湿地生态系统；以珍稀孑遗树种为优势组成的珙桐林、

福建柏（易祥波 摄）

水青树林、十齿花林、扇叶槭林等原生森林群落以及我国西南保存最好、面积最大的天然分布毛竹林群落；以珙桐、南方红豆杉、福建柏、连香树、天麻、林麝、云豹、藏酋猴、小熊猫、四川山鹧鸪、大鲵、贵州疣螈等为代表的国家重点保护的珍稀濒危动植物物种资源及其栖息地；我国天麻的原生地和野生毛竹遗传种质资源。

保护区记录有维管束植物2174种，哺乳动物92种，鸟类363种，两栖爬行动物94种，鱼类47种，昆虫423种。有珙桐、南方红豆杉2种国家Ⅰ级和福建柏、水青树等13种国家Ⅱ级重点保护野生植物，另有15

朝天马秋景（彭洪 摄）

天然毛竹林（张晓燕 摄）

筇竹竹笋
（张松明 摄）

种省级重点保护植物；有云豹、黑鹳等7种国家Ⅰ级和中国穿山甲、大鲵、胭脂鱼等48种国家Ⅱ级重点保护野生动物，4种省级重点保护动物。

保护区内典型常绿阔叶林是云南省保存最为完好的地区。其中：

海子坪片区以常绿、落叶阔叶混交林和暖温性竹林为主，该区域内有全国保存最好、面积最大的唯一天然毛竹林。在茫茫林海中，雾绕青山，峰峦绵延，绿竹叠翠，具有较高的观赏价值。

小熊猫（孙茂盛 摄）

朝天马片区以落叶阔叶林为主，该区域的小草坝是我国优质天麻的原生地，是天麻模式标本产地，这里保存了天麻4个种中的3个。天麻是我国名贵中药材，又是绿色保健食品。小草坝天麻药用价值为世界一流，素有“云天麻”之称。

大鲵（管护局 供）

三江口片区以原始山地湿性常绿阔叶林和阔叶混交林为主，该区域内遗传种质资源丰富，保存了成片集中分布的野生猕猴桃和重楼，有被称为维C之王的中华猕猴桃、昭通猕猴桃等15种，有五指莲重楼、金线重楼等9种。该区域还是昭通市天然林保存最好的区域之一，也是全省乃至全国范围内筇竹最集中连片分布的地区。

珙桐（花）（孙茂盛 摄）

保护区的建立历经漫长的过程。1984年建立了海子坪、三江口省级自然保护区。1998年建立了朝天马省级自然保护区。2003年建立了包括小岩方、罗汉坝在内的9处市级自然保护区。2006年，昭通市人民政府决定将海子坪、三江口、朝天马3个省级自然保护区和与之相连的小岩方、罗汉坝2个市级自然保护区纳入统一管理，并于2012年建立乌蒙山省级自然保护区，2013年经国务院批准晋升为国家级自然保护区。2015年云南省机构编制委员会批准设立云南乌蒙山国家级自然保护区管护局，为昭通市林业局下属的公益性正处级事业单位，对保护区实行统一管理，核定人员编制62名。

（撰稿：晁增华、秦燕、马良、张晓燕）

十齿花（孙茂盛 摄）

重楼（郑进烜 摄）

小草坝野生天麻（彭洪 摄）

会泽驾车省级自然保护区

会泽驾车省级自然保护区位于曲靖市会泽县境内，于1984年经省人民政府批准建立，地理坐标为东经103° 19′ ~ 103° 28′，北纬25° 54′ ~ 26° 06′，海拔2400 ~ 2883米，总面积8282公顷。

保护区位于滇东高原的北部，牛栏江与小江上游的分水岭部位，在地貌区划上，位于滇东北中山山原亚区的南部，乌蒙山西部支脉南端，地势由东北向西南倾斜。保护区属于自然生态系统类别中的野生植物类型的小型保护区，主要保护对象为天然华山松母树林及华山松种质资源；林麝、黑颈鹤等为代表的珍稀濒危、特有动物及其栖息地；保护区域范围中的水源涵养地。

保护区记录有种子植物541种，其中，国家Ⅱ级重点保护野生植物有金荞麦。哺乳动物34

保护区一角（朱继红 摄）

林海（朱继红 摄）

种，鸟类76种，两栖爬行动物23种，其中，国家Ⅰ级重点保护野生动物有林麝、黑颈鹤2种，国家Ⅱ级重点保护野生动物有大灵猫、豹猫、普通鵟和黑翅鸢等10种。

黑颈鹤（市林业局 供）

保护区保留有大面积的天然暖温性针叶林（以华山松为主）以及小面积的落叶阔叶林

华山松林（朱继红 摄）

（如蒙自桤木林）生态系统，水源涵养功能良好，是金沙江一级支流小江、以礼河和牛栏江的水源补给区域之一，也是该县驾车乡最重要的水源地。保护区内的裸子植物多数是地史早期残留下来的古老孑遗属种或中国特有成分，它们在植物区系组成和植物群落的构建中，均起着至关重要的作用。

2016年，曲靖市设立会泽驾车省级自然保护区管护局，规格为副处级，核定事业编制22名。

（撰稿：王勇、朱继红）

富源十八连山省级自然保护区

富源十八连山省级自然保护区位于曲靖市富源县十八连山镇境内，于1986年经云南省人民政府批准建立，地理坐标为东经104° 34′ 24″ ~ 104° 37′ 48″，北纬25° 11′ 45″ ~ 25° 13′ 55″，海拔

保护区景观（刘锋 摄）

1420～2253米，总面积1213.0公顷。

保护区属自然生态系统类别中的森林生态系统类型的小型保护区，主要保护对象为半湿润常绿阔叶林生态系统和短尾猴、猕猴、斑羚、白腹锦鸡、榉树等国家重点保护野生动植物及野生山茶、猕猴桃、红花木莲、三尖杉等野生植物种质资源。保护区属乌蒙山系，是黄泥河和块泽河分水岭的南延部分。地势西高东低，为中山山地，山体切割剧烈，东面地势陡峭，南面较为平缓。

保护区植物区系属泛北极区、中国—喜马拉雅森林植物亚区中的滇中高原小区东部，生物多样性较为丰富。保护区记录有维管束植物286种，其中国家Ⅱ级重点保护野生植物有榉树；

红花木莲（管理所 摄）

三尖杉（管理所 摄）

野山茶（刘锋 摄）

管理站（刘宏 摄）

哺乳动物31种，鸟类74种，两栖类7种，爬行类14种，其中国家Ⅱ级重点保护野生动物有猕猴、短尾猴、斑羚、中国穿山甲、白腹锦鸡、红隼、松雀鹰、普通鵟、黑鸢、斑头鸺鹠10种。

保护区属滇青冈、元江栲等为主的半湿润常绿阔叶林典型分布区。在沟箐及坡度较大的区域，分布着原生植被。区内分布有较多的落叶树种，较为常见的有化香、云贵鹅耳枥、旱冬瓜、槲栎、滇楸等，多为伴生，在部分区域亦形成群落。由于林场多年的经营，保护区南部原生植被已被大面积的人工华山松林和桤木林所替代。

保护区设立管理所，为曲靖市林业局下属副处级事业单位核定事业编制15名。

（撰稿：王勇、浦娅文、张耀）

野生猕猴桃（刘锋 摄）

珠江源省级自然保护区

云南珠江源省级自然保护区地处滇东高原，位于曲靖市沾益区、宣威市境内，保护区以沾益区东北部的马雄山为中心，其东麓为南盘江水系首段干流的发源地，西北坡为北盘江水系革香河的发源地。其地理坐标为东经103°46′～104°23′，北纬25°44′～26°26′，海拔1610～2843米。整个保护区按地域的连续分为东、西两个片区，规划总面积为117934.0公顷。

保护区于2000年11月16日经云政复〔2000〕159号文件批准建立，始建面积230459公顷，经过2006年和2008年两次总体规划调整，目前保护区面积调整为117934公顷，其中，3沾益区境内37560.0公顷；宣威市境内80374.0公顷。保护区的主要保护对象为：（1）珠江源区水源涵养林及其生态系统；（2）珠江源区发育于喀斯特地貌的湿地生态系统。属自然生态系统类别中的森林生态系统类型的保护区。

保护区以马雄山为中心，处于滇东高原类型的喀斯特地貌上，区域分布的人工湿地（水库）和面积大小不等的溶蚀洼地、陷落小盆地，形成常年积水或季节性积水的喀斯特地貌湿地生态系统，是珠江源流域源源不断水源的保障。珠江源区域的森林具有巨大的水源涵养功能，对涵养水源、防止区域水土流失、防止喀斯特石质山地的“石漠化”，发挥着极其重要的生态

珠江源（沾益区政府办 摄）

珠江源航拍（郑进烜 摄）

云南松林（市林业局 供）

黄杉 （白明锐 摄）

喀斯特地区森林景观（余昌元 摄）

杜鹃（张冬梅 摄）

作用，维护着源头地区及整个流域的生态安全和水环境安全。保护区记录有蕨类和种子植物共约173科，1270多种，其植被类型多样，构成许多不同的森林景观，如生长奇特、树干弯扭、东歪西倒、千姿百态的扭曲云南松林，有“万木盆景园”之称。区内记录有哺乳动物15种，鸟类动物29种，两栖

争相起舞（钳嘴鹳）（孙道昌 摄）

动物8种，爬行类动物7种。

2015年云南省机构编制委员会同意设立珠江源省级自然保护区管护局，核定事业编制40名。保护区暂无专管机构，由当地林业局代管。

（撰稿：俞瑶、浦娅文、刘乔友、白明锐）

森林防火
（白明锐 摄）

沾益海峰省级自然保护区

沾益海峰省级自然保护区位于曲靖市沾益区西部，于2002年经省人民政府批准建立，其地理位置介于东经103° 29′ 36.6″ ~ 103° 43′ 19.7″，北纬25° 35′ 5.7″ ~ 25° 57′ 19.7″，海拔1840 ~ 2414米，面积为26610.0公顷，属自然生态系统类别湿地生态系统类型的保护区，保护区主要保护对

湿地全景（管护局 供）

湿地风光（管护局 供）

象是：（1）岩溶湿地生态系统；（2）特殊的岩溶“天坑”森林；（3）多种珍稀野生动植物种类及其栖息环境。

保护区记录有维管束植物156科413属774种，其中，蕨类植物25科54属82种；种子植物131科355属692种。据初步统计，沾益海峰自然保护区湿

苍鹭（管护局 供）

鹭（管护局 供）

海菜花（管护局 供）

石仁村一号天坑（管护局 供）

地系统中仅湿地植物（包括水生植物和湿生植物）就有27科，50属，79种。保护区内，属国家Ⅱ级重点保护的野生植物有黄杉、扇蕨、中国蕨等，还有国家Ⅱ级保护真菌松茸。保护区内发现有哺乳类动物25种，鸟类169种，两栖动物15种，爬行动物17种，已发现昆虫有11目64科171种，主要的保护动物有国家Ⅰ级重点保护野生动物林麝、黑鹳、黑颈鹤，国家Ⅱ级重点保护野生动物穿山甲、猕猴、斑羚、金猫、红隼、黄爪隼、黑翅鸢、（黑）鸢、雀鹰、凤头鹰、松雀隼、普通鵟、白尾鹞、草鸮、灰林鸮、鸳鸯、白琵鹭、灰鹤、白腹锦鸡、灰头鹦鹉、虎纹蛙、红瘰疣螈。

保护区湿地系统具有完整的生态系列，从湿地系统中心水域的水生植物到四周的湿生植物、中生植物、旱生植物均有分布。保护区具有较好的森林植被，如元江栲林、滇青冈林、旱冬瓜林、云南松林、

湿地保护进行中（张令清 摄）

滇油杉林、黄杉林等，对海峰喀斯特湿地系统起到重要的涵养水源作用。

保护区的湿地属湖泊湿地类中的永久性淡水湖类型，它以兰石坡海子湿地为核心，加上附近的干海子、背海子、黑滩河水库等湿地而构成。保护区的湿地与长江中下游湖泊湿地、北方平原沼泽湿地及若尔盖高原湿地不同，其发育的地貌类型独特，分布纬度较低但海拔高，发育在夷平面陷落区的闭合湿地，并与河流、湖泊、草甸、森林一起构成了复杂多样的生境类型，是我国湿地类型中具有独特结构、独具特色的喀斯特湿地。

2015年云南省机构编制委员会同意设立沾益海峰省级自然保护区管护局，为曲靖市林业局下属副处级事业单位，核定事业编制27名。目前，海峰省级自然保护区已组建管护局，现有人员8人。

（撰稿：俞瑶、浦娅文、施玲玲）

医治鸟类（区林业局 供）

投放食料（区林业局 供）

水富铜锣坝市级自然保护区

水富铜锣坝市级自然保护区位于昭通市水富县境内，于1988年7月经昭通市人民政府批准建立，保护区大部分区域属于水富县西南部的太平镇，一小部分属于水富县两碗镇行政区。地理坐标为东经104° 04′ 48″ ~ 104° 12′ 00″，北纬28° 22′ 48″ ~ 28° 27′ 36″。海拔1200 ~ 1695米。属乌蒙山脉，是四川盆地向云贵高原的过渡地带。保护区总面积2484.0公顷。

保护区主要保护对象是独特的亚热带山地湿性常绿阔叶林和落叶阔叶林以及分布其间的珍稀保护动植物物种。区内分布有国家Ⅰ、Ⅱ级保护植物珙桐、南方红豆杉、伯乐树、桫椤、银杏、鹅掌楸和国家Ⅰ、Ⅱ级重点保护野生动物金钱豹、黑熊、岩羊、白冠长尾雉等20多种。

保护区的森林由水富县国有林场管理。2017年在国有林场加挂了水富县铜锣坝市级自然保护区管护局的牌子。保护区内现设有3个森林资源管护站，聘有13个护林员从事保护区的日常巡护工作。

（撰稿：秦燕、张晓燕、李仕新）

仙女湖（管护局 供）

山地常绿落叶阔叶混交林（管护局 供）

永善小岩方市级自然保护区

永善小岩方市级自然保护区位于云南省昭通市永善县城东北部，于2003年5月经昭通市人民政府批准建立，属乌蒙山脉，是四川盆地向云贵高原的过渡地带。地理坐标为东经103° 52′ 29″ ~ 104° 00′ 56″，北纬28° 18′ 10″ ~ 28° 28′ 02″。总面积为5323.0公顷，其中核心区面积1846公顷，缓冲区面积1504公顷，实验区面积1973公顷。

水晶兰（王胜向 摄）

保护区属于自然生态系统类别中的森林生态系统类型，其主要保护对象为天然山地湿性常绿阔叶林及其珙桐、黑熊等珍稀濒危野生动植物。保护区分布有国家Ⅰ、Ⅱ级重点保护野生植物珙桐、南方红豆杉、鹅掌楸等，另分布有天麻及其他多种药用植物。分布有国家Ⅱ级重点保护野生动物黑熊、苏门羚、红腹锦鸡、白腹锦鸡等多种动物物种。

珙桐（李正强 摄）

2017年，保护区设立永善县自然保护区管护局，机构级别为正科级，人员编制22名。

（撰稿：秦燕、张晓燕、赵少涛）

保护区风光（李正强 摄）

永善五莲峰市级自然保护区

永善五莲峰市级自然保护区位于昭通市永善县南部，于2003年5月经昭通市人民政府批准建立，地理坐标为东经103°31′28″～103°55′29″，北纬27°57′25″～28°13′52″。总面积18705.7公顷，其中核心区面积6681.68公顷，缓冲区5331.07公顷，实验区6692.98公顷，海拔1000～2940米，属于自然生态系统类别中的森林生态系统类型。

阔叶林（罗其芹 摄）

保护区地理位置特殊，处在四川盆地向云贵高原过度地带上，是长江南岸森林动物走廊带的瓶颈区域。特殊的地理位置、独特的气候条件，孕育了这一带丰富的物种资源，是中国动物地理区划西南区和华南区的分野地带。该地区维管植物种类较多，成分复杂，植物区系为东亚植物区系中的华中植物区系性质。主要保护对象为天然山地湿性常绿阔叶林及其南方红豆杉、黑熊等珍稀濒危野生动植物。区内分布有国家Ⅰ、Ⅱ级保护植物珙桐、银杏、南方红豆杉等；国家Ⅱ级保护动物黑熊、岩羊、苏门羚及其他多种动物物种。

筇竹（管护局 供）

2017年，保护区设立永善县自然保护区管护局，机构级别为正科级，人员编制22名。

（撰稿：秦燕、张晓燕、赵少涛）

盐津老黎山市级自然保护区

盐津老黎山市级自然保护区位于盐津县，地跨盐井、豆沙两镇，于2003年5月经昭通市人民政府批准建立。保护区距县城8千米，地理坐标为东经104° 15′，北纬28° 10′，总面积297.4公顷，海拔1400～1941米。

保护区属亚热带季风气候，夏季炎热，冬季偏暖，湿润，四季分明。境内山势险峻，山峦起伏，峰起陡壁，森林茂密，水资源丰富，河流较多，主要有水田河、桧桐溪河、艾田河等河流，且地下水丰富，无污染。保护区内自然资源丰富，记录有高等植物162科583属1100多种。主要保护对象为天然山地湿性常绿阔叶林及其珍稀濒危野生动植物，区内分布有国家Ⅰ、Ⅱ级重点保护野生植物南方红豆杉、珙桐、桫椤、鹅掌楸、水青树、楠木、毛红春等；国家Ⅱ级重点保护野生动物云豹、黑熊、苏门羚、岩羊、白腹锦鸡、白鹇等10多种。

南方红豆杉（管护局 供）

2017年，保护区设立盐津县自然保护区管护局，机构级别为正科级，人员编制10名。

（撰稿：秦燕、张晓燕、李道平）

保护区风光（管护局 供）

盐津白老林市级自然保护区

盐津白老林市级自然保护点位于盐津县普洱镇，距县城40千米，于2003年5月经昭通市人民政府批准建立。地理坐标为东经104°00′～104°15′，北纬28°15′～28°25′，总面积2200.0公顷，其中，核心区面积1200公顷、缓冲区面积266.67公顷、实验区面积733.33公顷。地处凉山分支五莲峰北段，接近四川盆地，海拔多在1400～2000米，西面临近金沙江、东面临近关河，山势陡峭，地势起伏较大。

保护区内珍稀动植物种类繁多、资源丰富，是典型的亚热带向温带过渡的湿润性常绿阔叶林，记录有维管束植物162科583属1080种。天然森林植被主要由峨眉栲林、马尾松林、筇竹林、灌丛、河谷稀树灌木草丛等。

百年古檫木（陈顺林 摄）

主要保护对象为天然山地湿性常绿阔叶林及其珍稀濒危野生动植物，保护区内分布有国家重点保护野生植物珙桐、南方红豆杉、水青树、桫椤、银杏等；国家重点保护野生动物有林麝、云豹、黑熊、红腹锦鸡、白腹锦鸡、白鹇等。

2017年，保护区设立盐津县自然保护区管护局，机构级别为正科级，人员编制10名。

（撰稿：秦燕、张晓燕、李道平）

原始林（陈顺林 摄）

镇雄袁家湾市级自然保护区

保护区风光（管护局 供）

杨桃湾（管护局 供）

镇雄袁家湾市级自然保护区于2003年5月经昭通市人民政府批准建立，位于镇雄县西部距县城105千米处，在镇雄县花山、牛场、杉树三个乡（镇）的结合部，分别由花山袁家湾片区、黄连王家大厂片区和王家尧山片组成，总面积1633.8公顷。

保护区以天然山地湿性常绿阔叶林及其珍稀野生动植物为主要保护对象。其中重点保护及珍稀濒危植物有珙桐、筇竹等。重点保护动物有黑熊、苏门羚、黑颈长尾雉、红腹锦鸡、白腹锦鸡等。

2017年，保护区设立镇雄县自然保护区管护局，机构级别为正科级，人员编制35名。

（撰稿：秦燕、张晓燕、田兴伟）

后河（管护局 供）

镇雄以拉市级自然保护区

双马杆（管护局 供）

镇雄以拉市级自然保护区于2003年5月经昭通市人民政府批准建立，位于昭通市镇雄县西部距县城55千米处，在镇雄县场坝、安尔、以古三个乡的结合部，总面积685.0公顷。地理坐标为东经104° 39′ 9″ ~ 104° 42′ 52″，北纬27° 23′ 41″ ~ 27° 25′ 2″。

保护区属森林生态系统类型，保护区内分布有典型的天然次生植被。主要保护对象为天然山地湿性常绿阔叶林及其珍稀濒危野生动植物。其中植物重要物种有珙桐、南方红豆杉、楠木、筇竹、滇藏木兰等；动物重要物种有黑熊、豹、岩羊、黑颈长尾雉、红腹锦鸡、白腹锦鸡等。

2017年，保护区设立镇雄县自然保护区管护局，机构级别为正科级，人员编制35名。

（撰稿：秦燕、张晓燕、田兴伟）

缓冲区阔叶林（管护局 供）

绥江二十四岗市级自然保护区

绥江二十四岗自然保护区位于昭通市绥江县境内，1997年经绥江县人民政府批准建立，并于2003年晋升为市级自然保护区。保护区东与水富县接壤；南与盐津县毗邻；西与永善县相连，辖区涉及中城镇、板栗镇、新滩镇。地理位置为东经103°47′27″～104°17′35″，北纬28°21′15″～28°40′00″，海拔1000～1800米，总面积10989.0公顷，其中，缓冲区1073公顷，核心区4665公顷，实验区5251公顷。

保护区（管护局 供）

保护区主要保护对象为天然山地湿性常绿阔叶林及其珍稀濒危野生动植物。区内分布有大面积天然原生或次生植被，国家Ⅰ级重点保护野生植物银杏、南方红豆杉等物种呈零星或簇状分布其中。另分布有国家Ⅰ级重点保护野生动物云豹及国家Ⅱ级重点保护野生动物豺、小灵猫、黑熊、虎纹蛙等。

保护区水库（管护局 供）

绥江县结合国有林场改革工作，由绥江县国有林场加挂“绥江二十四岗市级自然保护区管理局”牌子，实行两块牌子一套人员，核定事业编制3名，属财政全额拨款事业单位，由绥江县林业局进行监管。

（撰稿：秦燕、张晓燕、刘光华）

罗平万峰山市级自然保护区

罗平万峰山市级自然保护区位于曲靖市罗平县境内，于1999年由罗平县人民政府批准建立鲁布革县级自然保护区，始建面积为7000公顷；2003年经曲靖市人民政府批准晋升为市级自然保护区。地理坐标东经104°18′00″～104°39′00″，北纬24°38′00″～25°00′00″，总面积58327.0公顷，其中，核心区面积18795公顷，缓冲区面积16002公顷，实验区面积23530公顷，主要保护对象为岩溶森林植被生态系统、白化猕猴、野生珍稀濒危物种及其栖息地或繁殖地。区内记录有种子植物145科535属830余种；蕨类植物38科84属130余种；国家重点保护野生植物有贵州苏铁、银杏、桫椤、喜树、金毛狗、香果树、金荞麦、大叶木莲、楠木、红椿、榉木等。区内有哺乳动物68种，隶属9目21科；鸟类132种，隶属13目34科；爬行动物32种，隶属3目9科。

保护区由罗平县林业局代管，业务指导单位为曲靖市林业局。

（撰稿：徐吉洪、浦娅文）

生命的绽放（杨峰泉 摄）

猕猴（王学良 摄）

植被（杨峰泉 摄）

师宗菌子山市级自然保护区

花海（林业局 供）

女儿湖（林业局 供）

菌子山秋色（林业局 供）

师宗菌子山市级自然保护区位于曲靖市师宗县龙庆乡境内，于2003年经曲靖市人民政府批准建立，地理坐标为东经103°58′～104°33′，北纬24°24′～24°45′，总面积49517.0公顷。

保护区属自然生态系统类别中的森林生态系统类型，主要保护对象为亚热带半湿性常绿阔叶林及其形成的森林生态系统、珍稀野生动植物物种。保护区地处师宗县城东南方向，距县城35千米，海拔最高点为2409.7米。保护区植被茂密，植物品种繁多，森林、草地相间，乔木灌木相伴，原始森林、次生林共存，阔叶林针叶林混交，是一个名副其实的天然植物园。区内云南最大的杜鹃花自然群落是云南中海拔地区杜鹃花的典型，种类多样，马缨花杜鹃、露珠杜鹃、迷人杜鹃分布最为集中，连片组成壮丽的景观，彰显了杜鹃花的“集体美”。

（撰稿：王勇、浦娅文）

金沙江水系水生动物市级自然保护区

金沙江水系水生动物市级自然保护区又称牛栏江鱼类市级保护区，位于沾益区、会泽县和宣威市境内，于2006年经曲靖市人民政府批准建立。地理坐标为东经103° 35′ 59″ ~ 103° 45′ 35″，北纬25° 57′ 07″ ~ 26° 39′ 36″，保护区河段全长175.2千米，总面积2500.0公顷，主要保护对象为昆明金线鲃、乌蒙山金线鲃、长薄鳅及生态环境。保护区有鱼类63种，是牛栏江金沙鳅、德泽华吸鳅、牛栏江似原吸鳅、牛栏爬岩鳅、牛栏江山鳅、横斑云南鳅、干河云南鳅的模式产地。保护区由曲靖市渔政执法支队代管，隶属于曲靖市农业局，执法支队共有编制15人。

（撰稿：徐吉洪、浦娅文）

牛栏江—德泽华吸鳅（曲靖市农业局 供）

曲靖珠江水系水生动物市级自然保护区

珠江水系五洛河（曲靖市农业局 供）

曲靖珠江水系水生动物市级自然保护区于2006年经曲靖市人民政府批准建立，包括多依河鱼类自然保护区、牛街河鱼类保护区、五洛河鱼类保护区、北盘河鱼类保护区。位于罗平县、师宗县和宣威市境内，总面积870.0公顷，主要保护对象为暗色唇鲮、金线鲃和其他鱼类及生态环境。

多依河鱼类自然保护区位于罗平县鲁布革乡，地理坐标为东经104°28′09″～104°31′06″，北纬24°44′07″～24°44′46″，保护区全长13.9千米，面积100公顷，有鱼类47种，其中，多依河白鱼、长鳍直口鲮、罗平金线鲃为多依河特有鱼种，暗色唇鲮是云南省重点保护鱼类。

牛街河鱼类保护区位于罗平县九龙镇，地理坐标为东经104°16′01″～104°25′21″，北纬24°57′36″～25°02′29″，保护区总面积120公顷，有鱼类27种。狭孔金线鲃是国家Ⅱ级保护动物。灰裂腹鱼、光唇裂鳆鱼是曲靖市南盘江流域唯一发现地点，细头鳅具有很高的观赏和科研价值。经济鱼类有云南光唇鱼、云南四须鲃、云南盘鮈、长尾鮡等。

五洛河鱼类保护区位于师宗县五龙乡，地理坐标为东经104°16′40″～104°19′03″，北纬24°37′47″～26°32′41″，总面积160.0公顷。有鱼类31种。多鳞倒刺鲃、倒刺鲃、软鳍金线鲃、云南光唇、鱼细身光唇鱼、南方白甲鱼、三齿缨鱼、宜良墨头鱼、五洛河盘口鲮、鲇、六须鲇为特有的经济鱼类和土著鱼类。

北盘江鱼类保护区位于宣威市得禄乡、杨柳乡和双河乡，地理坐标为东经104°38′22″～104°41′14″，北纬26°38′22″～26°22′44″，保护区全长75.1千米，总面积500公顷；有鱼类12种，主要经济鱼类有北盘裂腹鱼和光唇裂腹鱼，是长体盘鮈、北盘裂腹鱼和宽头云南鳅的模式产地。

保护区由曲靖市水产站代管，隶属于曲靖市农业局，机构级别为正科级，共有编制9人，其中，管理人员2名，技术人员7名。

（撰稿：徐吉洪、浦娅文）

巧家马树县级自然保护区

马树湿地（管护局 供）

黑颈鹤（管护局 供）

马树湿地（管护局 供）

巧家马树县级自然保护区位于昭通市巧家县马树镇，于2007年2月经巧家县人民政府批准成立，总面积403.0公顷，属湿地生态系统类型。分大海子湿地和孔家营湿地两个片区。其中大海子湿地位于东经103° 15′ ~ 103° 16′ 5″，北纬26° 46′ 21″ ~ 26° 46′ 21″，距马树镇镇政府所在地2.8千米，海拔2400米，保护面积240公顷；孔家营湿地位于东经103° 15′ ~ 103° 16′ 5″，北纬26° 46′ 21″ ~ 26° 46′ 21″一带，海拔2727米，保护面积163公顷。

保护区以湿地生态系统和国家Ⅰ级重点保护野生动物黑颈鹤、黑鹳，国家Ⅱ级重点保护野生动物灰鹤以及苍鹭、赤麻鸭、绿头鸭等重要越冬水禽及栖息地为主要保护对象。大海子湿地水量充足，水生生物丰富，水域面积相对较大，水域外围有许多耕地和草地，“盆地”沿山脊线内居民较少，是越冬水禽良好的栖息地。

保护区管护局属巧家县林业局下设的股所级事业单位，人员编制为3人。

（撰稿：秦燕、张晓燕、陈留山）

金沙江绥江段珍稀特有鱼类县级自然保护区

金沙江绥江段珍稀特有鱼类县级自然保护区位于云南省东北部昭通市绥江县境内的金沙江段，于2008年由绥江县人民政府批准成立，总面积1026公顷，全长83千米，属野生动物类型的小型保护区。由于向家坝电站蓄水，保护区自然生态环境和主要保护对象发生巨大改变，昭通市人民政府2016年12月批复同意对保护区进行调整。经调整后，保护区位置变更为绥江县与永善县交界处至四川西宁河与金沙江交汇口处（绥江县南岸镇上游）的绥江县管辖的金沙江江段，属于向家坝水电站库区范围内，总面积1025.5公顷，其中核心区面积91.20公顷，占保护区总面积8.90%，缓冲区面积18.20公顷，占保护区总面积1.77%，实验区面积916.1公顷，占保护区总面积89.33%。保护区调整后，主要保护对象调整为国家Ⅱ级重点保护野生鱼类胭脂鱼和长江上游特有鱼类岩原鲤、圆口铜鱼、长薄鳅、齐口裂腹鱼。

（撰稿：秦燕、张晓燕）

齐口裂腹鱼（管护局 供）

胭脂鱼（管护局 供）

长薄鳅（管护局 供）

保护区（实验区）风光（管护局 供）

师宗东风水库县级自然保护区

东风水库（县水务局 供）

师宗县东风水库县级自然保护区位于云南省曲靖市师宗县竹基镇良吉村，于1999年5月经师宗县人民政府批准建立，地理坐标为东经104°01′00″，北纬24°55′00″，面积4960.0公顷。属森林生态类型自然保护区，主要保护对象为饮用水源。

东风水库保护区范围：东起淑基村后山梁子，南从水库大坝至许家坟山梁，西至中浅甲村至上浅甲村之间山梁，北到那冲村后山分水岭。

东风水库自然保护区隶属于师宗县水务局，管理机构为东风水库管理所，属股所级事业单位，人员编制11人。

（撰稿：俞瑶、浦娅文）

师宗大堵水库县级自然保护区

水库周边风光（县水务局 供）

师宗大堵水库县级自然保护区位于云南省曲靖市师宗县丹凤镇，于1999年经师宗县人民政府批准建立，地理坐标为东经104°02′19.7″，北纬24°51′39.2″，面积160.0公顷。属森林生态类型的自然保护区，主要保护对象为饮用水源。

大堵水库自然保护区隶属于师宗县水务局，业务主管部门为县林业局。

（撰稿：俞瑶、浦娅文）

师宗翠云山县级自然保护区

师宗翠云山县级自然保护区位于云南省曲靖市师宗县葵山镇，于2000年6月经师宗县人民政府批准建立，地理坐标为东经103°51′10″～103°50′52″，北纬24°49′8″～24°49′6″，面积10.6公顷。保护区类型为森林生态类型，主要保护对象为半湿润常绿阔叶林森林生态系统。

翠云山是师宗至今保留下来的两片原始森林之一，山上林海幽深，古木参天，绿荫蔽日，四季常青；山下有浅湖，波光粼粼，湖光山色，尽收其中。

保护区隶属于师宗县林业局管理，目前无专管机构，由林业局林政法规股兼管。

（撰稿：俞瑶、浦娅文）

元江栲林（赵华 摄）

师宗丁累大箐县级自然保护区

师宗丁累大箐县级自然保护区位于曲靖市师宗县高良乡境内，于2000年经师宗县人民政府批准建立，地理坐标为东经104° 27′ 27″ ~ 104° 26′ 13″，北纬24° 26′ 56″ ~ 24° 26′ 50″，总面积293.0公顷。

保护区属自然生态系统类别中的森林生态系统类型的小型保护区，主要保护对象为半湿润常绿阔叶林。区内山势高峻雄伟，主峰高约1700米。区内有国家Ⅱ级重点保护野生动物猕猴和白腹锦鸡。区内树龄达300余年的古树数万棵，其中两株约400年树龄的夫妻古榕浓荫匝地，覆盖面积达1000余平方米。

（撰稿：王勇、浦娅文）

半湿润常绿阔叶林（赵华 摄）

丁累大箐（赵华 摄）

马龙区黄草坪区级自然保护区

马龙黄草坪水源涵养林（市林业局 供）

马龙区黄草坪区级自然保护区位于曲靖市马龙区纳章乡境内龙洞河区域，于2003年由马龙县城建局申报，经马龙县人民政府批准建立。地理坐标为东经103° 34′ 21″ ~ 103° 34′ 53″，北纬25° 13′ 03″ ~ 25° 13′ 53″，总面积2950.0公顷。主要保护对象为饮用水源及其水源林。由黄草坪水库管理所代管，隶属于马龙区住建局，机构级别为正股所级，共有编制4人。2011年由曲靖市环保局申报，经曲靖市人民政府批准在该区域建立了马龙黄草坪集中式饮用水源保护区（曲政复〔2012〕3号）。

（撰稿：徐吉洪、浦娅文）

朗目山区级自然保护区

朗目山区级自然保护区位于曲靖市麒麟区沿江乡境内，于2000年经麒麟区人民政府批准建立，地理坐标为东经103° 28′ 14″ ~ 104° 29′ 59″，北纬25° 17′ 55″ ~ 25° 21′ 25″，总面积900.0公顷。

保护区属自然文化综合体类型的小型保护区，主要保护对象为半湿润常绿阔叶林和古建筑群。保护区地处曲靖城东，离城12千米，区内森林茂盛，绿树成荫，海拔最高点为2329米。

区内有一座古寺——朗目山寺。该寺有史可查的最早记录为明朝洪武十九年（公元1386年）重建，距今有608年历史。寺院镜明、规模宏大、气势巍峨、香火旺盛。

（撰稿：王勇、浦娅文）

朗目山华严寺（邬正伟 摄）

半湿润常绿阔叶林（邬正伟 摄）

青峰山区级自然保护区

保护区位于曲靖市麒麟区三宝镇，于2000年经麒麟区人民政府批准建立，地理坐标为东经103° 23′ 59″ ~ 103° 26′ 20″，北纬25° 13′ 59″ ~ 25° 16′ 09″，总面积1110.0公顷。

保护区地处曲靖城西南，离城17千米。属自然文化综合体类型的小型保护区，主要保护对象为半湿润常绿阔叶林和古建筑群。区内的青峰山山雄、树绿、充满灵气，被称为古曲靖八景之一。

区内青峰山山巅东侧，有一块宽敞的平地即是青峰寺的所在。据查，青峰寺始建于唐天宝年间，重建于明代初叶。

（撰稿：王勇、浦娅文）

华山松林（许林春 摄）

五台山区级自然保护区

云南松群落结构（朱尤俊 摄）

五台山区级自然保护区位于曲靖市麒麟区珠街乡境内，于2000年经麒麟区人民政府批准建立，地理坐标为东经103° 29′ 38″ ~ 103° 31′ 59″，北纬25° 21′ 14″ ~ 25° 24′ 54″，总面积1350.0公顷。

保护区属自然文化综合体类型的小型保护区，主要保护对象为森林景观和古建筑群。区内五台山巅，五峰并列，直冲云霄。主峰位于中间，左右两侧各有两峰，从高到矮对称排列，故称之“五台山”。

云南松林（朱尤俊 摄）

五台山主峰之下有一片平地，面积虽不足百亩，地理环境却天下无双。千年前古人在此处风水宝地建盖寺庙，取名“普明禅寺”。

（撰稿：王勇、浦娅文）

曲靖潇湘谷区级原始森林生态自然保护区

曲靖潇湘谷区级自然保护区位于东经103°18′42″～103°22′34″，北纬25°12′48″～25°16′42″，地处曲靖市麒麟区寥廓街道。保护区于2008年经麒麟区政发〔2008〕40号文件批准建立，保护区类型为自然文化综合体，主要保护对象为原始森林生态系统，保护区面积为2579.0公顷，其中核心区882公顷，缓冲区1697公顷。

潇湘湖，在云南曲靖城西南方向7千米处，湖水出口向东而流，绕曲靖城南而行，形成潇湘江。湖岸山坡，经过几十年的自然生长和人工绿化，已是绿树成荫，花木竞秀。

目前自然保护区由曲靖市麒麟区林业局代管。

（撰稿：俞瑶、浦娅文）

潇湘谷（余开春 摄）

潇湘谷（余开春 摄）

陆良彩色沙林县级自然保护区

保护区位于曲靖市陆良县马街镇，于2000年经陆良县人民政府批准建立，地理坐标为东经103° 43′ 08″，北纬24° 53′ 59″，总面积5280.0公顷。

保护区属自然遗迹类别的地质遗迹类型的中型保护区，主要保护对象为彩色沙林地貌景观。区内的彩色沙林是经过地震冲击、岩浆喷射、地壳运动、风雨侵蚀过程而逐步形成的千姿百态的地貌景观。

区内的彩色沙林是七彩沙子凝聚起来的沙柱、沙峰、沙屏、沙皱的集合体。座座沙峰或独矗，或相连，忽而盘旋直上，忽而陡然垂落，峰回路转，沿谷两壁呈现一簇簇屏、嶂、峰、崖以及千姿百态的造型。沙林具有重要的科学价值，经过几亿年的地壳运动，地力的切割、拱抬、下降，形成了复杂的地质地貌。沙林是不可多得的古地质地貌标本，现已加入世界自然基金会，被列为世界遗产之一。

（撰稿：王勇、浦娅文）

沙林景观（宋永权 摄）

沙林景观（宋永权 摄）

鲁纳黄杉县级自然保护区

黄杉（市林业局 供）

会泽鲁纳黄杉县级自然保护区位于会泽县鲁纳乡，于2000年会泽县人民政府批准建立，地理坐标东经102° 30′ ~ 102° 45′，北纬26° 10′ ~ 26° 20′，总面积1744.8公顷。保护区属野生植物类型自然保护区，主要保护对象为天然黄杉林。

黄杉为我国特有，对研究植物区系和黄杉属分类、分布有学术意义，亦是树木育种中难得的种质资源，可作为分布区的造林树种。

保护区行政主管部门为会泽县林业局，目前由会泽县林业局和鲁纳乡林业站管理。

（撰稿：俞瑶、浦娅文）

会泽牯牛寨杜鹃县级自然保护区

会泽牯牛寨杜鹃县级自然保护区位于曲靖市会泽县大海乡、待补镇境内，于2012年经会泽县人民政府批准建立，其地理坐标为东经103° 14′ 4″ ~ 103° 19′ 13″，北纬26° 6′ 50″ ~ 26° 11′ 40″，总面积3155.4公顷，其中，核心区面积2001.97公顷，实验区面积1153.41公顷；为野生植物类型的小型自然保护区，主要保护对象为天然杜鹃林、高山草甸及水源涵养地。

目前由会泽县林业局代管。

（撰稿：徐吉洪、浦娅文）

保护区景观（市林业局 供）

杜鹃（市林业局 供）

金黄杜鹃（市林业局 供）

会泽大井元江栲县级自然保护区

会泽大井元江栲县级自然保护区位于会泽县大井乡境内，于2012年经会泽县人民政府批准建立。地理坐标为东经103°47′32″～103°49′21″，北纬26°26′58″～26°28′32″，总面积352.0公顷，其中，核心区面积100.15公顷，实验区面积251.89公顷；为野生植物类型的小型自然保护区，主要保护对象为天然元江栲及水源涵养地。

目前由会泽县林业局代管。

（撰稿：徐吉洪、浦娅文）

元江栲（朱继红 摄）

元江栲林群落外貌（朱继红 摄）

元江栲（朱继红 摄）

会泽待补鸡鸣山县级自然保护区

鸡鸣山（朱继红 摄）

会泽待补鸡鸣山县级自然保护区位于会泽县待补镇境内，于2012年经会泽县人民政府批准建立。地理坐标处于东经103° 23′ 23″ ~ 103° 25′ 29″，北纬26° 10′ 24″ ~ 26° 11′ 59″，总面积400.0公顷，其中核心区面积83.53公顷，实验区面积316.47公顷；为野生植物类型小型自然保护区，主要保护对象为天然刺叶高山栎及水源涵养地。

目前由会泽县林业局代管。

（撰稿：徐吉洪、浦娅文）

刺叶高山栎（朱继红 摄）

滇 西

滇西包括大理白族自治州、保山市和德宏傣族景颇族自治州，介于东经97°31′～102°03′，北纬23°50′～26°42′，西与缅甸接壤，东与楚雄州相邻，南与临沧市、普洱市相连，北与丽江市、怒江州毗邻，国土面积5853400公顷。

滇西为地处云贵高原与横断山脉结合部位，境内地形复杂多样，最高为雪斑山，海拔4295米，最低为羯羊河谷，海拔210米，相对高差4085米。该区地跨金沙江（长江）、澜沧江、怒江、红河、伊洛瓦底江五大流域，是云南跨流域最多的地区，国际河流——红河发源于本区。洱海、天池、茈碧湖、西湖、剑湖、海西海、北海、大盈江等是本区的重要湿地。

从西南到东北的水平地带上和谷地到山峰的垂直带上，集中了从热带到寒温带的生物地理群落，孕育了北回归线以北面积最大的热带雨林，保存了我国迄今面积最大的龙脑香林。完整的季风常绿阔叶林、中山湿性常绿阔叶林、暖温性针叶林、寒温性针叶林等是云南山地垂直带上具有典型意义的植被类型。本区是云南省生物多样性最为富集的地区之一，分布有滇金丝猴、白眉长臂猿、黑冠长臂猿、蜂猴、熊猴、豚尾猴、菲氏叶猴、灰叶猴、林麝、黑鹳、东京龙脑香、萼翅藤等极具保护价值和珍稀濒危野生动植物。

目前，滇西共建立了35个自然保护区，总面积339932公顷，占国土面积的5.81%，包括4个国家级自然保护区，面积183201公顷（不含高黎贡山国家级自然保护区怒江片、无量山国家级自然保护区景东片）；6个省级自然保护区，面积73908公顷；25个州市级和县级自然保护区，面积82823公顷。

（撰稿：宋劲忻）

鸟瞰小黑山山脊

（朱昌维 摄）

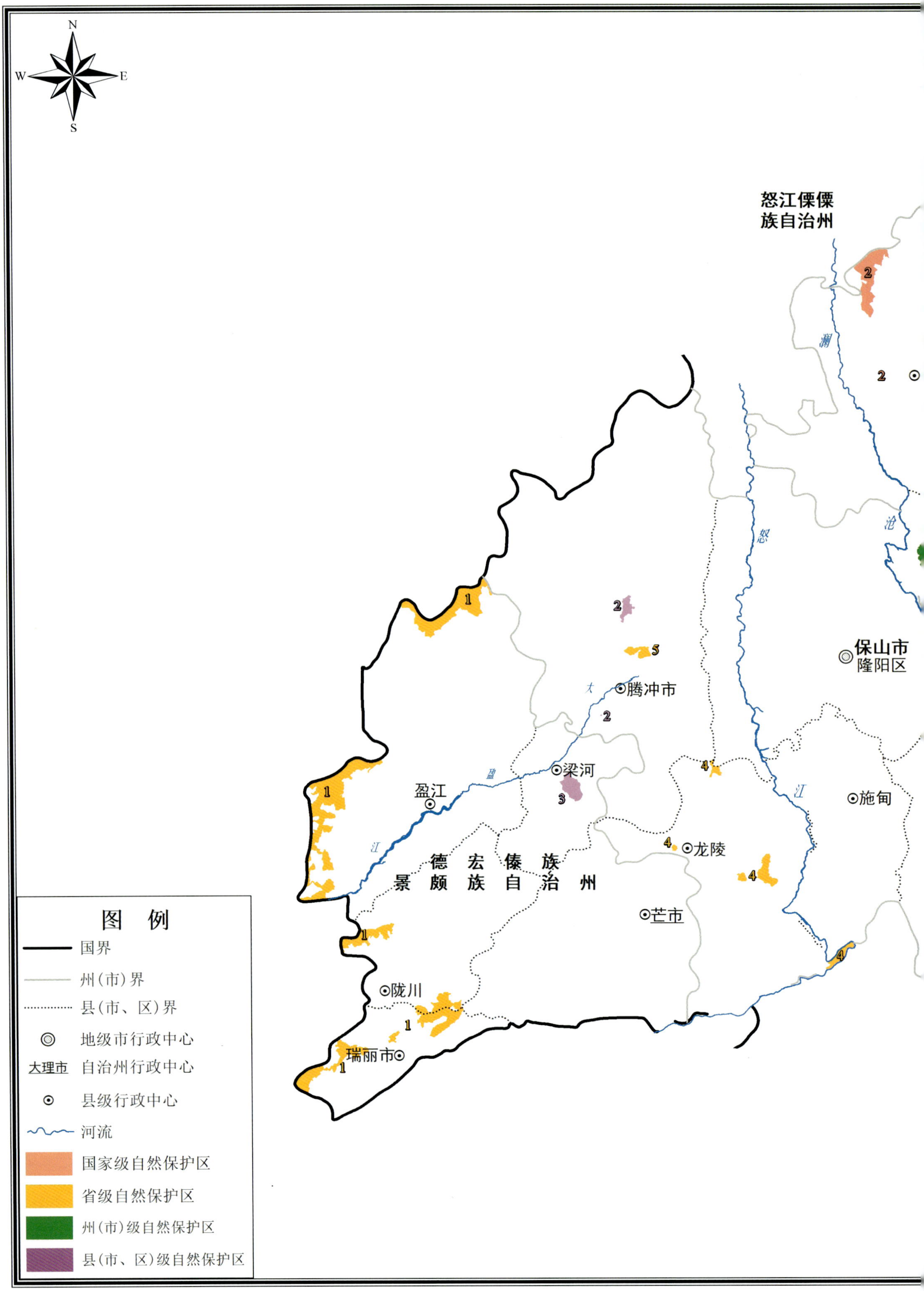
N
S
W
E
怒江傈僳族自治州
保山市
隆阳区
腾冲市
梁河
盈江
龙陵
施甸
芒市
陇川
瑞丽市
德宏傣族景颇族自治州
澜
沧
怒
江
大
盈
江
图例
国界
州(市)界
县(市、区)界
地级市行政中心
大理市
自治州行政中心
县级行政中心
河流
国家级自然保护区
省级自然保护区
州(市)级自然保护区
县(市、区)级自然保护区

滇西自然保护区分布示意图

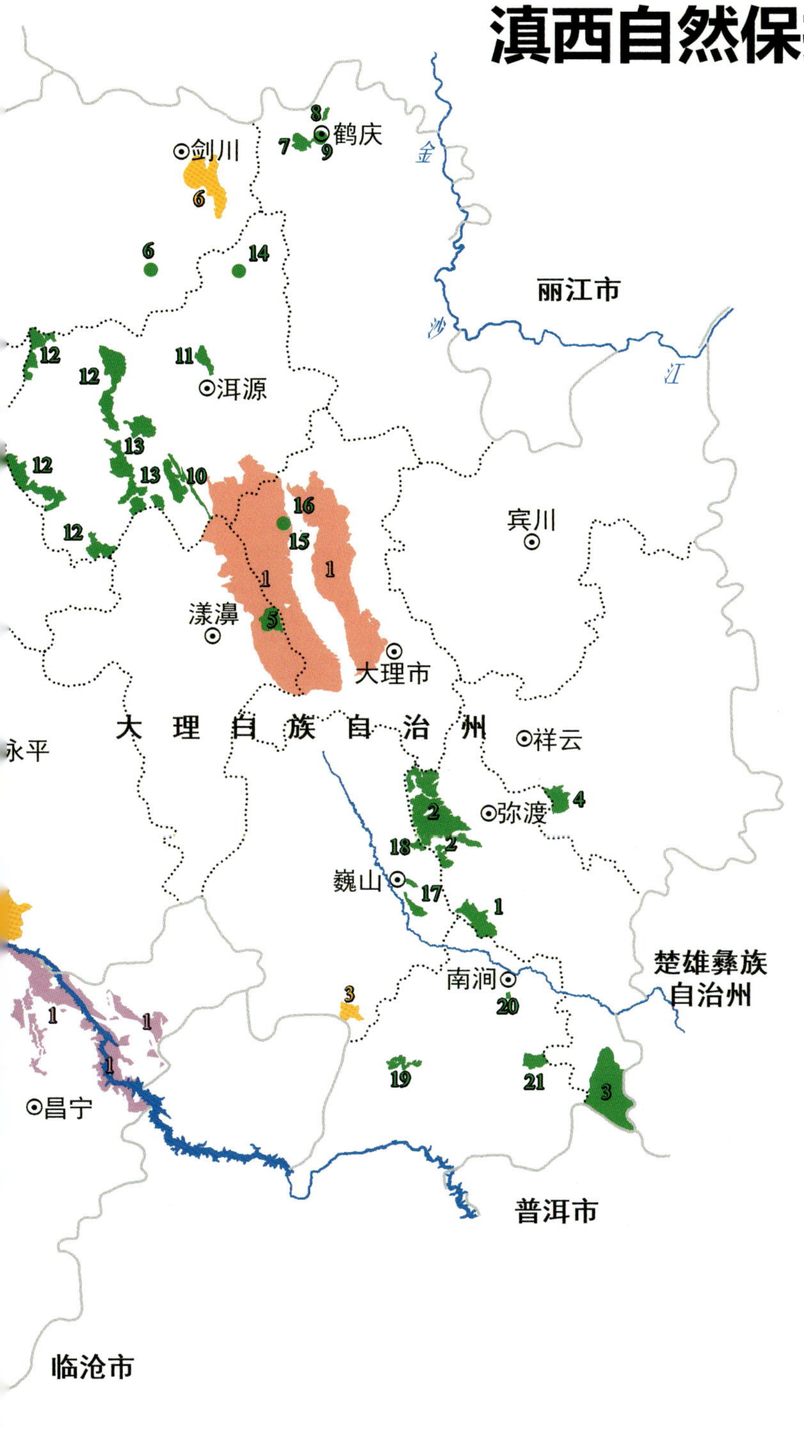

序号	名称
1	苍山洱海国家级自然保护区
2	云龙天池国家级自然保护区
1	铜壁关省级自然保护区
2	永平金光寺省级自然保护区
3	巍山青华绿孔雀省级自然保护区
4	龙陵小黑山省级自然保护区
5	腾冲北海湿地省级自然保护区
6	剑川剑湖湿地省级自然保护区
1	弥渡太极顶州级自然保护区
2	弥渡大黑山水源林州级自然保护区
3	弥渡天生营州级自然保护区
4	祥云水目山州级自然保护区
5	漾濞雪山河州级自然保护区
6	剑川石宝山州级自然保护区
7	鹤庆朝霞寺州级自然保护区
8	鹤庆草海州级湿地自然保护区
9	鹤庆龙华山州级自然保护区
10	洱源罗坪鸟吊山州级自然保护区
11	洱源茈碧湖州级自然保护区
12	洱源西罗坪州级自然保护区
13	洱源黑虎山州级自然保护区
14	洱源海西海州级自然保护区
15	大理凤阳鹭鸶栖息榕树州级自然保护区
16	大理蝴蝶泉州级自然保护区
17	巍山巍宝山州级自然保护区
18	巍山隆庆鸟道雄关州级自然保护区
19	南涧凤凰山候鸟州级自然保护区
20	南涧土林州级自然保护区
21	南涧大龙潭州级自然保护区
22	永平博南山州级自然保护区
1	昌宁澜沧江县级自然保护区
2	腾冲地热火山县级自然保护区
3	梁河勐科河流域县级自然保护区

审图号：云S(2019)010号

本图境界不作划界依据。

苍山洱海国家级自然保护区

苍山洱海国家级自然保护区位于大理白族自治州境内，地跨大理、洱源及漾濞两县一市，介于东经99° 55′ ~ 100° 18′，北纬25° 34′ ~ 26° 00′，由苍山、洱海两部分组成，总面积79700.0公顷，其中，核心区面积21092公顷，缓冲区面积27488公顷，实验区面积31120公顷。

保护区属于自然生态系统类别，同时兼属自然遗迹类别，是一个多层次、多功能、多效益的大型保护区。主要保护对象为：我国独具特色的“苍山—洱海”山湖一体的生态系统及其景观；高原淡水湖泊湿地生态系统；以高山淡水湖泊为主的第四纪冰川遗迹；以云豹为代表的中大型食肉类，以林麝、川西斑羚、中华鬣羚为代表的大型有蹄类，以黑颈长尾雉、血雉、红腹角雉为代表的雉类，以黑翅鸢、普通鵟、高山鹰雕为代表的猛禽等珍稀濒危动物物种；以大理裂腹鱼（弓鱼）等为代表的洱海特有土著鱼类构成的珍稀濒危水生动物区系，和以海菜花等为主要成分的珍稀高原水生植物区系；模式标本产于苍山的、苍山特有及除此之外珍稀濒危保护动植物。

保护区全景（张绍辉 摄）

苍山西坡大花园（管理处 供）

尼泊尔绿绒蒿（管理处 供）

冷杉（管理处 供）

苍山冷杉（管理处 供）

洱海东岸观苍山洱海之蓝天白云（管理处 供）

保护洱海（张羽 摄）

保护区地处青藏高原向中国东部和南亚低地势区过渡的转折点，南亚热带和中亚热带交汇处，孕育了典型的垂直植被带及生态景观，苍山东坡自山麓至山顶依次分布着云南松林、华山松林、针叶混交林、冷杉杜鹃林、杜鹃灌丛及草甸；苍山西坡依次分布着云南松林、常绿阔叶林、云南铁杉阔叶混交林、针叶杜鹃箭竹矮林、杜鹃灌丛及草甸。在苍山50000公顷范围内就分布9个植被型，12个植被亚型，是横断山脉地区植被类型的缩影，中国西部亚热带常绿阔叶林区域生物多样性的典型代表。苍山冷杉的模式标本采于苍山，保护区分布着全国最为典型的苍山冷杉林。

苍山是我国重要的第四纪古冰川遗迹地之一，保存有比较完整的冰川地貌的冰斗、冰蚀槽谷、刃脊、角峰等，山脉连脊屏列自北而南由19座山峰组成，海拔3074～4122米。苍山作为末次冰期冰川作用的典范地区，具有表征地球进化历史主要阶段的典型、独特的地质遗迹景观，是我国著名的冰川遗迹地，具有非常重要的科研和保护价值。由于高差较大及特殊的地理位置，植被和植物种类的变化极为明显，层次清晰，保存着许多从南亚热带过渡到高山冰漠带的各种植被类型，也为

洱海夕阳（张羽 摄）

血雉（管理处 供）

野生动物提供了良好的栖息地，孕育了丰富的生物多样性。

洱海是滇西高原最大的断陷湖泊，是中国第七大、云南第二大高原淡水湖，最高蓄水位海拔1966米时，湖面面积为25100公顷，总容量为27.94亿立方米。洱海流域地处澜沧江、金沙江和元江三大水系分水岭地带。它两头窄，中间宽，略弯曲，形如人的耳朵而得名，素以“高原明珠”著称。从空中往下看，洱海宛如一轮新月，静静地依卧在苍山和大理坝子之间。洱海湿地内野生动植物资源丰富，是滇西北水禽的重要繁殖地、越冬地和中途停歇地。《中国湿地保护行动计划》将洱海列为国家重要湿地。

洱海湿地（张羽 摄）

大理裂腹鱼（管理处 供）

保护区记录有维管束植物215科972属3119种。其中，苍山片有维管束植物208科954属3086种，洱海片有水生维管束植物23科38属52种。保护区分布有国家Ⅰ级重点保护植物2种，国家Ⅱ级重点保护植物7种；被列入CITES附录Ⅱ的保护植物有104种。区内共记录脊椎动物407种，隶属4纲36目89科，包括哺乳动物10目31科86种、鸟类18目42科263种、两栖爬行类4目9科28种、鱼类4目7科30种。保护区最为突出的是苍山的观赏植物和洱海的水生动物资源。苍山分布有杜鹃花科、兰科、龙胆科等多种观赏植物，特有的杜鹃花属植物就高达44种，被誉为“杜鹃花的故乡”。洱海的水生动物资源非常丰富，记录的30种鱼类中，土著鱼类就有17种，大理裂腹鱼、洱海鲤等8种为洱海特有鱼类。

保护区于1981年经云南省人民政府批准建立为省级自然保护区，1994年经国务院批准，升级为国家级自然保护区。保护区由环保部门管理，保护管理机构为苍山洱海国家级自然保护区管理处，为大理州环境保护局下属科级事业单位。

（撰稿：刘茜、刘新文、杨国威）

云龙天池国家级自然保护区

云龙天池国家级自然保护区位于大理白族自治州云龙县境内，介于东经99° 11′ 36″ ~ 99° 20′ 34″，北纬25° 49′ 48″ ~ 26° 14′ 16″，海拔2100 ~ 3639米。总面积14475.0公顷，其中核心区面积5316公顷，缓冲区面积5349公顷，实验区面积3810公顷。保护区由天池和龙马山2个不相连的片区组成，其中，天池片区面积6630公顷，距县城20千米；龙马山片区面积7845公顷，距县城60余千米，保护区周边有5个乡镇21个村委77个自然村，并与兰坪县毗邻。

保护区属于野生生物类别，野生动物类型的小型自然保护区。主要保护对象包括：现存分布最南缘的滇金丝猴种群及其栖息地；金钱豹、云豹、林麝、金雕、小熊猫、短尾猴、猕猴、棕熊、金雕、红腹角雉、红瘰疣螈等国家重点保护野生动物；红豆杉、南方红豆杉、喜马拉雅红豆杉、云南榧树、西康玉兰、长喙厚朴等国家重点保护野生植物及云龙箭竹、云龙报春等保护区特有植物；重要饮用水源地和越冬候鸟栖息地——天池高原湖泊湿地；云南境内保存最为

霜降天池（甘帆 摄）

滇金丝猴生境——云南铁杉林（管护局 供）

原始和完好的云南松种质资源。

天池保护区位于云岭，横断山纵谷区的核心区域，是怒江、澜沧江、金沙江“三江并流”世界自然遗产地核心区南端。生物区系绚丽多彩，植被分布呈现出明显的垂直带谱，孕育了丰富的珍稀濒危动植物种。

保护区植被共划分为9个植被型（含1个人工植被型）、13个植被亚型（含2个人工植被亚型）、20个群系（含3个人工群系）。

保护区共记录维管植物168科477属1118种，其中，蕨类20科36属77种；裸子植物5科12属23种；被子植物143科429属1018种；分布国家Ⅰ级重点保护植物有红豆杉、南方红豆杉、喜马拉雅红豆杉3种；国家Ⅱ级重点保护野生植物有松茸、油麦吊云杉、贡山三尖杉、

大果红杉（管护局 供）

长喙厚朴、西康玉兰、葶花、异颖草、云南榧树8种。此外，保护区分布有全省最集中、保存最完好的原始云南松林，也是云南松种质资源库。

保护区内记录到的脊椎动物共有275种。其中，哺乳动物

龙马山滇金丝猴（张志云 摄）

梦幻天池（张继麟 摄）

云南松林（管护局 供）

云南松林航拍（张本聪 摄）

龙马山（张志云 摄）

白尾海雕（杨志祥 摄）

秃鹫（王文松 摄）

60种，鸟类156种，两栖爬行动物33种，鱼类26种，分布有国家Ⅰ级重点保护野生动物滇金丝猴、金钱豹、云豹、林麝、金雕、黑颈长尾雉6种，Ⅱ级重点保护野生动物有狼、小熊猫、短尾猴、猕猴、黑熊、红腹角雉、白尾海雕、胡兀鹫、红瘰疣螈等22种。保护区内有天池高原湖泊湿地，天池为高原断陷湖泊，湖口海拔2551米，湖面面积约110公顷，总库容约1081万立方米，是云龙县城及周边地区最主要的饮用水源地，于2018年被认定为第四批省级重要湿地。

保护区于1983年经云南省人民政府批准建立，是云南省最早建立的省级自然保护区之一，2012年经国务院批准晋级为国家级自然保护区。2015年省机构编制委员会同意设立云南云龙天池国家级自然保护区管护局，为大理州林业局下属正处级事业单位，核定编制33名，设5个科室4个管护站。

（撰稿：刘茜、刘新文、董利斌、尹瑞何）

黑颈长尾雉（管护局 供）

天池鸬鹚（杨应芳 摄）

铜壁关省级自然保护区

铜壁关省级自然保护区位于德宏傣族景颇族自治州境内，介于北纬23°54′30″～25°20′24″，东经97°31′40″～98°06′36″，总面积51650.5公顷，其中，核心区面积21936.4公顷，缓冲区面积13140.7公顷，实验区面积15397.4公顷。保护区地跨盈江县、瑞丽市和陇川县，其中，盈江片面积31948.5公顷，陇川片面积7009公顷，瑞丽片面积11517公顷。

保护区属自然生态系统类别中森林生态系统类型的中型保护区。主要保护对象为以阿萨姆娑罗双、东京龙脑香等为标志的热带雨林，以及热带山地森林和珍稀濒危野生动植物资源。

保护区地处云南横断山地西侧向缅甸境内的伊洛瓦底江平原过渡的斜坡地带，地势东北高、西南低，最低点那邦坝海拔210米，最高点大雪山海拔3404.6米，相对高差3195米。

阿萨姆娑罗双林（杨勇辉 摄）

热带雨林（杨宇明 摄）

穿山甲（杨勇辉 摄）

熊猴（杨勇辉 摄）

保护区自然环境独特，地貌类型多样，野生动植物资源十分丰富，是滇西北横断山区南端生物多样性典型和关键地区。由于海拔悬殊巨大，跨越了从热带到温带的各种气候类型，加之区内高山峡谷和盆地相间，形成了众多的生境类型，因而发育了从热带到温带的各种植被类型，保护区植被划分为8个植被型，18个植被亚型，46个群系，60个群落（群丛），保存了我国北回归线以北面积最大的热带雨林，堪称云南动植物王国中璀璨的明珠，也是我国唯一处于伊洛瓦底江水系的热带区域。

中山湿性常绿阔叶林（杨勇辉 摄）

保护区记录有高等植物314科155属4886种，其中，苔藓植物65科240属667种，蕨类植物47科121属290种，裸子植物5科7属12种，被子植物197科1231属3917种。列入国家重点保护野生植物的有31种，其中，国家Ⅰ级重点保护野生植物有萼翅藤、云南蓝果树、红豆杉、篦齿苏铁、东京龙脑香5种，国家Ⅱ级重点保护野生植物有鹿角蕨、滇桐、水青树、贡山厚朴、桫椤、千果榄仁等25种。保护区内植物种类每平方千米达7.85种，在狭域范围内的物种的丰富程度和多样性指数都非常高，是我国植物多样性最丰富的保护区之一。

保护区记录有陆生和水生脊椎动物758种，隶属5纲36目（含2亚目）114科，其中，哺乳纲9目28科90属137种，鸟纲18目56科462种，爬行纲1目（含2亚目）11科39属69种，两栖纲3目9科20属46，鱼纲5目10科24属44。列入国家重点保护野生动物的有107种，其中，国家Ⅰ级保护的有白眉长臂猿、蜂猴、熊猴、豚尾猴、灰叶猴、云豹、林麝、黑鹳、黑颈长尾雉、圆鼻巨蜥、蟒蛇等19种，国家Ⅱ级保护的有黑熊、猕猴、水鹿、小熊猫、花冠皱盔犀鸟等88种。

保护区于1986年经省人民政府批准建立，1992年，铜壁关保护区在国家林业局与世界自然基金会（WWF）关于自然保护优先领域研讨会上被审定为我国40处A级优先保护区之一。

保护区管理机构为云南铜壁关自然保护区管护局，为德宏州林业局下属的副处级公益一类事业单位，下设3个管护分局。

（撰稿：曾昭朝、杨正华）

东京龙脑香（杨勇辉 摄）

千果榄仁（杨勇辉 摄）

热带季节雨林（杨勇辉 摄）

永平金光寺省级自然保护区

永平金光寺省级自然保护区位于大理州永平县西南部，介于东经99°27′~99°36′，北纬25°07′~25°14′。总面积9193.0公顷，其中核心区面积1940公顷，缓冲区面积2758公顷，实验区面积4495公顷。保护区距永平县城72千米，地处水泄乡、杉阳镇境内，与厂街乡相邻，西南面隔澜沧江与保山市隆阳区、昌宁县相望。

保护区属横断山系云岭山脉博南山的一部分，山高谷深，峰峦叠嶂，最高峰位于木莲花山主峰，海拔2913米，最低点位于小湾电站库区淹没线，海拔1240米，相对高差达1673米。

保护区森林覆盖率高，植被原生性强，主要保护对象分布区域保存完好，其中元江栲、多变石栎林具有从滇中到滇西、滇西北过渡的显著特点，且保护区内海拔相对高差较大，其植被和动植物物种的分布均具有明显的梯度变化特征。保护区植物种类极为丰富，是一个保存较好的植物种质资源基因库，同时也为野生动物栖息提供了理想的场所，成为各类野生动物的乐园。保护好这一区域自然环境和自然资源，对调节气候，维持本区的生态平衡，保障周边人

金光寺（管护局 供）

水青树（管护局 供）

民生产生活及生态安全具有重大意义，对澜沧江流域的生物多样性保护和下游地区的生态安全也有着举足轻重的作用。

保护区属森林生态系统类型的保护区，重点保护以元江栲林为代表的半湿润常绿阔叶林原始生态系统和以青榨槭、滇藏木兰、水青树林为代表的植物群落，以及国家重点保护野生动植物及其栖息环境。据统计，保护区共有季雨林、常绿阔叶林、落叶阔叶林、暖性针叶林、稀树灌丛5个植被型，分为13个群系，17个群丛。有各类植物1001种，其中属国家Ⅰ级重点保护野生植物有喜马拉雅红豆杉、长蕊木兰、伯乐树3种，国家Ⅱ级重点保

塔林（管护局 供）

护野生植物有水青树、千果榄仁、十齿花、香果树、毛红椿5种；分布有云豹、金钱豹、黑颈长尾雉、蟒等国家Ⅰ级重点保护野生动物7种，有黑熊、猕猴、红腹角雉、白腹锦鸡等国家Ⅱ级重点保护野生动物10种。

保护区原隶属永平县博南山林场金光寺营林区，于1988年经大理州人民政府州政批准建立永平金光寺州级自然保护区，1994年经云南省人民政府批准晋升为省级自然保护区，2015年省机构编制委员会同意设立永平金光寺省级自然保护区管护局，为大理州林业局下属副处级事业单位。

（撰稿：刘茜、刘新文、杨应龙）

保护区远景图（管护局 供）

长蕊木兰（管护局 供）

滇藏木兰（张绍辉 摄）

木莲花山（余昌元 摄）

万朵山茶——博南红（管护局 供）

洗身池（管护局 供）

巍山青华绿孔雀省级自然保护区

2000年正在觅食的绿孔雀群（奚志农 摄）

大理巍山青华绿孔雀省级自然保护区位于大理州巍山县青华乡境内，是全国唯一以绿孔雀为保护对象命名的保护区。介于东经100° 11′ 29″ ~ 100° 14′ 15″，北纬24° 58′ 43″ ~ 25° 00′ 43″，海拔1240 ~ 2010米。保护区总面积1000.0公顷，其中，核心区面积226公顷，缓冲区面积170公顷，实验区面积604公顷。保护区距巍山县城48千米，东与巍宝山乡接壤，南和南涧县乐秋、碧溪两乡毗邻，西同牛街乡相连、并与凤庆县隔江相望，北与五印乡相接。

野外布设红外相机（管护局 供）

保护区属亚热带河谷，树木、竹林繁茂，野生种子植物资源丰富，主要保护对象是国家Ⅰ级重点

木棉（刘兰香 摄）

保护野生动物绿孔雀及其栖息环境。绿孔雀羽色翠绿，体型颀长，即是“孔雀东南飞，五里一徘徊”美妙场景中的主角，于2009年被列入濒危动物名录，属国家Ⅰ级保护动物。2018年8月发表的《中国绿孔雀种群现状调查》中，研究人员在仅存绿孔雀分布的云南中部、南部及西部进行详尽调查后认为：目前中国现存野生绿孔雀种群数量仅500余只，濒临灭绝。保护区内还分布有国家Ⅱ级重点保护野生植物有毛红椿1种；记录有兽类18种，鸟类162种，其中，国家Ⅰ级重点保护野生动物3种，国家Ⅱ级重点保护野生动物20种。

保护区于1988年经大理州人民政府批准成立巍山青华绿孔雀州级自然保护区，1997年经

保护区景色（杨家伟 摄）

黑颈长尾雉（管护局 供）

白鹇（管护局 供）

白腹锦鸡（管护局 供）

嘴蓝鹊（管护局 供）

黄喉貂（管护局 供）

云南省人民政府批准，晋升为省级自然保护区。2009年，巍山青华绿孔雀省级自然保护区由环保部门转到林业部门管理，2015年12月经云南省机构编制委员会同意设立巍山青华绿孔雀省级自然保护区管护局，为州林业局下属副处级单位事业单位。

（撰稿：刘茜、刘新文、段锡焕）

赤麂（管护局 供）

林麝（管护局 供）

龙陵小黑山省级自然保护区

龙陵小黑山省级自然保护区地处滇西横断山脉高黎贡山南延部分，位于保山市龙陵县境内，介于东经98°38′~99°10′，北纬24°15′~24°51′，海拔600~3001.6米，总面积5805.0公顷，其中，核心区面积3010.4公顷，缓冲区面积1199.6公顷，实验区面积1595.0公顷。

保护区属自然生态系统类别中的森林生态系统类型的小型保护区。主要保护对象为中山湿性常绿阔叶林及以白眉长臂猿、绿孔雀、灰叶猴、长蕊木兰、喜马拉雅红豆杉、中华桫椤、疣粒野生稻为代表的珍稀濒危野生动植物资源。

保护区记录有8个植被型，31个群系，记录维管束植物2492种，其中，国家Ⅰ级重点野生保护植物有喜马拉雅红豆杉、长蕊木兰2种，国家Ⅱ级重点保护野生植物有中华桫椤、水青树、篦子三尖杉等13种，此外，还分布龙陵特有种15种和云南首次记载的新分布植物20种。

季风常绿阔叶林（管护局 供）

长蕊木兰（董洪进 摄）

长蕊木兰果（吴富勤 摄）

疣粒野生稻（管护局 供）

保护区内记录有哺乳动物131种、鸟类259种、两栖爬行动物78种和昆虫474种，其中，国家Ⅰ级重点保护野生动物有灰叶猴、蜂猴、白眉长臂猿、金钱豹、绿孔雀、黑鹳、黑颈长尾雉、蟒蛇、巨蜥等13种，国家Ⅱ级重点保护动物有中国穿山甲、黑熊、水鹿等50种。

保护区有着从热带到温带的各种完整的森林生态系统的垂直带谱，是我省西南部中山湿性常绿阔叶林森林生态系统的典型代表，填补了南亚热带季风常绿阔叶林地带在滇西的空白，是连接南北动物、植物区系的衔接地带。保护区优越的环境条件、特殊的地理位置

中山湿性常绿阔叶林（朱昌维 摄）

孕育了富有特色的森林群落类型和特殊物种基因库，特别是中山湿性常绿阔叶林中的香羊脆骨—木果石栎林和木果石栎—大头茶林，不仅丰富了云南的植被内容，而且在森林群落学研究上具有较大的科学价值。主要保护对象疣粒野生稻作为一种特殊物种资源，分布在怒江沿岸海

蜂猴（郁云江 摄）

灰叶猴（胡兴润 摄）

拔600米左右的区域内，野生稻中的有利基因对提高水稻产量、改善稻米品质、增强水稻对生物与非生物胁迫的抗性、保障粮食安全等具有重要的战略意义，具有极高的保护价值。

保护区于1995年经云南省人民政府批准建立，1996年成立了龙陵小黑山省级自然保护区管理所，下设5个管护站。2015年云南省机构编制委员会同意设立龙陵小黑山省级自然保护区管护局，为保山市林业局下属的副处级事业单位，核定编制23名。

（撰稿：吴富勤、刘勇、史延河、张有林）

灰鹤（郁云江 摄）

腾冲北海湿地省级自然保护区

北海湿地省级自然保护区位于腾冲市境内，介于东经98°30'55"～98°35'02"，北纬25°06'42"～25°08'49"，海拔1725～2756.1米，总面积1629.0公顷，其中，核心区面积384.5公顷，缓冲区面积236.4公顷，实验区面积1008.1公顷。

保护区属自然生态系统类别，内陆湿地和水域生态系统类型的小型自然保护区。主要保护对象为西部特殊的火山堰塞湖、沼泽湿地生态系统、汇水面上森林植被和生态系统。

保护区地处横断山块断带与喜马拉雅山褶皱带过渡区及新生代火山区，地处高黎贡山西麓，为大盈江水系源头。保护区已记录维管束植物159种，其中，国家Ⅰ级重点保护野生植物有莼菜，国家Ⅱ级重点保护野生植物有野菱、睡莲2种；已记录哺乳动物25种、鸟类125种、鱼类12种、两栖爬行动物40种，其中，国家Ⅰ级重点保护野生动物有黑鹳、黑颈长尾雉、金雕3种，国家Ⅱ级重点保护动物有灰鹤、白鹇、红瘰疣螈等15种。

退耕还湿（北海湿地管护局 供）

青海湖金银莲花群落（张蔚 摄）

保护区是西南地区目前发现的唯一由火山喷发形成的湿地，同时形成了堰塞湖和火口湖，成因极为特殊。湖

紫水鸡（张蔚 摄）

盆靠近湖岸一带发育有典型的半泥炭“浮毯型”沼泽草甸（俗称“草排”），厚20～50厘米，形成“浮毯型”沼泽草甸植被景观，其成因在国内外极为罕见、典型和独特。因此，保护区在自然属性上具有火山堰塞湖沼泽湿地和高原湖泊蔓延沼泽化的典型特征。在生物多样性上，也是我国西部湿地保护区唯一有国家Ⅰ级保护植物莼菜以及北海狭域分布特有种粗壮珍珠菜的天然分布地，有极其重要的生物多样性和科研价值、旅游观光价值和重要的生态功能。

野菱（张蔚 摄）

1995年，腾

“浮毯型”沼泽草甸（张绍辉 摄）

冲县政府成立了“腾冲县北海湿地保护委员会”，2000年成立了“北海湿地保护与开发管理领导小组”，同年成立了腾冲县“北海湿地自然保护区”。2005年经云南省人民政府批准建立北海湿地省级自然保护区，隶属环保部门。2007年划归林业部门管理，设立了北海湿地自然保护区管理所。2015年云南省机构编制委员会同意设立腾冲北海湿地省级自然保护区管护局，为保

绶草（张蔚 摄）

北海湿地特有种粗壮珍珠菜（方天翔 摄）

山市林业局下属的副处级事业单位，核定编制14名。

（撰稿：吴富勤、刘勇、史延河、谷萍）

剑川剑湖湿地省级自然保护区

剑川剑湖湿地省级自然保护区位于云南省西部大理州的剑川县境内，介于东经99° 55′ ~ 99° 59.5′，北纬26° 25′ ~ 26° 31.5′，总面积4630.3公顷，其中核心区面积2177公顷，缓冲

剑湖秋色（王开华 摄）

铜翅水雉（李泽辉 摄）

海菜花（李泽辉 摄）

区面积874公顷，实验区面积1579公顷，主要保护对象为湖滨沼泽地、珍稀鸟类、鱼类、植物、湖盆水体，属于湿地生态类型。

保护区由剑湖、玉华水库与二者周围面山流域汇水区及面山森林组成，南北长12.3千米，东西宽6.2千米。剑湖海拔2186米，形如“元宝状”，在达到海拔2188米水位时，湖面积623公顷。湖盆南北长3.4千米，东西最宽处3.3千米，平均水深2.7米，最大水深6米。剑湖是一个进入老年期的高原断陷湖泊，由于湖水不断退缩，湖滨形成大片沼泽，同时又位于我国西部候鸟迁徙的通道上，因此，剑湖既是候鸟迁徙过境的集结点和停歇地，又是迁徙候鸟的越冬栖息地。舒目望去，村落平畴，湖光山色，飞鸣振翅，像一颗璀璨的明珠，镶嵌在滇西高原上。

保护湿地物种极为丰富，生物多样性明显。目前已发现维管束植物456种，鸟类149种，鱼类22种，两栖动物13种，爬行类16种，昆虫117种。其中野菱为国家Ⅱ级保护植物；光唇裂腹鱼、云南裂腹鱼、后背鲈鲤和剑湖高原鳅4种为云南特有，剑湖高原鳅是20世纪80年代发现的新种，为剑湖特有。近年来，剑湖湿地生态环境逐渐改善，不断有珍稀濒危物种被发现，黑鹳、铜翅水雉、灰鹤、彩鹮、白琵鹭、钳嘴鹳等珍稀保护鸟类不断被发现；2018年紫水鸡数量达到了1288只，为全国最大的紫水鸡栖息地。

保护区内的高原湖泊湿地与周围面山森林环境的存在与演化，对于滇西高原生物多样性的保护、生态环境的稳定与社会经济的可持续发展都有着重要作用。

2001年经大理州人民政府批准，建立剑川剑湖州级湿地自然保护区，2006年经云南省人民政府批复，晋升为省级湿地自然保护区。2015年省机构编制委员会同意设立剑川剑湖省级自然保护区管护局，为大理州林业局下属副处级事业单位。

（撰稿：刘茜、刘新文、李志军）

灰鹤（王开华 摄）

黑鹳（张绪岗 摄）

白琵鹭（李志军 摄）

紫水鸡（李泽辉 摄）

钳嘴鹳（李泽辉 摄）

弥渡太极顶州级自然保护区

保护区景观（管护局 供）

太极顶风光（管护局 供）

弥渡太极顶州级自然保护区于1988年经大理州人民政府批准建立，位于弥渡县密祉乡政府驻地西5千米的太极山，介于东经100° 25′ 12″ ~ 100° 29′ 56″，北纬25° 07′ 43″ ~ 25° 11′ 50″，面积2670.0公顷。

保护区属自然生态系统类别中的森林生态系统类型的小型保护区。主要保护对象是半湿润常绿阔叶林森林生态系统、云南松林。

保护区最高点太极顶海拔3061.4米，为弥渡县第二高峰，是哀牢山系的起点，属青藏川“歹”字形构造系东支和滇西径向构造体系中段的复合部位。由于为剥蚀构造地貌，形成雄险秀奇的九溪八岭十三峰。

保护区记录有植物107科354属589种，国家重点保护野生植物有喜马拉雅红豆杉、香樟等，此外，杜鹃种类繁多，分布有亮毛杜鹃、无柄杜鹃、大白杜鹃、长叶凸尖杜鹃、糙叶杜鹃、翠叶杜鹃、马缨杜鹃、亮叶杜鹃等14种，有学者将太极顶称之为“杜鹃世界”。保护区记录有两栖类动物2目7科11属11种，爬行动物2目3科8属10种，鸟类7目22科50属64种，兽类7目25科60属76种。

弥渡太极顶1790年古树——桂花（管护局 供）

太极顶启于秦末汉初，建于唐，继于宋元，盛于明清，鼎盛在今。集“儒、释、道”三教同源，亦是中国古丝绸之路通往南亚的“开南古驿道”上的三教名山，虽无僧尼云集，但朝山礼佛者络绎不绝。

弥渡太极顶州级自然保护区目前没有专职管理机构，日常业务由弥渡县林业局负责。

（撰稿：张绍辉、刘新文、杨永高）

弥渡大黑山水源林州级自然保护区

弥渡大黑山水源林州级自然保护区于2001年经大理州人民政府批准建立，位于弥渡县寅街镇以南4.5千米，东临弥渡坝，跨红岩镇、新街镇、弥城镇、寅街镇、苴力镇，西连巍山，南至密祉乡与太极顶自然保护区相连接，北与大理市接壤，介于东经100° 19′ 35″ ~ 100° 28′ 15″，北纬25° 15′ 04″ ~ 25° 25′ 58″，面积9200.0公顷。

保护区属自然生态系统类别中的森林生态系统类型的小型保护区。主要保护对象是森林植被、野生动物、水源涵养林。

大黑山属云岭山系，处于点苍山余脉和哀牢山系之接合部。地势由北向南逐渐降低，最高海拔2700米，境内峰谷相间，属中山中切割阴坡、半阴坡地形，动植物资源丰富，主要植物种类有：云南松、滇油杉、滇石栎、刺栎、滇青冈、麻栎、旱冬瓜、油茶、野山茶、南烛、云南杜鹃、大白花杜鹃、马缨花杜鹃、亮叶杜鹃、糙叶杜鹃、亮毛杜鹃、碎米花杜鹃、无柄杜鹃、乌饭、车桑子等，另外与之伴生的有香薷、蕨类植物和苔藓植物。主要动物种类有：赤麂、中国穿山甲、白腹锦鸡、猫头鹰、野兔等。

保护区景观（林业局 供）

云南松林（胡昌平 摄）

弥渡大黑山水源林州级自然保护区目前没有专职管理机构，日常业务由弥渡县林业局负责。

（撰稿：张绍辉、刘新文、杨永高）

弥渡天生营州级自然保护区

栎树（自华军 摄）

彝族英雄李文学纪念碑（林业局 供）

弥渡天生营州级自然保护区2001年经大理州人民政府批准建立，位于弥渡县牛街乡以南9千米，介于东经99° 39′ 23″ ~ 100° 45′ 35″，北纬24° 47′ 00″ ~ 24° 55′ 43″，面积13000.0公顷。

保护区属自然生态系统类别中的森林生态系统类型的中型保护区。主要保护对象是森林植被及李文学起义遗址。

保护区分布的主要植被有半湿润常绿阔叶林、云南松林、云南油杉林、华山松林和人工植被（核桃林、茶叶林），生长着滇青冈、高山栎、麻栎、云南樟、云南松、华山松、旱冬瓜、杜鹃等植物，分布着半夏、草乌、厚朴、天麻等上百种中草药。

保护区地处哀牢山山脉上段。主峰海拔2784米，东西是茫茫林海，形成天然屏障，南北山势如削，仅有狭窄道路与附近村子瓦卢和磨刀箐相连，“一夫当关，万夫莫开”，实是兵家安营扎寨的天然良地，故称天生营。

天生营主峰顶端，耸立着李文学起义纪念碑，1965年1月20日，经云南省人民委员会公布为省级第一批重点文物保护单位。1856年5月10日，彝族农民李文学在天生营誓师起义，历经艰苦奋战，起义军控制了今属弥渡、南涧、南华等10个县的全部或部分地区，坚持斗争达20年之久，强烈地震撼了清王朝在云南哀牢山地区的统治地位，促进了哀牢山区生产力的发展，改善了劳苦大众的生活。

弥渡天生营州级自然保护区目前没有专职管理机构，日常业务由弥渡县林业局负责。

（撰稿：张绍辉、刘新文、杨永高）

祥云水目山州级自然保护区

祥云水目山州级自然保护区于1988年经大理州人民政府批准建立，位于祥云县城南10千米处，与弥渡接壤，介于东经100° 35′ 30″ ~ 100° 38′ 30″，北纬25° 20′ 45″ ~ 25° 23′ 47″，海拔2000 ~ 2627米，面积1500.0公顷。

保护区属于自然文化综合体类型的保护区。主要保护对象是名胜古迹、半湿润常绿阔叶林森林生态系统、云南松林。

水目山是中国较早的佛教圣地之一，其佛教历史及文化遗产有着不可替代的独特性。自唐代以来，千余年间，水目山经历代修建，寺宇庵阁，棋布峰间，转阁回廊，独具匠心，山间林木繁茂，古茶花树驰名中外，风景秀丽，古往今来文人墨客选胜登临，明代地理学家徐霞客也曾到此考察，有诗文颂扬此自然美景，是祥云县绝佳的旅游胜地。主要人文景观有古寺庙群、水目寺塔、墓塔林等。

保护区植被主要为云南松林、华山松林和半湿润常绿阔叶林，分布有元江栲、云南樟、滇青冈、滇石栎、滇润楠、长梗润楠、云南松、华山松、云南油杉、云南山茶花等乔木。

目前保护区没有专职管理机构，日常业务由祥云县林业局负责。

（撰稿：刘茜、刘新文、杨永高）

万朵茶花（林业局 供）

古塔林（林业局 供）

水目山（林业局 供）

漾濞雪山河州级自然保护区

漾濞雪山河州级自然保护区于1988年经大理州人民政府批准建立，位于大理苍山西坡漾濞彝族自治县上街镇境内，介于东经100° 02′ 35″ ~ 100° 05′ 22″，北纬25° 40′ 25″ ~ 25° 43′ 16″，海拔1900 ~ 4011米，面积1000.0公顷。

标识牌（林业局 供）

保护区属自然生态系统类别中的森林生态系统类型的小型保护区。主要保护对象是半湿润常绿阔叶林森林生态系统。

保护区地处雪山河上游，是县城主要水源地，植被发育良好，垂直带谱明显，植物种类丰富，分布有山杨树林、半湿润常绿阔叶林、云南松林、冷杉林、箭竹林、杜鹃矮林、高山草甸等植被。主要植物种类有：长柄山毛榉、元江栲、多穗石栎、滇青冈、云南樟、云南松、华山松、银木荷等。

漾濞雪山河州级自然保护区目前没有专职管理机构，日常业务由漾濞县林业局负责。

（撰稿：张绍辉、刘新文、杨永高）

保护区景色（林业局 供）

剑川石宝山州级自然保护区

半湿润常绿阔叶林（管理办公室 供）

剑川石宝山州级自然保护区于1988年经大理州人民政府批准建立，位于剑川县沙溪乡境内，面积2800.0公顷。

保护区主要保护对象是名胜古迹、半湿润常绿阔叶林森林生态系统。

保护区内古迹荟萃，林壑幽深，独具民族风情，是宗教文化体验与避暑的胜地。石宝山中唐宋时期的石钟山石窟，被誉为中国“西南的敦煌”，具有珍贵的历史文物价值和高超的雕刻艺术价值；始建于元朝的宝相寺，被誉为“云南悬空寺”，风光秀丽奇美，为石宝山之最；清康熙年间有“雾海云烟”之称的“海云居”，规整雅朴，静谧清幽，尽显木雕之乡剑川木匠的高超技艺。

保护区最高峰佛顶山海拔3038米，最低为沙登箐谨记栖山海拔2140米，分布着以云南松林和半湿润常绿阔叶林为主的植被，孕育了丰富的野生动植物资源。此外，还分布着独具特色的丹霞地貌——龟背石。

剑川县州级自然保护区管护局正在组建，目前日常业务由剑川州级自然保护区管理办公室负责。

（撰稿：刘茜、刘新文、杨永高）

石宝山（管理办公室 供）

鹤庆朝霞寺州级自然保护区

鹤庆朝霞寺州级自然保护区于1988年经大理州人民政府批准建立，位于鹤庆城西南，地跨鹤庆县金敦乡、云鹤镇，介于东经100° 6′ 55" ~ 100° 9′ 31″，北纬26° 31′ 55″ ~ 26° 33′ 48″，海拔2200 ~ 3033米，面积800.0公顷。

朝霞寺（李家明 摄）

保护区属自然遗迹类别的小型保护区。主要保护对象是地貌、古寺、天然地下水资源、龙潭周围名木古树及自然景观。保护区地下水为鹤庆县城区和保护区周边居民生产生活用水的主要水源地。

保护区以螺髻峰为中心，云峰寺、朝霞寺、松坡寺、黄龙潭伴其左右。朝霞山因半山有风洞，时有彩霞朝见而得名，朝霞寺就位于朝霞山的苍松翠柏中，朝霞寺，建于明成化十年（公元1474年），光绪二十年（公元1894年）重修。由于朝霞山与石宝山对峙，于是派生出摩迦陀开辟鹤庆、“石宝射朝霞”的故事。

保护区植被主要有云南松林、圆柏林、暖温性灌丛和人工植被，有百年以上的古柏群近百株、古刺桐2株。此外，分布中国穿山甲、赤麂、猫头鹰等野生动物。

黄龙潭位于朝霞山麓，面积21公顷，潭水清澈见底，是周边居民重要的饮用水和灌溉用水。

目前保护区没有专职管理机构，日常业务由鹤庆县林业局负责。

（撰稿：陈哲、刘新文、杨永高）

黄龙潭（郑兴 摄）

鹤庆草海州级湿地自然保护区

鹤庆草海湿地州级自然保护区2001年经大理州人民政府批准建立，是大理州生物多样性教育示范基地。保护区位于大理州鹤庆县北部，面积400.0公顷，含中海、南海、北海、东海等水域。

西草海（郑兴 摄）

保护区属自然生态系统类别中的内陆湿地与水域生态系统类型的小型保护区。主要保护对象为越冬候鸟及湿地生态系统。

鹤庆草海（管护局 供）

保护区湿地生态系统完整，湿地类型丰富多样，湿地野生植物资源丰富。已记录维管束植物44科125种，其中，裸子植物1科1种；被子植物43科124种。分布有国家Ⅱ级重点保护野生植物3种。

保护区是滇西候鸟迁徙重要的中转地和停留地，黑颈鹤、灰鹤、白天鹅、赤麻鸭和绿头鸭等大量越冬候鸟到保护区栖息越冬，已记录到鸟类190种，隶属于15目44科59属，其中，国家Ⅰ级重点保护鸟类1种，为黑颈鹤；国家Ⅱ级重点保护鸟类22种，包括小天鹅、黑翅鸢、普通鵟、乌雕、白尾鹞、白头鹞、褐耳鹰等。

白鹭（张羽 摄）

保护区是金沙江水系湿地生态系统的重要组成部分，水域最大水深2.6米，平均水深1.6米，水面海拔2193.2米，年入库水量达240万立方米，为Ⅲ类水质，局部区域达到Ⅱ类。

目前保护区由鹤庆县州级自然保护区管护局负责管理。

（撰稿：陈哲、刘新文、杨永高）

鹤庆龙华山州级自然保护区

森林景观（环保局 供）

鹤庆龙华山州级自然保护区2001年经大理州人民政府批准建立，位于鹤庆坝区东南隅，面积2500.0公顷，主要保护对象为十八寺遗迹及原始森林。

龙华山左倚鸡足山，右傍玉龙雪山，背枕奔腾的金沙江，面对雄伟的马耳山，烟柳如画的漾弓江蜿蜒于山脚下，历史上曾是滇西北著名的佛教圣山之一，有“云南第二佛都”之称。区内山奇水秀，有“胜境仙乡”美称，十八股清泉自龙华山缓缓流出，从唐代起至明清时期，在十八股清泉流出的地方，先后建立起了栖云寺、观音阁、万松庵、圆觉寺、南刹、北刹等气势恢宏的“龙华十八寺”，每座寺庵各饮一水，寺庵坐落处，地势较平，古木修竹掩映，鸟语花香，寺庙内种植的花木各具特色，景色各异，互不雷同，或以山茶出名，或以杜鹃见长，或以桂花飘香。“龙华十八寺”是佛教徒烧香拜佛的圣地，也是人们休闲旅游的好去处。

古寺（环保局 供）

目前保护区由鹤庆县州级自然保护区管护局负责管理。

（撰稿：陈哲、刘新文、杨永高）

洱源罗坪鸟吊山州级自然保护区

洱源罗坪鸟吊山州级自然保护区于1988年经大理州人民政府批准建立，位于洱源县凤羽乡境内，海拔3000～3500米，面积715.0公顷，主要保护对象是候鸟迁徙通道及自然景观。

帽斗栎灌丛（胡昌平 摄）

保护区受印度洋季风影响，属北亚热带季风气候，具有干湿分明的特点，夏秋季节多形成雨雾弥漫的气候，由于海拔的差异，形成冷、凉、暖等多种小气候区。保护区主要植被有半湿润常绿阔叶林、云南松林、华山松林、寒温性灌丛、箭竹林、亚高山草甸等。

鸟吊山风光（茶枝义 摄）

保护区地处横断山系云岭余脉点苍山以北，是云南省鸟类迁徙路线西线的必经之地，每年农历七八月，从我国北方迁往西双版纳及中南半岛一带越冬的候鸟，云集鸟吊山，盘旋于凤翔、灵鹫诸峰，多至数万只，五彩缤纷鸟儿，灿如朝霞，形成“百鸟朝凤”的自然奇观。此季节是保护区多雨多雾的时节，罗坪山西麓较温暖的黑惠江峡谷上升的气流，形成雾团和西风，东漫罗坪山顶，扫向凤羽坝子上空，漆黑的大雾夜，很易造成飞鸟迷航，而逆风飞行，利于候鸟飞越高山，周边群众就利用这种气候条件，在山顶东坡焚烧篝火，火光在雾气中会反射出巨大的红色晕团，迷航的鸟群由于趋光的本能，偏离向南的飞行线路，沿罗坪山喇叭状山谷口逆风飞向山顶的火光，鸣叫着盘旋于火光上空，有的跌撞于山岩草丛，有的扑进熊熊火堆，成百上千，形成百鸟赴汤蹈火“祭奠鸟王凤凰”的鸟会奇观。

目前保护区没有专职管理机构，日常业务由洱源县林业局负责。

（撰稿：陈哲、刘新文、杨永高）

洱源茈碧湖州级自然保护区

湿地景观（郑兴 摄）

茈碧湖远景（郑兴 摄）

洱源茈碧湖州级自然保护区于1988年经大理州人民政府批准建立，位于洱源县城东北3千米的罴谷山，介于东经99° 51′ ~ 99° 58′，北纬26° 06′ ~ 26° 14′，总面积800.0公顷。

保护区属自然生态系统类别中的内陆湿地和水域生态系统类型的小型保护区。主要保护对象为高原湖泊湿地生态系统及湖周森林景观资源。

保护区共记录有维管束植物70种，隶属35科59属，其中，蕨类植物2科2属2种，被子植物33科57属68种（双子叶植物20科33属37种，单子叶植物13科24属31种）。湿地中优势种和常见种包括狐尾藻、双穗雀稗、喜旱莲子草、眼子菜等。主要植物群系类型有双穗雀稗群系、喜旱莲子草群系、狐尾藻群系3种。

保护区记录有爬行类16种，两栖类14种，鱼类26种，鸟类76种。鱼类中，土著种仅有9种：大眼鲤、洱海大头鲤、大理云南鲤、鲫、灰裂腹鱼、大理裂腹鱼、泥鳅、斑鳢和黄鳝。鸟类分属14目30科，其中，水域鸟类9目11科39种，非水域鸟类5目19科37种，国家Ⅱ级重点保护野生动物6种；国家保护的有益或者有重要经济、科学研究价值的“三有鸟类”69种。

晨湖（郑兴 摄）

保护区是茈碧莲在国内的唯一原生分布地，这一原生种群的长期有效保存对于生物多样性保护具有重要意义。

目前，保护区由洱源县湿地保护管理局管理。

（撰稿：陈哲、刘新文、杨永高）

洱源西罗坪州级自然保护区

洱源西罗坪州级自然保护区于2001年经大理州人民政府批准建立，位于洱源县西北部乔后、西山两乡，介于东经99°33′18″～99°47′10″，北纬25°48′51″～26°13′42″，1720～3500米，面积9928.0公顷，分为小罗坪、凹道山、西罗坪山和彭麦地4个片区，

保护区风光（林业局 供）

保护区属自然生态系统类别中的森林生态系统类型的小型保护区。主要保护对象为森林植被及野生动物，包括：国家Ⅰ级重点保护野生动物黑麝，国家Ⅱ级重点保护野生动物小熊猫、黑熊、豆雁、灰雁等；国家级Ⅰ级重点保护野生植物喜马拉雅红豆杉，国家级Ⅱ级重点保护野生植物云南榧树、油麦吊云杉和贡山三尖杉等。

黄背栎杜鹃林（赵玉堂 摄）

保护区山系属云岭山脉的南延部分，属滇西纵谷区，地势呈南北走向。在气候带上，属中温带，低纬度高原季风气候类型（南亚季风气候类型），具有典型的山原气候特点。保护区植被类型多样，划分为11个植被型，15个植被亚型，17个群系，包括：半湿润常绿阔叶林、山顶苔藓矮林、寒温山地硬叶常绿栎林、暖性落叶阔叶林、暖温性针叶林、温凉性针叶林、寒温性竹林、暖热性稀树灌木草丛、寒温性灌丛、暖温性灌丛、亚高山草甸等。白穗石栎林、露珠杜鹃林、多变石栎林、帽斗栎林和短柱杜鹃灌丛保存较为原始，物种较丰富。

目前保护区没有专职管理机构，日常业务由洱源县林业局负责。

（撰稿：陈哲、刘新文、杨永高）

洱源黑虎山州级自然保护区

保护区森林景观（洱源县环保局 供）

北邑村龙潭片区（普建明 摄）

灰背隼（普建明 摄）

洱源黑虎山州级自然保护区2001年经大理州人民政府批准建立，保护区位于洱源县炼铁乡境内，介于东经99°45'13″～99°54'15″，北纬25°53'28″～26°3'47″，海拔1722～3612米，面积为6995.0公顷，分为石明月、黑虎山、北邑村龙潭3个片区。

保护区属自然生态系统类别中的森林生态系统类型的小型保护区。主要保护对象包括：半湿润常绿阔叶林、寒温山地硬叶常绿栎林、寒温性杜鹃灌丛等森林植被；黑鹿、穿山甲、猴面鹰等野生动物；候鸟迁徙通道；黑惠江水系和鱼类资源。

保护区地处横断山云岭余脉，受印度洋季风影响，属北亚热带季风气候，具有干湿分明的特点，夏秋季节多形成雨雾弥漫的气候。保护区主要植被有半湿润常绿阔叶林、云南松林、暖温性灌丛、杜鹃灌丛、箭竹林等。森林覆盖率为89.3%，天然林比例占89.5%，其中，云南松林占59.9%，半湿润常绿阔叶林、寒温山地硬叶常绿栎林占18.8%，暖温性灌丛、杜鹃灌丛占7.1%。

目前保护区没有专职管理机构，日常业务由洱源县环保局负责。

（撰稿：陈哲、刘新文、杨永高）

洱源海西海州级自然保护区

洱源海西海州级自然保护区于2004年经大理州人民政府批准建立；2008年经大理州人民政府批准对保护区进行了调整。保护区位于洱源县城东北部牛街乡的龙门坝，范围为海西海水域、滩地和湖周山体，以湖周汇水山脊为界，东至龙门哨，西至洋芋山，南至大华坪，北至四十里棚，总面积1000.0公顷。

保护区属自然生态系统类别中的内陆湿地和水域生态系统类型的小型保护区。主要保护对象为湿地生态系统、珍稀动植物资源和湖周森林生态系统。

保护区地处青藏—滇缅—印尼巨型“歹”字形构造体系东支中段偏北的东侧—南北构造带上，岩层褶皱剧烈，断层纵横交错，互相切割，地质构造较为复杂。

保护区地处澜沧江流域弥苴河水系弥茨河上游，海西海南北长3.6千米，东西最大宽1.5千米，由断陷溶蚀洼地形成的天然淡水湖泊筑坝而成，集水面积224公顷，枯水期湖面172公顷，湖岸线长约10千米，平均水深10米，最大水深16米，平均水温13℃，海西海由岩溶水和径流区雨水补给，湖水经由弥茨河至弥苴河注入洱海，是洱海的重要水源地。

湿地景观（郑兴 摄）

保护区风光（郑兴 摄）

保护区已记录维管束植物128种，其中，蕨类植物6科8种，裸子植物2科2种，被子植物50科118种。已记录到野生脊椎动物25目47科91种。其中，鸟类11目23科44种，兽类5目7科10种，两栖类1目4科9种，爬行类2目2科6种，鱼类6目11科21种。分布的国家Ⅱ级重点保护野生植物有野菱，国家Ⅱ级重点保护野生动物有普通鵟和燕隼。

目前保护区没有专职管理机构，日常业务由洱源县环保局负责。

（撰稿：陈哲、刘新文、杨永高）

大理凤阳鹭鸶栖息榕树州级自然保护区

大理凤阳鹭鸶栖息榕树州级自然保护区于1988年经大理州人民政府批准建立，位于大理市喜洲镇，面积67.0公顷，属野生生物类别，野生动物类型的小型保护区。主要保护对象是白鹭及其栖息的古榕树。

入春以来，成群的白鹭、池鹭、牛背鹭、夜鹭，先后迁飞到大理洱海之滨喜洲镇凤阳村本主庙前和喜洲二完小内高山榕上栖息，形成千鸟汇集于一树的自然奇景。五月群集营巢育雏，10月下旬飞离。由于当地爱鸟风尚，虽然白鹭整日喧嚣不停，可它们从未被打扰。当清晨来临，白鹭与人们一起醒来，共享地球之美，这唯美的人鸟和谐共处的图景曾成为中央电视台环保公益广告素材。

目前保护区没有专职管理机构，日常业务由大理市林业局负责。

（撰稿：刘茜、刘新文、杨永高）

鹭鸶栖息保护点（林业局 供）

大理蝴蝶泉州级自然保护区

大理蝴蝶泉州级自然保护区于1988年经大理州人民政府批准建立，位于大理市喜洲镇，周城北1千米处，滇藏公路西侧，苍山第一峰云弄峰下，面积500.0公顷，属野生生物类别，野生动物类型的小型保护区。保护对象为蝶蛾及其生境。

蝴蝶泉（住建局 供）

保护区中的蝴蝶泉是大理著名的游览地之一，泉水清澈如镜，四周古树蓊郁，泉池上方"蝴蝶泉"三字由作家郭沫若题写。曾经每年农历四月十五蝴蝶会时，成千上万的蝴蝶从四面八方飞来，在泉边漫天飞舞，无数蝴蝶还钩足连须，首尾相衔，一串串地从大合欢树上垂挂至水面，五彩斑斓，蔚为奇观，我国著名地理学家徐霞客在其游记中就曾写道："泉上大树当四月初即发花如蛱蝶，须翅栩然与蝶无异，又有真蝶千万，连须钩足……缤纷络绎，五色焕然"，这一奇观也随电影《五朵金花》的传播蜚声遐迩。由于泉池周围自然环境受到破坏，蝴蝶数量骤减，奇观久已不见。

目前保护区没有专职管理机构，由大理市住建局负责。

（撰稿：刘茜、刘新文、杨永高）

蝴蝶（住建局 供）

巍山巍宝山州级自然保护区

全国重点文物保护单位巍宝山长春洞（范健华 摄）

巍山巍宝山州级自然保护区于1988年经大理州人民政府批准建立，位于巍山县城东南约10千米，面积2000.0公顷。主要保护对象是名胜古迹、半湿润常绿阔叶林森林生态系统、云南松林。

地处云岭山脉哀牢山、无量山两大支系的北部地段，红河与澜沧江的分水岭。巍宝山主峰海拔2509米，巍宝山位于北亚热带的南部边缘，属高原山地季风气候，年平均气温15.7℃，冬无严寒，夏无酷暑，四季如春。森林公园季风气候明显，干湿季分明，雨热同季，干凉同季。

保护区植被类型丰富，主要植被有半湿润常绿阔叶林、中山湿性常绿阔叶林、桤木林、落叶栎林、云南松林、暖温性稀树灌木草丛。分布有国家Ⅱ级重点保护野生植物1种，即金荞麦；国家Ⅰ级重点保护野生动物林麝、云豹2种；国家Ⅱ级重点保护野生动物17种，即中国穿山甲、猕猴、针尾绿鸠、楔尾绿鸠、白腹锦鸡、血雉、红隼、普通鵟、松雀鹰、鸢、雀鹰、燕隼、领鸺鹠、斑头鸺鹠、灰头鹦鹉、红瘰疣螈和虎纹蛙。

巍宝山为南诏发祥之地，是全国道教圣地之一。庙宇、寺观、古塔、碑刻分布众多，存留有唐宋以来的古建筑20多处。这些建筑群依山而建，规模宏伟，错落有致，与参天古树互相辉映，巍峨壮观。建筑艺术精湛，飞檐斗拱，画栋雕龙，并有许多具有民族特色和宗教色彩的彩绘壁画和浮雕，是一批珍贵的历史文物。公园内有国家级文物保护单位1个，省级文物保护单位10个，县级文物保护单位3个。

目前保护区没有专职管理机构，日常业务由巍山县林业局负责。

（撰稿：张绍辉、刘新文、杨永高）

巍山隆庆鸟道雄关州级自然保护区

巍山隆庆鸟道雄关州级自然保护区于2001年经大理州人民政府批准建立，位于巍山县城东北，面积292.0公顷。属野生生物类别，野生动物类型的小型保护区，主要保护对象是候鸟迁徙通道及自然景观。

巍山隆庆鸟道雄关州级自然保护区位于古老的横断山脉南部，哀牢山北段，呈南北走向的高山峻岭。鸟道雄关森林茂密，动物资源丰富，周边植被以华山松为主的针叶林，树龄在30年以上，树高在20米以上，林下灌木有南烛、箭竹、野山茶、厚皮香等，草本植物有毛蕨菜等，间有旱冬瓜等阔叶树。隆庆关是古代“西南丝绸古道”人马驿道的重要通口，该地立有一块明万历年间镌刻的石碑——“鸟道雄关”。鸟类专家们认为，这是世界上到目前为止发现的唯一最早、最古老关于“鸟道”的记载。每年仲秋时节，成千上万的候鸟便云集于此，在垭口上盘旋打转，发出各种叫声，形成候鸟聚会的壮观景象。

1997年9月26日～10月8日在鸟道雄关成功举办了“鸟类环志国际研讨会”，来自日本、印度尼西亚、越南、泰国等国内外鸟类专家学者40多人参加会议并目睹了“鸟道雄关”盛况，会议期间环志候鸟81种2410只，并建立了云南第一个鸟类环志站——云南鸟类环志中心巍山站。2005年巍山县鸟类环志站被国家林业局确定为全国第一批国家级陆生野生动物疫源疫病监测站点。自1997年鸟类环志工作开展以来，巍山站至2018年累计环志鸟类220种45804只，其种类约占云南鸟类种类（903种）的24.36%。对鸟类的生态学规律、环境保护提供重要的信息数据。

目前保护区没有专职管理机构，日常业务由巍山县林业局负责。

（撰稿：张绍辉、刘新文、杨永高）

华山松林（范妮娜 摄）

鸟类环志现场（巍山县林业局 供）

南涧凤凰山候鸟州级自然保护区

南涧凤凰山候鸟州级自然保护区于1988年经大理州人民政府批准建立，位于南涧县碧溪、公郎、拥翠三乡交界处，距南涧县城40千米，面积2500.0公顷。属于自然生态系统类别中的森林生态类型小型保护区，主要保护对象是候鸟迁徙通道及自然景观。

凤凰山保护区海拔2380米，区内野生动植物资源丰富，凤凰山自古以来就是鸟类迁徙的重要通道，每年秋冬之际万鸟飞来此山云集，当鸟类夜间集群飞越凤凰山时，由于浓雾和风向的原因而降低飞行高度，遇到灯光或火光时鸟类会循光而至，形成了凤凰山“百鸟朝凤”的奇观。南涧凤凰山鸟类环志站1999年正式开始鸟类环志工作，至今已环志放飞鸟类53317只，其中只有2只环志过的环志鸟分别在国外的印度和云南新平被回收，回收到其他环志站放飞的环志鸟1只。2005年南涧县鸟类环志站被国家林业局确定为全国第一批国家级陆生野生动物疫源疫病监测站点实验单位。

保护区现由南涧无量山国家级自然保护区管护局管理。

（撰稿：张绍辉、刘新文、杨永高）

灰头鹦鹉
（管护局 供）

候鸟重归大自然
（管护局 供）

南涧土林州级自然保护区

南涧土林州级自然保护区于1988年经大理州人民政府批准建立，位于南涧县南涧镇，面积500.0公顷。属自然遗迹类别中的地质遗迹类型的小型保护区，主要保护对象为特殊地质地貌景观。

南涧土林共有西山脚、总府庄、营地等景点，面积最大、最为壮观的要数县城东南部总府庄背后的土林区。粗看土林，一个个土峰似树、似塔、似笋、似幔，也像待发的航天火箭；细看土林，高低错落，纵横相连。走进这大自然雕塑的艺术魔宫，沿着崎岖的小路在土林中漫游。一会儿钻进了深不可测的洞穴，一会儿走进幽暗狭窄的谷底，一会儿又登上巍峨险峻的高峰。穿越其间，仰头可观赏到“少女梳妆”“嫦娥奔月”“八仙过海”“仙女下凡”“战马腾空”“双狮望月”“雄鹰展翅”等奇异的造型，如同闯进了神奇莫测的仙境。

南涧土林是研究地质、水文及水土流失原因的重要活标本，具有独特的地貌景观，是当地地质结构的研究基地。

目前保护区没有专职管理机构，日常业务由南涧县住建局负责管理。

（撰稿：张绍辉、刘新文、杨永高）

土林风光（张羽 摄）

土林远景（张羽 摄）

南涧大龙潭州级自然保护区

南涧大龙潭州级自然保护区于2001年经大理州人民政府批准建立，位于南涧彝族自治县宝华乡大龙潭，离县城45千米，面积1073.0公顷，其中，林业用地面积946公顷，水域面积24公顷，其他103公顷。

保护区属自然生态系统类别，内陆湿地和水域生态系统类型的小型保护区。主要保护对象为高原人工湖及湖周围森林资源，水源涵养林。

保护区主要植被为常绿阔叶林，树种有高山栲、滇青岗、旱冬瓜、华山松、云南松等，灌木以厚皮香、杜鹃、南烛等为主，林下分布有松茸等经济价值较高的菌类。

保护区处于我国西部热带海陆季风区域，气候随海陆季风的进退有明显的季节性变化，从而形成干湿季节分明，四季气候不明显，雨热同季的低纬山地季风气候。大龙潭水库海拔2480米，总库容量262万立方米，为南涧县城、南涧镇、得胜乡、宝华镇3万多居民提供水源保障。

目前保护区没有专职管理机构，日常业务由南涧县林业局负责。

（撰稿：张绍辉、刘新文、杨永高）

南涧大龙潭
（张羽 摄）

水源涵养林
（张羽 摄）

永平博南山州级自然保护区

永平博南山州级自然保护区于2001年经大理州人民政府批准建立，总面积为4500.0公顷。保护区位于永平县西南的原杉阳镇、曲硐镇和永和乡境内，边界范围为东至宋家屋基至大风口梁子，南至大风口梁子至麦地寨子头，西至麦地寨子头至普棚村大河，北至普棚村大河过插旗堆子至宋家屋基。

保护区属自然生态系统类别中的森林生态系统类型的保护区。主要保护对象为：云南樟、木莲花、水青树、云南山茶、野山茶、茶花等野生植物及亚热带常绿阔叶林；黑熊、赤麂、白腹锦鸡、白鹇、红腹角雉等野生动物；博南古道等文物古迹。

目前保护区由永平县州级自然保护区管护局管理，核定编制12名，其中局长1名、副局长1名、专业技术人员9名、工勤1名，与博南山国有林场合署办公。

（撰稿：陈哲、刘新文、杨永高）

云南山茶（管护局 供）

古元梅（管护局 供）

常绿阔叶林（管护局 供）

昌宁澜沧江县级自然保护区

小熊猫（张国华 摄）

昌宁澜沧江县级自然保护区于1997年经昌宁县人民政府批准建立，位于保山市昌宁县北部，地理坐标为东经99°30′～99°55′，北纬24°52′～25°09′，海拔1240～2875.9米，总面积13560.0公顷，其中，核心区面积4746.0公顷，缓冲区面积4339.2公顷，实验区面积4474.8公顷，分为江西天堂山、江东老君山两个片区。

保护区属自然生态系统类别中的森林生态系统类型的中型保护区。地处澜沧江中段，为横断山脉向南延伸部分，主要保护对象为截头石栎林、硬斗石栎林为代表的常绿阔叶林及其所庇护的野生动植物。

保护区记录有维管束植物1920种，其中，国家Ⅰ级重点保护植物有喜马拉雅红豆杉、长蕊木兰2种，国家Ⅱ级重点保护植物有秃杉、水青树等11种。哺乳动物33种，鸟类114种，两栖爬行类动物33种，其中，国家Ⅰ级重点保护野生动物有云豹、林麝、黑颈长尾雉、蟒蛇4种，国家Ⅱ级重点保护野生动物有豺、猕猴、黑熊、水獭、水鹿、白鹇等15种。

保护区森林资覆盖率达96.3%，有7个天然植被类型，具有较好的生态服务功能，对区域生物多样性的保护及周边社区的经济发展、社会稳定和谐具有较大的促进作用。

1997年设立保护区管理所，2017年成立昌宁澜沧江县级自然保护区管护局，为昌宁县林业局下属的正科级事业单位，核定编制26名。

（撰稿：吴富勤、刘勇、史延河、杨志军）

高山湿地（吴再忠 摄）

腾冲地热火山县级自然保护区

腾冲地热火山县级自然保护区地处云贵高原横断山南缘，位于保山市腾冲市境内，总面积1453.1公顷，其中，核心区面积804.15公顷，实验区面积648.91公顷。划分为马站火山和老滚锅地热两个片区，其中，“马站火山片区”介于东经98°29′34″～98°32′10″，北纬25°12′40″～25°17′7″，面积1445.54公顷；“老滚锅地热片区”介于东经98°26′14″～98°26′22″，北纬24°57′16″～24°57′23″，面积7.52公顷。

保护区属自然遗迹类别中的地质遗迹类型的小型保护区。主要保护对象为地热、火山地质遗迹景观。

老滚锅片区（腾冲市环保局 供）

保护区内分布有黑空山、大空山、小空山、焦山、城子楼、大团山、小团山7座火山，以及老滚锅地热资源。记录有维管束植物458种，哺乳动物13种，鸟类55种，两栖爬行动物19种，其中，国家Ⅱ级重点保护动物有凤头鹰、雀鹰等5种。

保护区内火山地质、地貌景观保存完整，火山锥、火山口、熔岩台地等火山地貌十分醒目，构成壮丽的火山地质景观。地热资源由地热带、地热田、多种地热显示类型，其地热显示类型多，面积大，温度范围大，集中分布，国内外罕见。

火山片区全貌（腾冲市环保局 供）

腾冲地热火山县级自然保护区于2000年经腾冲县人民政府批准建立，保护区一直由腾冲火山地质国家公园、腾冲地热火山风景名胜区管理人员进行协助保护管理。2017年成立腾冲地热火山自然保护区管理所，为腾冲市环境保护局下属事业单位，核定编制4名。

（撰稿：吴富勤、杨伟、李本璇）

梁河勐科河流域县级自然保护区

梁河勐科河流域县级自然保护区于2007年经梁河县人民政府批准建立，位于德宏州梁河县县城东南的勐科河流域，介于大厂乡和九保乡之间，东至大厂乡大生基、上寨、鸡头坡后山山脊一线，南至大厂乡磨盘石横梁子、大鹅脑、芒东镇水箐茶厂后山脑子一线，西至九保乡那峦后山、长岭岗、七国脑脑子一线，北至囊滚河上游浑水沟交界处，总面积3070.0公顷。

保护区为保障梁河县城市政供水需求和水质安全而设立，是县城集中式饮用水源地，供水规模为4000立方米/日，供水人口约为3万人，主要植被类型为季风常绿阔叶林和思茅松林。

保护区管理机构为梁河县勐科河流域水源林自然保护区管理所，为梁河县环境保护局内设机构。

（撰稿：曾昭朝、张友兵）

保护区植被（环保局 供）

勐科河（环保局 供）

滇西南

包括临沧市、普洱市和西双版纳州全境，位于云南省西南部和南部，地理坐标北纬21°08′～25°02′、东经98°40′～102°19′。该区南部、东南部与越南、老挝和缅甸三国接壤，东与红河州、玉溪市，北与大理州和楚雄州相连，西与保山市毗邻。该区国土总面积8995400公顷，为横断山系怒山山脉的南延部分，海拔悬殊较大，高、中、低山山原地貌和盆地宽谷相间分布，海拔317～3429米，山地垂直带较为发达。该区属亚热带低纬度山地季风气候，四季温差不大，干湿季分明，雨量充沛、热量充足，气温、水分条件优越。

滇西南是中国大陆最典型的热带生物地理区域，在我国植物区系中有特殊的地位；本区是我国最为典型和最主要的热带雨林分布区，孕育了北回归线附近最大的一片热带雨林，并保存有我国面积最大、最完整的以季风常绿阔叶林为标志的南亚热带森林；区内无量山、哀牢山、永德大雪山保存完整的中山湿性常绿阔叶林是云南山地垂直带上重要的具有区域性特征的植被类型，具有明显的典型性和极高的保护价值。同时，本区动植物种类丰富，是全国生物多样性最丰富的地区之一，分布有亚洲象、西黑冠长臂猿、藤枣等具有全球保护价值的珍稀濒危野生动植物。

目前，滇西南共建立了28个自然保护区，面积达735911公顷，占国土面积的8.18%。包括国家级自然保护区6个，面积381566公顷；省级自然保护区7个，面积166486公顷；州市级和县级自然保护区15个，面积187859公顷。

（撰稿：陶晶）

亚洲象（西双版纳国家级自然保护区管护局 供）

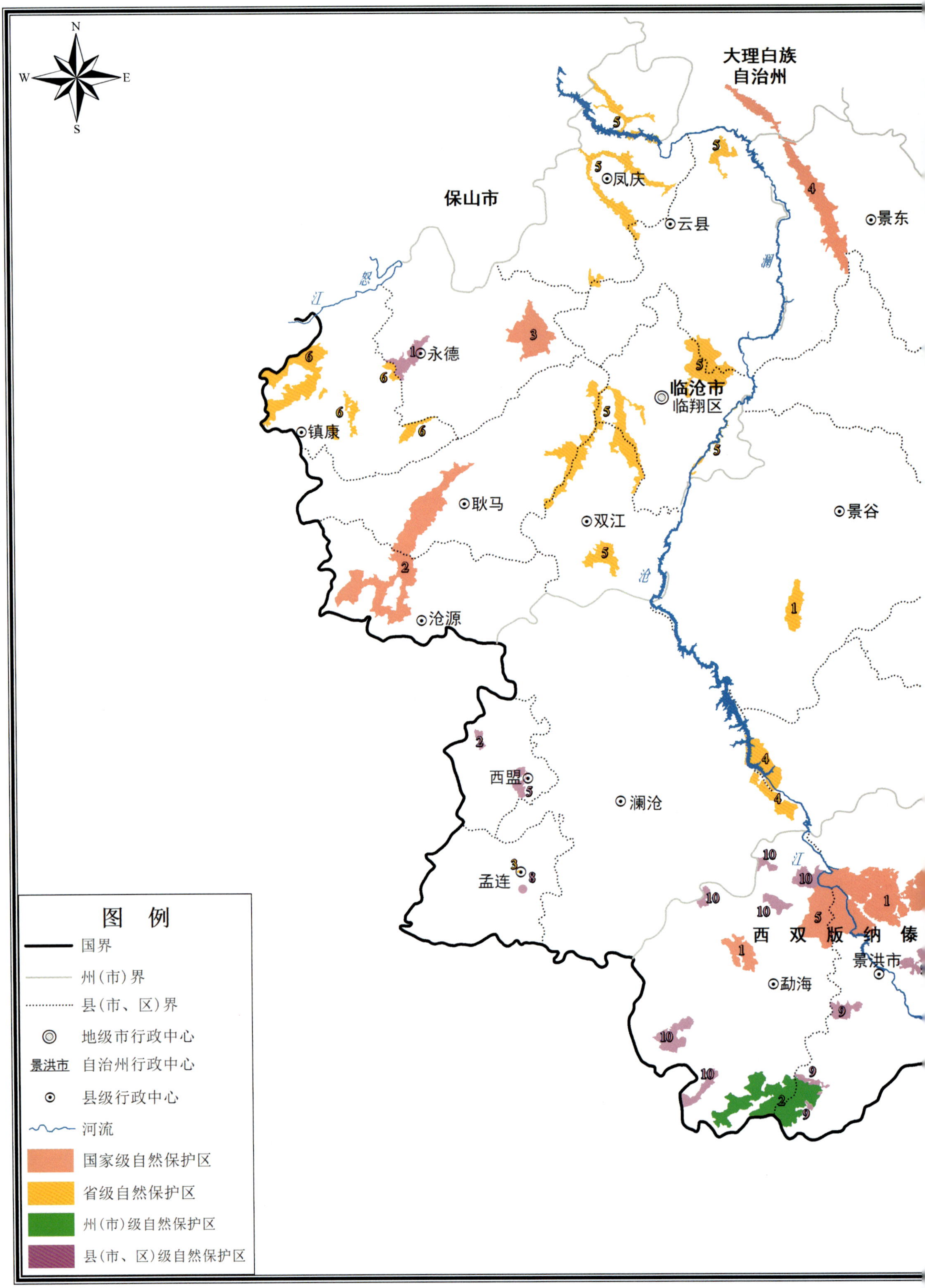

N
S
W
E
大理白族自治州
保山市
凤庆
云县
景东
永德
临沧市
临翔区
镇康
耿马
双江
景谷
沧源
西盟
澜沧
孟连
西双版纳傣
景洪市
勐海
怒
江
澜
沧
江
图　例
国界
州(市)界
县(市、区)界
地级市行政中心
景洪市
自治州行政中心
县级行政中心
河流
国家级自然保护区
省级自然保护区
州(市)级自然保护区
县(市、区)级自然保护区

滇西南自然保护区分布示意图

区域	序号	名称
滇西南	1	西双版纳国家级自然保护区
滇西南	2	南滚河国家级自然保护区
滇西南	3	永德大雪山国家级自然保护区
滇西南	4	无量山国家级自然保护区
滇西南	5	西双版纳纳板河流域国家级自然保护区
滇西南	1	威远江省级自然保护区
滇西南	2	太阳河省级自然保护区
滇西南	3	竜山省级自然保护区
滇西南	4	糯扎渡省级自然保护区
滇西南	5	临沧澜沧江省级自然保护区
滇西南	6	镇康南捧河省级自然保护区
滇西南	7	墨江西歧桫椤省级自然保护区
滇西南	1	西双版纳澜沧江－湄公河流域鼋、双孔鱼州级自然保护区
滇西南	2	西双版纳布龙州级自然保护区
滇西南	3	西双版纳罗梭江鱼类州级自然保护区
滇西南	4	西双版纳易武州级自然保护区
滇西南	1	棠梨山县级自然保护区
滇西南	2	佛殿山县级自然保护区
滇西南	3	牛倮河县级自然保护区
滇西南	4	宁洱松山县级自然保护区
滇西南	5	勐梭龙潭县级自然保护区
滇西南	6	墨江常林河（坝卡河）县级自然保护区
滇西南	7	镇沅湾河县级自然保护区
滇西南	8	孟连南垒河水生生物县级自然保护区
滇西南	9	景洪县级自然保护区
滇西南	10	勐海县级自然保护区
滇西南	11	勐腊县澜沧江绿三角县级自然保护区

审图号：云S(2019)010号

本图境界不作划界依据。

西双版纳国家级自然保护区

西双版纳国家级自然保护区始建于1958年，是我国建立最早的自然保护区之一，1986年经国务院批准列为“国家级自然保护区”。保护区位于云南省西双版纳傣族自治州境内，地跨景洪市、勐海县、勐腊县，由地域上相近而又不相连的勐养、勐腊、尚勇、勐仑、曼稿5个子保护区组成。地理坐标为东经100° 16′ ~ 101° 50′，北纬21° 10′ ~ 22° 24′，总面积242510.0公顷。其中：勐养子保护区99840公顷，勐腊子保护区92683公顷，尚勇子保护区31184公顷，勐仑子保护区10933公顷，曼稿子保护区7870公顷。

望天树群落（邱开培 摄）

保护区处于滇西横断山系南段尾端，分属无量山和临沧大雪山南段山原、低中山地区，地貌特征明显，具有地势西、北、东三面高耸，中部及南部稍低下，类型复杂，澜沧江东西两方地貌差异大等特色，属中国西南部季风热带气候。其以保护热带雨林、热带季雨林、季风常绿阔叶林森林生态系统及望天树、亚洲象等珍稀野生动植物种群和环境为主要保护对象，属于自然生态系统类别中的森林生态系统类型的超大型国家级自然保护区。

由于保护区独特的地理位置、地貌形态及优越的气候条件，区内植物种类多种多样，区系成分混杂、热带性质明显，堪称植物王国。保护区已记录维管束植物2779种，隶属214科1012属，包括蕨类植物41科91属261种，裸子植物6科6属14种，被子植物167科915属2504种。其中，国家Ⅰ级重点保护野生植物有望天树等5种，国家Ⅱ级重点保护野生植物有千果榄仁等26种。

茂密的原始森林，多种多样的植物，为各种野生动物提供了安全、适宜的栖息繁衍环境以及丰富的食物来源。保护区已记录哺乳动物10目35科130种，鸟类19目56科456种，爬行动物3目16科79种，两栖3目8科53种，鱼类7目18科54属100种，主要昆虫12目61科665属1100种。

亚洲象（邱开培 摄）

季节雨林（邱开培 摄）

藤蔓景观（邱开培 摄）

雨林中的村寨
（邱开培 摄）

雨林瀑布
（邱开培 摄）

其中，国家重点保护野生动物114种。保护区是亚洲象、印度野牛、印支虎、白颊长臂猿、威氏小鼷鹿、灰孔雀雉、绿孔雀、棕颈犀鸟、白喉犀鸟、冠斑犀鸟等多种珍稀动物的主要栖息地，而威氏小鼷鹿在国内仅分布在西双版纳南部区域。

保护区是中国面积最大，热带森林生态系统保存比较完整、热带生物多样性最丰富的热带原始稀有林区，科学研究价值和保护价值突出。区内特有的独树成林、植物绞杀、空中花园、老茎生花、老茎结果、滴水叶尖和根寄生现象极为突出。望天树群落是最具观赏价值的热带雨林，由6～7个层次构成，高达70～80米。亚洲象是热带森林生态系统保护的旗舰物种，其主要

独树成林（邱开培 摄）

雨林溪流景观（邱开培 摄）

印度野牛群（邱开培 摄）

印支虎（管护局 供）

威氏小鼷鹿（罗爱东 摄）

双角犀鸟（罗爱东 摄）

分布于保护区。

1988年成立西双版纳傣族自治州国家级自然保护区管理局，2015年管理局更名为云南西双版纳国家级自然保护区管护局，加挂西双版纳国家公园管理局牌子，为西双版纳州林业局下属正处级公益一类事业单位。管护局核定事业编制224名，下设科学研究所、生态旅游管理所和勐养、勐腊、尚勇、勐仑、曼稿5个保护区管护所等7个正科级单位；现有职工199人，其中具有研究生学历8人，高级职称29人。

（撰稿：杨东、杨云）

南滚河国家级自然保护区

南滚河国家级自然保护区位于云南省西南部的沧源、耿马境内，距中缅国境线约5千米，南北长62千米，东西宽50千米，地理坐标为东经98°57′32″～99°26′00″，北纬23°09′12″～23°40′08″，海拔480～2978米。保护区始建于1980年，面积为6671.0公顷，1987年调整为7082.5公顷，1995年晋升为国家级自然保护区，2003年8月经国务院批准扩建，面积增加到50887.0公顷，其中核心区面积为19923.0公顷，缓冲区面积为17335.1公顷，实验区面积为13628.9公顷，扩建后使保护区野生动物的生存空间增大，有效解决了原保护区“生态孤岛”问题。

保护区位于怒江与澜沧江两大水系的分水岭地带，地势北高南低，在地貌垂直结构上形成山岭—高原面—剥蚀面—河谷的分布态势，其地处低纬地区，并被北回归线所穿越，又处于南亚季风环流控制区域，地形高低起伏，以致太阳辐射高度角较大，热量丰富，气候类型多样，垂直分异显著。保护区主要保护对象为以亚洲象、印支虎为代表的珍稀野生动物和以西黑冠长臂猿、白掌长臂猿等为代表的8种灵长类动物及其栖息地，属野生生物类别中的野生动物类型自然保护区。

保护区特殊的地理区位和地貌特质，保存了北回归线附近较为完整的植被垂直带谱，生物多样性富集。区内分布有维管束植物2644种，包括单羽苏铁、喜马拉雅红豆杉、长蕊木兰、藤枣4种国家Ⅰ级和苏铁蕨、董棕、千果榄仁、三棱栎等25种国家Ⅱ级重点保护野生植物。记录到哺乳动物111

云海（王志胜 摄）

亚洲象（管护局 供）

亚洲象（管护局 供）

三棱栎群落（王志胜 摄）

长蕊木兰（赵金超 摄）

种、鸟类315种、爬行动物48种、两栖动物32种，鱼类45种，包括亚洲象、白掌长臂猿、西黑冠长臂猿、灰叶猴等19种国家Ⅰ级和水鹿、小熊猫、猕猴、白鹇等65种国家Ⅱ级重点保护野生动物。

区内分布的绒毛番龙眼、千果榄仁林，是我国季节雨林中最具代表性的类型。目前，中国野生亚洲象仅西双版纳、普洱和临沧的3个州市7个县区还残存少量种群，共300头左右，分布区极为狭窄，并呈现出零散分布格局，被列为极小种群物种。保护区分布有5群23头野生亚洲象，但与其他象群处于分隔状态，生存状况堪忧。此外，分布有云南特有的珍稀保护动物西黑冠长臂猿，具有23群95～110只。保护区是我国白掌长臂猿唯一可靠的分布地，种群数量4群约15只，已处于极危状态。

2015年12月成立南滚河国家级自然保护区管护局，为临沧

苏铁蕨（杜凡 摄）

董棕群落（王志胜 摄）

市林业局下属正处级公益一类事业单位，地点设在沧源县；管护局下设耿马管护分局和11个管护站，共核定事业编制70人。保护区实行“局—分局—站”三级管理体系。

（撰稿：罗怀秀、陈德明、雷云）

水鹿（管护局 供）

灰叶猴（王志胜 摄）

云豹（管护局 供）

永德大雪山国家级自然保护区

永德大雪山国家级自然保护区于2006年2月经国务院批准建立，由1986年初成立的省级自然保护区晋升而成，位于永德县东部，地理坐标为东经99° 32′ 56″ ~ 99° 43′ 47″，北纬

中山湿性常绿阔叶林（李小平 摄）

24° 00′ 10″ ~ 24° 12′ 27″，海拔960 ~ 3504米，总面积为17541.0公顷，其中核心区面积为9276公顷，缓冲区面积为3291公顷，实验区面积为4974公顷。

保护区属于怒江山脉向南延伸的余脉老别山中的一片山地，是澜沧江与怒江水系的分水岭，地形复杂，海拔悬殊，形成复杂多样的垂直带气候类型。保护区是我国北纬24° 以南海拔最

苍山冷杉林景观（李小平 摄）

波罗山林海（陶晶 摄）

云南铁杉（李小平 摄）

高、植被垂直带保存最完整的地区，因其未受第四纪冰川的浩劫，又处于南北生物区系的交汇地区，物种资源富集，属自然生态系统类别，森林生态系统类型自然保护区，主要保护对象是以中山湿性常绿阔叶林为代表的南亚热带山地垂直带自然生态系统及珍稀特有动植物。保护区分布有维管束植物1468种，包括以喜马拉雅红豆杉、异颖草为代表的国家级重点保护野生植物30种；记录到哺乳动物117种，鸟类201种，两栖爬行类91种，包括西黑冠长臂猿、熊猴等14种国家Ⅰ级和水鹿、红瘰疣螈等43种国家Ⅱ级重点保护野生动物。

保护区是云南省乃至全国已不可多得的南亚热带中山湿性常绿阔叶林保存最完整、最原始

刺柏（李永亮 摄）

熊猴（管护局 供）

水鹿（管护局 供）

的地区之一，以云南特有种木果石栎为优势的中山湿性常绿阔叶林，在我国西南部南亚热带的常绿阔叶林中具有明显的典型性和保护价值。区内的苍山冷杉林和云南铁杉林是我国大陆分布纬度的最南限，在植物地理和裸子植物分布研究上具有特殊价值。区内刺柏林分布于海拔3200米左右，因冬季积雪重压，树冠歪斜零乱，呈多头分枝状，是云南和我国特有的森林类型之一。保护区是我国南方自然保护区中，珍稀濒危哺乳动物最多的保护区之一，区内保存着云南特有的珍稀保护动物西黑冠长臂猿，种群数量4群约20只。此外，保护区动植物区系特有性突出，包含6个中国特有属和23种保护区特有植物、23种中国特有哺乳动物和29种云南特有两栖爬行动物。保护区典型的生态系统和珍稀、独特的动植物资源突显其保护价值。

2015年12月成立永德大雪山国家级自然保护区管护局，为临沧市林业局下属正处级公益一类事业单位，内设综合办公室、资源保护科、社区管理科、科研监测所4个正科级机构；下设大雪山、乌木龙、亚练、永康4个副科级管护站。核定事业编制30名。

（撰稿：罗怀秀、雷震）

红瘰疣螈（邹大虎 摄）

长蕊木兰（蒋宏 摄）

无量山国家级自然保护区

无量山国家级自然保护区于2000年经国务院批准建立，由原景东无量山省级自然保护区和原南涧无量山省级自然保护区合并晋升而成。保护区位于大理州南涧县、普洱市景东县境内，地理坐标为北纬24° 16′ 37″ ~ 24° 54′ 09″，东经100° 19′ 24″ ~ 100° 44′ 39″，海拔1600 ~ 3371米，总面积30938.0公顷。

巍巍无量山（段建伟 摄）

保护区属横断山脉南段中山峡谷亚区，地处横断山系和云南高原的两大自然地理区域的结合部位，是我省“三屏两带”的生态屏障之一，也是亚洲地区和中国西部候鸟迁徙的主要通道。保护区属野生生物类别中的野生动物类型的中型自然保护区，主要保护对象为西黑冠长臂猿、灰叶猴等60种国家重点保护野生动物及其栖息地；哀牢髭蟾、哀牢蟾蜍、大花角蟾、景东湍蛙等区域特有动物及其栖息地；凤凰山候鸟迁徙通道；喜马拉雅红豆杉、南方红豆杉、长蕊

灰叶猴（刘业勇 摄）

西黑冠长臂猿（唐云 摄）

木兰等12种国家重点保护野生植物及其生境；景东石栎、景东翅子树等区域特有植物及其生境；原始的中山湿性常绿阔叶林、半湿润常绿阔叶林、山顶苔藓矮林和温凉针叶林生态系统。

由于特殊的地理位置和生态地理条件，保护区成为南北东西动物、植物多种区系成分交汇或过渡的地带，其生物多样性、典型性、稀有性突出。保护区分布有维管束植物1813种，其中，国家Ⅰ级重点保护物种有喜马拉雅红豆杉、伯乐树等4种，国家Ⅱ级重点保护物种有十齿花、水青树等8种；哺乳动物

西黑冠长臂猿（景东管护局 供）

西黑冠长臂猿（唐云 摄）

灰叶猴（南涧管护局 供）

哀牢髭蟾（景东管护局 供）

123种，其中国家Ⅰ级重点保护物种有西黑冠长臂猿、灰叶猴等7种，国家Ⅱ级重点保护物种有猕猴、黑熊等14种；鸟类373种，其中国家Ⅰ级重点保护物种有黑鹳、黑颈长尾雉2种，国家Ⅱ级重点保护物种有凤头蜂鹰、林雕等35种；两栖爬行动物103种，其中国家Ⅰ级重点保护物种有蟒蛇1种，国家Ⅱ级保护物种有红瘰疣螈1种。

保护区是云南省中山湿性常绿阔叶林的典型分布地，具有独特的地区特点，是云南省乃至全国保存最完整、最原始的地区之一；分布有云南中南部保存最完整、面积

西黑冠长臂猿调查监测（李纯 摄）

最大的云南铁杉林和群落结构最稳定、保护最完整的元江栲林，其典型性非常突出。全球西黑冠长臂猿种群数量约有340群1400只，其景东亚种仅分布于中国云南的无量山地区，仅存87群600余只，地理分布狭窄，数量稀少，保护区内及周边区分布有西黑冠长臂猿83群，稀有性非常突出；景东县是西黑冠长臂猿、灰叶猴集中分布区，2008年、2017年被中国野生动物保护协会分别授予景东县“中国黑冠长臂猿之乡”“中国灰叶猴之乡”荣誉称号。

2015年，景东县设立云南无量山哀牢山国家级自然保护区景东管护局，规格为正处级，核定事业编制46名；南涧县设立云南无量山国家级自然保护区南涧管护局，规格为副处级，核定事业编制27名。

（撰稿：杨忠兴、谢有能、段建伟）

开展环境教育（时国彩 摄）

样地监测（常学科 摄）

凤凰山鸟类环志站（陈举良 摄）

大寨子监测站（李纯 摄）

西双版纳纳板河流域国家级自然保护区

西双版纳纳板河流域国家级自然保护区于1991年经云南省人民政府批准建立，2000年晋级为国家级，位于西双版纳州中北部景洪市与勐海县接壤地带，以跨国河流澜沧江—湄公河的一级支流纳板河流域范围为界，介于东经100° 32′ ~100° 44′，北纬22° 04′ ~22° 17′，总面积26600.0

远眺保护区核心区（刘峰 摄）

公顷。

保护区位于中国西南横断山系纵谷区的最南端，地势呈西北高东南低，以中低山与河谷相间为主，海拔悬殊，地形破碎，处于东南亚热带北缘气候带，具有高温多雨的气候特点。保护区以保护热带雨林和热带季节雨林为主的热带森林生态系统、小流域生态系统和珍稀濒危野生

季节雨林（刘峰 摄）

篦齿苏铁（刘峰 摄）

动植物为主要保护对象，是我国第一个按小流域生物圈保护理念规划建设的多功能、综合型自然保护区，属森林生态系统类型。

保护区优越的地理位置、地貌形态及优越的气候条件造就了丰富的生物多样性。区内分布有热带雨林、热带季雨林、常绿阔叶林等8个植被型，13个植被亚型，28个群系；记录有维管束植物292科1228属2996种，其中有篦齿苏铁等国家Ⅰ级重点保护野生植物3种，千果榄仁、滇南风吹楠等国家Ⅱ级重点保护野生植物18种；记录有哺乳动物9目24科52属61种、鸟类16目60科163属294种、爬行动物2目15科36属52种、两栖动物3目8科17属35种、鱼类5目11科28属35种，其中有印度野牛、灰孔雀雉等国家Ⅰ级重点保护野生动物13种，短尾猴、白鹇等国家Ⅱ级重点保护野生动物58种。

中华桫椤（刘峰 摄）

千果榄仁（刘峰 摄）

印度野牛（曹光宏 摄）

灰孔雀雉（曹光宏 摄）

蜂猴（曹光宏 摄）

纳板河之秋（刘峰 摄）

纳板河长24.5千米，集水面积21100公顷，是澜沧江—湄公河流域的一个组成部分，是一个完整的小流域生态系统。保护区以纳板河小流域为主体，分布有热带、亚热带森林以及众多珍稀濒危野生动植物，世居有傣、拉祜、哈尼、布朗等多种民族，其在注重有效保护好生物多样性前提下，促进当地社区经济发展，以实现自然资源永续利用、人与自然和谐共生为目标。由于大面积森林的存在，保护区在涵养水源、防止水土流失和保护自然环境等方面起着重要作用，其建设和发展具有重要国际意义，在澜沧江—湄公河区域多次国际学术活动中，相邻诸国均认为纳板河保护区是开展澜沧江流域生态监测的理想基地之一。

纳板河流域国家级自然保护区管理局直属云南省环境保护厅，为正处级事业单位区内下设曼点管理站、过门山管理站、江边水上管理站、蚌岗管理站。管理局核定事业编制30人，现有职工28人，其中高级职称10人。

（撰稿：杨东、李忠清）

林中傣族村寨（刘峰 摄）

江边水上管理站
（刘峰 摄）

威远江省级自然保护区

威远江省级自然保护区于1983年经云南省人民政府批准建立，由于糯扎渡、威远江电站建设，2004年对保护区范围进行了调整，调整后保护区总面积7704.0公顷。保护区位于普洱市景谷县境内，地理坐标为东经100° 31′ ~ 100° 35′，北纬23° 06′ ~ 23° 17′，海拔815 ~ 1774米。

保护区山体属无量山南延的余脉，是横断山系的南段。保护区属野生生物类别中的野生植物类型的小型自然保护区。主要保护对象为：思茅松种质资源、思茅松森林生态系统；以保护篦齿苏铁、苏铁蕨、黑黄檀、大叶木兰等为主的国家重点保护野生植物及其生境；以保护云豹、猕猴、中国穿山甲等为主的国家重点保护野生动物及其生境。

保护区属古热带植物区的滇、缅、泰地区，地处云南亚热带南部地区，植物区系起源古

思茅松（成过熟林）（适树林 摄）

保护区远景（管护局 供）

老，生物多样性丰富，主要植被类型有季雨林、季风常绿阔叶林、半湿润常绿阔叶林、暖热性针叶林和热性竹林。保护区记录有维管束植物1485种，其中国家Ⅰ级重点保护野生植物有篦齿苏铁1种，国家Ⅱ级重点保护野生植物有苏铁蕨、大叶木兰等8种；哺乳动物45种，其中国家Ⅰ级保护物种有蜂猴、云豹、印度野牛3种，国家Ⅱ级保护物种有猕猴、中国穿山甲、大灵猫等7种；鸟类208种，其中国家Ⅱ级保护物种有白鹇、原鸡等23种；爬行动物22种，其中国家Ⅰ级保护物种有巨蜥1种；两栖动物20种，国家Ⅱ级保护物种有红瘰疣螈1种。

思茅松（林况）（适树林 摄）

保护区处于思茅松分布的中心，思茅松林是保护区的主要植被类型，其面积占保护区总面积的97.2%，思茅松林受人为干扰小，仍保持原生状态，在优越的水热条件下生长迅速，林木高大通直，品质优良，更新能力强，是云南最具原生性的思茅松优质种源基地，也是研究思茅松林生长、发育、自然演替的科研教学基地。区内常绿阔叶林有季风常绿阔叶林、半湿润常绿阔叶林，与哀牢山以东的常绿阔叶林在区系上有很大的差异，在科学研究上有重要意义。

1983年成立了保护区管理所，2000年管理所由益智乡迁到景谷县城。2016年成立威远江省级自然保护区管护局，规格副处级，核定事业编制18名。

（撰稿：杨忠兴、李孙德）

千果榄仁（树干）（管护局 供）

千果榄仁（花）（适树林 摄）

威远江（适树林 摄）

北豚尾猴（管护局 供）

太阳河省级自然保护区

1986年经云南省人民政府批准建立菜阳河省级自然保护区，2012年更名为云南太阳河省级自然保护区。保护区位于普洱市思茅区境内，地理坐标为东经101°07′～101°15′，北纬22°30′～22°38′，海拔980～1698米，总面积7035.0公顷。

保护区山体属无量山末端，在大地构造上属唐古拉—昌都—兰坪—思茅褶皱系的南与东南段，属思茅盆地一部分。地理上处于北回归线以南，是北热带至南亚带的过渡带，属南亚热带高原季风气候。

季风常绿阔叶林（管护局 供）

等46种国家Ⅱ级保护动物，以及国家重点保护野生植物15种，其动植物的稀有性较为突出。保护区保存有木兰科、樟科、壳斗科等15个古老木本科的植物在保护区分布且形成主要优势群落；区内还保存着蕈树属、重阳木属等10个第三纪孑遗属，植物区系起源古老，是生物进化的摇篮、种质遗传多样性和潜在变异性的宝库。保护区特有性突出，区域特有种有菜阳河柿、思茅买麻藤、思南青冈、菜阳河青冈、碗斗青冈、思茅小绿刺、思茅山桂花7种。保护区具有典型的原真性、完整性、丰富性、珍稀性，生态科研保护价值极高。

2016年成立太阳河省级自然保护区管护局，规格副处级，加挂“普洱国家公园管理局”“太阳河国家森林公园管理局”牌子。核定事业编制15名。

（撰稿：杨忠兴、张登林）

灰叶猴（李智宏、徐崇华 摄）

鱼塘管护站（管护局 供）

竜山省级自然保护区

竜山省级自然保护区于1986年经云南省人民政府批准建立，位于普洱市孟连县境内，地理坐标为北纬22° 19′ 55″ ~ 22° 20′ 25″，东经99° 34′ 06″ ~ 99° 35′ 03″，海拔950 ~ 1098米，总面积54.0公顷。

保护区地处怒山余脉，是横断山脉的延伸，地貌以山地为主，是滇东南喀斯特山原地貌的南部边缘。保护区属野生生物类别中的野生植物类型的小型自然保护区，主要保护对象为：小花龙血树、剑叶龙血树纯林及其生境。

龙血树纯林（管护局 供）

冠状小花龙血树（管护局 供）

保护区属于古热带植物区，马来西亚森林植物亚区，滇缅泰植物地区，植物资源丰富、区系类型多样、历史起源古老。保护区共记录维管束植物802种（包含种下等级），其中国家Ⅱ级保护植物有红椿1种，国家珍稀濒危植物剑叶龙血树、小花龙血树2种，孟连特有种孟连石蝴蝶、云南地构叶2种；哺乳动物10种；鸟类属88种，其中国家Ⅱ级保护物种有白鹇、原鸡、灰头鹦鹉等10种；两栖爬行类25种，其中国家Ⅰ级保护物种有圆鼻巨蜥1种，云南特有物种白颌角蟾、白唇树蜥2种。

剑叶龙血树（管护局 供）

龙血树是提取名贵中药“血竭”的主要原料，在我国“血竭”（又叫麒麟血）是中医传统的内外伤科要药，也是一种名贵的南药，被誉为“圣药”，有止血、活血和补血等三大功效，与传统的“云南白药”并称为“云南红

石灰岩山地上的小花龙树（管护局 供）

药”。现代药理学研究表明，血竭能治疗各种血症、心血管疾病、溃疡、炎症，还有一定抗衰老，抗肿瘤作用。

1972年著名植物学家蔡希陶在孟连县城附近的竜山首次发现小花龙血树群落，保护区内的小花龙血树、剑叶龙血树是我国目前保存最好、储量最大的野生龙血树居群，是重要的野生物种基因库和宝贵的自然生态遗产，具有重要的资源保护价值和科研意义。因保护区内保存着最完整的龙血树天然林，孟连县被称为“龙血树的故乡”。

最大的一株龙血树（外貌）（管护局 供）

最大的一株龙血树（植株）（管护局 供）

2017年成立竜山省级自然保护区管护站，规格为副科级，委托孟连县林业局代管。核定事业编制3名。

（撰稿：杨忠兴、叶罕根）

糯扎渡省级自然保护区

糯扎渡省级自然保护区于1996年经云南省人民政府批准建立，由于糯扎渡电站建设，2004年对保护区范围进行了调整，调整后保护区面积18997.0公顷。保护区位于普洱市思茅区、澜沧县境内，地理坐标为东经100°22′～100°30′，北纬22°35′～22°47′，海拔602～1873米。

保护区处于云南南部的高原、山地大地貌形态的转折处，是在高原和山地的斜坡地带，以原边地貌的形态为主。因澜沧江从保护区中部穿过，形成以峡谷为中轴，东、西各有一片山地的地貌格局。

保护区全貌（郭亮 摄）

黄竹林（管护局 供）

保护区属自然生态系统类别，森林生态系统类型的中型自然保护区。主要保护对象为：热带北缘的季节雨林、山地雨林和季雨林，亚热带南部地带性植被季风常绿阔叶林和热性竹林生态系统；以保护云南苏铁、篦齿苏铁、榆绿木等为主的国家重点保护野生植物及其生境；以保护印度野牛、亚洲象、蜂猴、绿孔雀等为主的国家重点保护野生动物及其生境。

保护区植被类型丰富多样，共有8个天然植被类型；共记录维管束植物2016种，其中国家Ⅰ级重点保护野生植物有藤枣、篦齿苏铁、云南苏铁3种，国家Ⅱ级重点保护野生植物有大叶木兰、勐仑翅子树、苏铁蕨等13种；哺乳动物84种，其中国家Ⅰ级重点保护物种有印度野牛、亚洲象、蜂猴等8种，国家Ⅱ级重点保护物种有短尾猴、猕猴、中国穿山甲等17种；鸟类184种，其中国家Ⅰ级重点保护物种有绿孔雀、黑颈长尾雉2种，国家Ⅱ级重点保护物种有原鸡、白鹇等21种；两栖类19种，其中国家Ⅱ级重点保护物种有红瘰疣螈1种；爬行类25种，其中国家Ⅰ级重点保护物种有蟒蛇、巨蜥2种，国家Ⅱ级重点保护物种有山瑞鳖1种；昆虫586种（亚种）；大型真菌65种。

保护区植被以亚热带季风常绿阔叶林为主体，区内生长着澜沧江流域海拔最高的北缘热带季节雨林，分布着比较完整的热带季雨林植被组合，是热带、亚热带植被过渡特征最典型的区域；分布有全国唯一的蒲葵和榆绿木群落，黄竹林连片分布。分布有印度野牛27头，占全国印度野牛总数的1/4，是我国印度野牛的核心分布区域之一；亚洲象常活动于季雨林、竹林、常绿阔叶林林间沟谷及宽阔地带。其保护和研究价值极高。

1998年保护区分别成立澜沧、思茅两个管理所。2016年成立糯扎渡省级自然保护区管护局，规格副处级，机构设置在思茅区，核定事业编制32名。

（撰稿：杨忠兴、卢文）

印度野牛（管护局 供）

冠斑犀鸟（管护局 供）

山地雨林结构（管护局 供）

蒲葵群落（崔林 摄）

榆绿木（管护局 供）

篦齿苏铁（管护局 供）

临沧澜沧江省级自然保护区

临沧澜沧江省级自然保护区于1999年6月经云南省政府批准建立，位于云南省西南部，涉及临翔区、凤庆县、云县、双江县和耿马县，地理坐标为东经99° 40′ 34″ ~ 100° 22′ 01″，北纬23° 17′ 52″ ~ 24° 57′ 28″，海拔1430 ~ 3429.6米。保护区总面积89504.0公顷，由8个片区组成，即凤庆万明山—云县大宗山片、凤庆五道河片、凤庆小湾—云县黄竹林片、临翔大雪山—云县大朝山片、临翔马台—平村片、临翔—双江—耿马邦骂雪山片、云县漫湾片、双江马鞍山片。

中山湿性常绿阔叶林景观（杨育能 摄）

野生古茶树群落（杨育能 摄）

粗枝杜鹃灌丛（赵国斌 摄）

保护区地处横断山脉怒山山系的南延部分，属滇西纵谷区，山脉水系成帚状扩展，形成保护区山脉走向多变的深切中山峡谷地貌。保护区主要保护对象为以中山湿性常绿阔叶林为主的森林生态系统和以西黑冠长臂猿、灰叶猴、喜马拉雅红豆杉、野生古茶树等为代表的珍稀濒危动植物种群及其栖息地，属自然生态系统类别中的森林生态系统类型自然保护区。保护区记录有种子植物1051种，包括以喜马拉雅

喜马拉雅红豆杉（杨育能 摄）

红豆杉、水青树为代表的珍稀濒危保护野生植物23种；记录到哺乳动物111种，鸟类396种，两栖爬行类92种，包括西黑冠长臂猿、蜂猴等12种国家Ⅰ级和黑熊、原鸡等61种国家Ⅱ级重点保护野生动物。

保护区内分布于临沧大雪山的中山湿性常绿阔叶林，面积连片，保存完好，生态系统演替过程基本处于自然状态。区内分布的雪山箭竹群落、尾叶琼楠林、粗枝杜鹃灌丛均为稀有植被类型。保护区具有巨大的水源涵养和水土保持功效，对调节气候变化，维持周边地区的生态平衡，保障周边地区及中下游地区社会经济发展意义重大，也对澜沧江—湄公河流域的生物多样性

蜂猴（管护局 供）

保护和下游地区的生态安全有着举足轻重的作用。

2015年12月成立临沧澜沧江省级自然保护区管护局，为临沧市林业局下属副处级公益一类事业单位，内设3个科室，下设5个管护分局、15个管护站，核定事业编制99名。

（撰稿：罗怀秀、杨育能）

原鸡（管护局 供）

重点保护野生植物调查（刘成富 摄）

镇康南捧河省级自然保护区

镇康南捧河省级自然保护区于1999年10月经云南省政府批准建立，在原薄刀山县级自然保护区和忙丙后箐县级自然保护区的基础上扩建而成，位于镇康县境内，与缅甸接壤，地理坐标为东经98°41′～99°18′，北纬23°45′～24°04′，海拔650～2978.6米，总面积36970.0公顷，分4个片区，即雪竹林山片区、忙丙后箐片区、竹瓦片区、薄刀山片区。

保护区位于横断山系南段南捧河流域内，河谷切割深，地势起伏大，主要保护对象为典型季风常绿阔叶林森林生态系统和珍稀濒危动植物及以镇康贝母兰为代表的狭域特有物种，属自然生态系统类别中的森林生态系统类型自然保护区。记录有维管束植物2221种，包长蕊木兰和藤枣2种国家Ⅰ级和董棕、水青树等18种国家Ⅱ级重点保护野生植物。记录到脊椎动物377种，包括西黑冠长臂猿、绿孔雀等12种国家Ⅰ级和水鹿、雀鹰等31种国家Ⅱ级重点保护野生动物。

自然景观（熊生相 摄）

保护区植被垂直带谱较为完整，浓缩了从热带雨林到山顶苔藓矮林的南亚热带山地完整生态系统，其中季风常绿阔叶林面积最大，是云南南部的典型地带性植被类型，占保护区面积的61.8%，类型多样，形成了不同的演替系列，具有重要的保护和研究价值。区内分布有较多的珍稀濒危保护动植物，其中个体数量很少，不足50株（只）的极小种群物种有藤枣、伊江巨蜥等。保护区内大面积的原始状态的常绿阔叶林，有着巨大的水源涵养和保育土壤功能，对调节气候变化，维持周边地区的生态平衡，保障周边地区及南捧河—南汀河中下游中缅边境地区的社会经济发展以及跨境生态安全发挥着重要作用。

2015年成立南捧河省级自然保护区管护局，为临沧市林业局下属副处级公益一类事业单位，实行“局—站”二级管理体系，下设5个股所级管护站，核定事业编制43名。

（撰稿：罗怀秀、熊生相）

中山湿性常绿阔叶林结构（杜凡 摄）

贝母兰（杜凡 摄）

藤枣（杜凡 摄）

植物样线调查（杜凡 摄）

墨江西歧桫椤省级自然保护区

2001年成立市级保护区，2005年晋升为省级。保护区位于普洱市墨江县境内，地理坐标为东经101° 44′ 37″ ~ 101° 51′ 38″，北纬22° 52′ 42″ ~ 22° 58′ 22″，海拔420 ~ 2017米，总面积6222.3公

顷。

保护区地处云贵高原西南边缘，在地质构造上位于青、藏、滇、缅、印、尼“歹”字形构造体系东支中段，永平—思茅槽地南段的东北部，为云贵高原西南边缘，属横断山脉纵谷区东南段，即哀牢山脉南段，保护区内山川南北走向，整个地貌属于中山深切割山地类型。

保护区属野生生物类别中的野生植物类型的小型保护区。主要保护对象为：中华桫椤、桫椤群落和季雨林、季风常绿阔叶林、中山湿性常绿阔叶林为主的森林生态系统；中华桫椤、金毛狗、合果木、黑黄檀、董棕等国家重点保护野生植物及其生境；猕猴、中国穿山甲、大灵猫等为主的国家重点保护野生动物及其生境。

植物区系属于古热带植物区的滇、缅、泰地区，生物多样性丰富。保护区分布有维管束植物978种，其中国家Ⅱ级重点保护野生植物有中华桫椤、苏铁蕨、金毛狗等11种；哺乳动物26种，其中国家Ⅱ级重点保护物种有猕猴、中国穿山甲、大灵猫等6种；鸟类112种，其中国家Ⅱ级重点保护鸟类有黑鸢、栗鸢、白鹇等16种；两栖类16种，其中国家Ⅱ级重点保护物种有虎纹蛙1种；爬行动物24种，其中国家Ⅰ级重点保护物种有巨蜥、蟒蛇2种。

保护区核心区保存着原始的自然状态，中华桫椤群落成片集中分

常绿阔叶林结构（赵明旭 摄）

布，其典型性、自然性突出，对研究物种的起源和生态环境的变迁、植物的进化史、保护热带孑遗生物资源和自然历史遗迹都有着很高的保护价值和科学价值。据调查，保护区的中华桫椤不少于10万株，平均每公顷不少于16株，是中华桫椤野生优质种资源“基因库”。

桫椤群落航拍（管护局 供）

中华桫椤（李恩良 摄）

中华桫椤（李恩良 摄）

保护区原隶属环保部门，2007年成立墨江县西岐桫椤自然保护区管理所，2009年划归林业部门管理。2016年成立墨江西岐桫椤省级自然保护区管护局，规格副处级，核定事业编制14名。

（撰稿：杨忠兴、张承斌）

姜状三七（李恩良 摄）

中华桫椤（李恩良 摄）

西双版纳澜沧江—湄公河流域鼋、双孔鱼州级自然保护区

西双版纳澜沧江—湄公河流域鼋、双孔鱼州级自然保护区于2005年经西双版纳州人民政府批准成立（西政复〔2005〕41号），位于勐腊县南腊河金凤电站至南腊河与澜沧江交界处，全长13.5千米，面积67.0公顷。

南腊河是澜沧江出境前最后的一级支流，有着丰富的水生生物资源，是西双版纳州鱼类资

南腊河与澜沧江交汇口(保护区止点)（何建宽 摄）

鼋（何建宽 摄）

双孔鱼（何建宽 摄）

源最为富集的地区之一，具有较高科学研究价值和保护价值。保护区以鼋、双孔鱼、爪哇回须鲃、叉尾鲶、红鳍方口鲃等为主要保护对象，属于野生动物类型。

保护区隶属农业部门，由西双版纳州渔港监督管理局进行行政管理，西双版纳州渔政监督管理站负责业务管理，规格为正科级，核定事业编制11人，由州级财政全额拨款。

（撰稿：杨东、李志勇、何建宽）

西双版纳布龙州级自然保护区

西双版纳布龙州级自然保护区于2008年经西双版纳州人民政府批准成立（西政复〔2008〕72号），位于西双版纳州西南部，南与缅甸相接壤，涉及景洪市勐龙镇和勐海县布朗山乡。地理坐标为东经100° 9′ 34.9″ ~ 100° 36′ 9.5″，北纬21° 29′ 34.4″ ~ 21° 39′ 41.9″，总面积35485.0公顷。

保护区地处怒山山系南段东部余脉地段，海拔606 ~ 2039米，以保护八蕊单室茱萸—大萼楠

山地雨林（余昌元 摄）

林、云南拟单性木兰—云南裸花林为代表的热带山地雨林及季节雨林、季风常绿阔叶林生态系统和珍稀濒危野生动植物资源及其栖息环境为主要保护对象，属森林生态系统类型。

保护区记录有种子植物1700多种，其中国家Ⅰ级重点保护野生植物3种，国家Ⅱ级重点保护野生植物7种；哺乳动物93种、鸟类309种、爬行类37种、两栖类30种，包括国家Ⅰ级重点保护野生动物8种，国家Ⅱ级重点保护野生动物38种。

保护区森林覆盖率高，具有很好的水源涵养功能，是周边社区重要水源涵养区；同时，分布有八蕊单室茱萸等古老的珍稀植物以及众多的野生动植物保护物种，具较高科学研究价值和保护价值。

保护区隶属林业部门，于2009年成立西双版纳布龙州级自然保护区管护所，规格为正科级，核定事业编制25人。

（撰稿：杨东、李志勇、申国晋）

八蕊单室茱萸（何有才 摄）

西双版纳罗梭江鱼类州级自然保护区

巨魾（面瓜鱼）（渔政监督管理站 供）

西双版纳罗梭江鱼类州级自然保护区于2007年经西双版纳州人民政府批准成立（西政复〔2007〕34号），位于勐腊县勐仑和象明2个乡镇，地理坐标为东经101°09′37.72" ~ 101°16′46.72"，北纬21°48′49.65" ~ 22°07′06.28"。保护区全长90千米，面积600.0公顷。其中核心区全长46千米，起点为罗梭江与澜沧江交界处、终点为磨者河与罗梭江交界处，面积367.8公顷；实验区全长44千米，为小黑江磨者河口至曼赛河口之间江段及曼赛河口至上游30千米河段，面积232.2公顷。

罗梭江是澜沧江—湄公河的一级支流，有着丰富的水生生物资源，是西双版纳州鱼类资源最为富集的地区之一，具有较高科学研究价值和保护价值。保护区以大鳍鱼、长丝鱼芒、红鳍方口鲃、裂峡鲃、鲃鲤、湄南缺鳍鲇、叉尾鲇、丝尾鳠、巨魾、长臀刀鲇、中国结鱼等为主要保护对象，属于野生动物类型。

保护区隶属农业部门，由西双版纳州渔港监督管理局进行行政管理，西双版纳州渔政监督管理站负责业务管理，规格为正科级，核定事业编制11人，由州级财政全额拨款。

（撰稿：杨东、李志勇、何建宽）

后背鲈鲤（渔政监督管理站 供）

西双版纳易武州级自然保护区

古茶树监测（岩砍远 摄）

季风常绿阔叶林（何春 摄）

金猫（管护局 供）

西双版纳易武州级自然保护区于2014年经西双版纳州人民政府批准成立（西编办〔2014〕10号），位于勐腊县境内，涉及易武镇、瑶区乡和勐伴镇3个乡镇。地理坐标为东经101°29.5'～101°38.8'，北纬21°48.1'～22°11'，总面积33369.9公顷。

保护区位于澜沧江大断裂以东、无量山南端之尾梢，是勐腊县海拔最高、植被保存完好的区域，以独特的森林生态系统、国家重点保护野生动植物和集中分布的古茶树资源为主要保护对象，属森林生态系统类型。

区内记录有维管束植物1666种，包括蕨类植物194种、裸子植物7种、被子植物1465种，含国家Ⅰ级重点保护野生植物3种、国家Ⅱ级重点保护野生植物14种；陆栖脊椎动物380种，包括哺乳动物64种、鸟类252种、爬行动物39种、两栖动物25种，含国家Ⅰ级重点保护野生动物5种、国家Ⅱ级重点保护野生动物44种。

保护区是连接亚洲象南北往来的重要生物廊道，珍稀濒危物种和特有种较多，且分布有集中连片的百年古茶树资源，具很好的科学研究价值和保护价值。

保护区隶属林业部门，于2014年成立西双版纳易武州级自然保护区管护所，规格为正科级，核定事业编制15人，由州级财政全额拨款。

（撰稿：杨东、李志勇、何在新）

棠梨山县级自然保护区

棠梨山县级自然保护区于1984年经永德县人民政府批准建立，位于永德县西部，地理坐标为东经99° 15′ 37″，北纬24° 12′ 06″，海拔1660～2649米。保护区总面积为7333.3公顷，包括棠梨山片区和忙海片区。

棠梨山脉北至怒江，南至与耿马交界的大军赛，东侧有永康河，西侧有赛米河。保护区主要保护对象为季风常绿阔叶林及珍稀濒危野生动植物，属自然生态系统类别，森林生态系统类型自然保护区。保护区广袤的森林为野生动植物提供了优良的栖息环境，是重要的种质资源库，另外，保护区森林茂密，具有巨大的水土保持、水源涵养功能，是当地重要的水源林，保护区的建设对周边地区人畜饮水、工农业用水和生态安全具有重要意义。

2016年成立棠梨山县级自然保护区管护局，为永德县林业局下属副科级公益一类事业单位，核定事业编制5名。

（撰稿：罗怀秀、罗正杰）

远眺棠梨山（管护局 供）

佛殿山县级自然保护区

佛殿山县级自然保护区于1981年经西盟县人民政府批准成立，2018年进行了范围调整和功能区划定并获得了批复，总面积1375.0公顷。保护区位于西盟县境内，地理坐标为东经99°25′45″～99°28′22″，北纬22°44′20″～22°48′04″，海拔1458～2132米。

保护区属自然生态系统类别中的森林生态系统类型的小型自然保护区，主要保护对象为佛殿遗址、水源涵养林以及长蕊木兰、野生古茶树、西盟北油丹（西盟特有物种）、滇缅七叶树、桫椤、三棱栎等国家重点保护及珍稀濒危特有野生植物和蜂猴、中国穿山甲、黑熊、凹甲陆龟、白鹇等国家重点保护野生动物。

2005年将原西盟佤族自治县龙潭保护局更名为西盟佤族自治县人民政府保护区管理局，管理范围是勐梭龙潭自然保护区和佛殿山自然保护区，为副科级事业单位（二级局），归口西盟县林业局。

（撰稿：杨忠兴、罗文亚。）

西盟北油丹（赵明旭 摄）

牛倮河县级自然保护区

牛倮河县级自然保护区于1983年经江城县人民政府批准成立，位于江城县境内，地理坐标为东经101°48′36.8688″～101°54′57.2135，北纬22°22′54.5210″～22°28′55.5063″，海拔879～1431米，总面积4753.0公顷，距江城县城25千米。

保护区属自然生态系统类别中的森林生态系统类型的小型自然保护区，主要保护对象为以东京龙脑香林为主的热带雨林和典型季风常绿阔叶林及其生态系统；以东京龙脑香、大叶木兰、滇南风吹楠、蜂猴、熊猴、灰叶猴、黑颈长尾雉、灰孔雀雉、圆鼻巨蜥、蟒蛇等为主的60余种国家重点保护野生动植物物种。

2018年批准成立江城哈尼族彝族自治县牛倮河自然保护区管护站，为江城县林业局管理的公益一类事业单位，机构规格为副科级，人员编制5人。现保护区管护站办公室设在县林业局。

（撰稿：杨忠兴、罗文亚）

大叶木兰（叶）（白梁芳 摄）

东京龙脑香林外貌（白梁芳 摄）

宁洱松山县级自然保护区

宣传牌（管护所 供）

中华桫椤（管护所 供）

宁洱松山县级自然保护区于1994年经普洱县（现宁洱县）人民政府批准成立，位于宁洱县城东北部，地理坐标为东经101°06′～101°10′，北纬23°06′～23°09′，海拔1420～1960.7米，总面积2700.0公顷，距宁洱县城11千米。

保护区属自然生态系统类别中的森林生态系统类型的小型自然保护区，主要保护对象：以保护常绿阔叶林、思茅松林为主的水源涵养林以及野生动植物。区内有种子植物874种，哺乳类动物66种，鸟类115种。保护区森林是松山水库及其下游重要的水源涵养林，在生态服务和生物多样性保护中发挥着重要作用。

1995年成立松山自然保护区管理所，是县林业局直属公益事业单位，人员编制10人。

（撰稿：杨忠兴、罗文亚）

松山水库（管护所 供）

勐梭龙潭县级自然保护区

勐梭龙潭县级自然保护区于1995年经西盟县人民政府批准成立，保护区于2007年、2010年、2015年、2018年进行了范围调整并获得了批复，总面积3149.8公顷。保护区位于西盟县境内，地理坐标为东经99° 33′ ~ 99° 36′、北纬22° 34′ ~ 22° 39′，海拔900 ~ 1600米。

保护区属自然生态系统类别中的湿地生态系统类型的小型自然保护区，主要保护对象：以保护天然湖泊、森林生态系统以及喜马拉雅红豆杉、桫椤、三棱栎、合果木、千果榄仁等国家重点保护野生植物和蜂猴、猕猴、中国穿山甲、黑熊等国家重点保护野生动物为主。

保护区保存了较好的天然湖泊—勐梭龙潭及其周围的榕树景观和“木依吉”石像、“祭祀桩”、“五神潭”、《司岗里的传说》、《江三木罗的故事》、《木鼓的传说》等一大批具有地域特征和瓦族文化的崖画。

2005年原西盟佤族自治县龙潭保护局更名为西盟佤族自治县人民政府保护区管理局，管理范围是勐梭龙潭自然保护区和三佛祖（原名佛殿山）自然保护区，为副科级事业单位（二级局），归口西盟县林业局。

（撰稿：杨忠兴、罗文亚）

勐梭龙潭（郑立学 摄）

墨江常林河（坝卡河）县级自然保护区

常绿阔叶林（张明庆 摄）

墨江常林河（坝卡河）县级自然保护区于1995年经墨江县人民政府批准成立，保护区位于墨江县境内，地理坐标为东经101°37′～101°43′，北纬23°36′～23°41′。保护区于2018年进行范围调整和功能区划定并获得了批复，调整后总面积3500.0公顷。

保护区属自然生态系统类别中的森林生态系统类型的小型自然保护区，主要保护对象：以保护季风常绿阔叶林、思茅松林为主的水源涵养林。

保护区地处哀牢山山脉的中段西麓，区内原生植被以季风常绿阔叶林为主，森林植被覆盖率高，蓄水能力较强，是墨江县的重要水源地及李仙江的重要水源补给区，是保护区及周边地区居民生产、生活用水的保障。保护区记录有维管束植物972种、陆栖脊椎动物182种。

保护区原由墨江县环保局管理，2017年划归林业部门管理，2018年成立墨江县常林河（坝卡河）自然保护区管护局，办公室设在林业局。

（撰稿：杨忠兴、罗文亚）

野茉莉（张庆明 摄）

镇沅湾河县级自然保护区

镇沅湾河县级自然保护区于1995年经镇沅县人民政府批准成立，位于镇沅县境内，地理坐标为东经101° 06′ ~ 101° 10′，北纬23° 06′ ~ 23° 09′，海拔1420 ~ 1960.7米，总面积5000.0公顷。

保护区属自然生态系统类别中的森林生态系统类型的小型自然保护区，主要保护对象：以阔叶林、思茅松林为主的水源涵养林。

保护区由镇沅县水务局管理。

（撰稿：杨忠兴、罗文亚）

保护区全貌（管护所 供）

保护区基础设施（管护所 供）

思茅松林（管护所 供）

孟连南垒河水生生物县级自然保护区

孟连南垒河水生生物县级自然保护区于1998年孟连县人民政府批准成立，位于普洱市孟连县境内。保护区从孟连县南垒河与南雅河交汇口上游100米处起，至芒街村路桥下游240米处止，河段全长6.2千米，总面积200.0公顷。

保护区属野生生物类别中的野生动物类型的小型自然保护区，保护区主要鱼类有异颌南鳅（小红尾巴鱼）、小白鱼、鲤鱼、鲫鱼、虾等。主要保护对象是以异颌南鳅（小红尾巴鱼）为主的水生野生动物。

保护区未批准设立管理机构，未配备核定专职人员，由孟连县农业局兼管。

（撰稿：杨忠兴、罗文亚）

宣传牌（管护所　供）

宣传碑（管护所　供）

放鱼苗（管护所　供）

景洪县级自然保护区

景洪县级自然保护区于1999年经景洪市人民政府批准成立（景政复〔1999〕96号），位于景洪市，由八片区组成，总面积47258.0公顷。八片区分别为：勐旺乡桃枝树片区，普文镇大窝塘、大团山片区，基诺乡南线河片区，基诺乡小黑江片区，基诺乡茨通老寨片区，景洪街道办菜阳河片区，嘎洒镇路南山片区和勐龙镇南阿河片区。

山地雨林生态系统（史茂 摄）

保护区位于南亚热带季风气候区，是澜沧江、小黑江流域水土保持和涵养水源林重要组成部分。保护区以独特的森林生态系统、国家重点保护野生动植物及其栖息地为主要保护对象，属于森林生态系统类型。

保护区隶属林业部门，2018年成立景洪市县级自然保护区管护局（景编发〔2018〕8号），规格为正科级，核定事业编制9人。

（撰稿：杨东、李志勇、查伟）

长蕊木兰（赵明旭 摄）

亚洲象（赵明旭 摄）

勐海县级自然保护区

勐海县级自然保护区于2012年经勐海县人民政府批准成立（海政复〔2012〕102号），位于勐海县勐往、勐阿、勐满、勐遮、西定和打洛6个乡镇，由七片区组成，地理坐标为东经99° 56'38″ ~ 100° 37'32″，北纬21° 44'16″ ~ 22° 27'50″，总面积28315.7公顷。

保护区处于横断山南段中山峡谷区内的滇西南中山宽谷盆地亚区南部，海拔高度介于

季风常绿阔叶林（邹光启 供）

550～2249米之间，其保存着完好的天然林，水源涵养功能突出，是周边社区重要水源涵养区。保护区以保护山地雨林、季风常绿阔叶林为主的森林生态系统和珍稀濒危野生动植物资源及其栖息环境为主要保护对象，属于森林生态系统类型。

保护区动植物资源较为丰富，记录有高等植物1622种，包括裸子植物5种、蕨类植物119种、被子植物1498种；陆栖脊椎动物462种，包括哺乳动物80种、鸟类290种、爬行动物54种、两栖动物38种。

保护区隶属林业部门，2018年成立勐海县级自然保护区管护局（海编委发〔2018〕4号），为县林业局下属公益一类事业单位，规格为正科级，核定事业编制9人。

（撰稿：杨东、李志勇、马杰）

蚌蛾片勐往河库湾（邹光启 供）

勐腊县澜沧江绿三角县级自然保护区

北豚尾猴（王巧燕 摄）

勐腊县澜沧江绿三角县级自然保护区于2014年经勐腊县人民政府批准成立（腊政复〔2014〕232号），位于勐腊县西南部边境地区，由两片区组成，总面积14752.0公顷。大黑山片区位于关累镇大黑山区域，南与景洪市勐罕镇接壤，地理坐标为东经101°09′57″～101°15′08″，北纬21°43′50″～21°49′27″；苏腊大山片区位于关累镇和勐棒镇交界的苏腊大山区域，南与缅甸、老挝相接壤，地理坐标为东经101°08′16″～101°16′54″，北纬21°26′49″～21°39′10″。保护区共涉及国境线长24.2千米，全部位于苏腊大山片区。

保护区位于南亚热带季风气候区，是澜沧江、南腊河流域水土保持和涵养水源林重要组成部分。保护区作为边境生态屏障，以保护山地雨林为主的森林生态系统和珍稀濒危野生动植物资源及其栖息环境为主要保护对象，属于森林生态系统类型。

保护区隶属林业部门，2018年成立勐腊县级自然保护区管护局，为县林业局下属公益一类事业单位，规格为正科级，核定事业编制9人。

（撰稿：杨东、李志勇、何志刚）

季节雨林（宋志勇 摄）

滇东南

包括红河州、文山州全境，位于云南省东南部，地理坐标22°30′～ 24°46′、东经101°48′～106°12′。该区东与广西百色市接壤，南与越南接界，西邻玉溪，北与昆明市、曲靖市相连。该区国土总面积6516900公顷，地势西北高、东南低，地形以元江为界，元江以东属于滇东高原区，元江以西为横断山纵谷的哀牢山区。区内海拔76.4～3074米。该地区内从泥盆纪到三叠纪的沉积岩分布很广，其中不同时期的石灰岩广泛出露，形成岩溶地貌发达的高原和山原。

滇东南是世界上喀斯特地貌发育最典型的地区之一，岩溶景观丰富而独特，具有极高的美学价值；区内湿热河谷中尚保存有较典型的湿润雨林，为湿润雨林沿河谷向北分布的边缘条件下的类型；该区是中国滇黔桂及北部湾古特有中心的重要部分，是备受关注的生物多样性关键地区；同时，本区地处东亚、东南亚季风交汇区域，加上石灰岩山地的特有化发育，展示出生物种类极为丰富、特有化程度很高的特征，是我国3个特有类群的分布中心之一。

目前，滇东南共建立了17个自然保护区，面积达278270公顷，占国土面积的4.3%。包括国家级自然保护区4个，面积174747公顷；省级自然保护区9个，面积102702公顷；州县级自然保护区4个，面积821公顷。

（撰稿：陶晶）

岩溶地貌景观
（陶晶 摄）

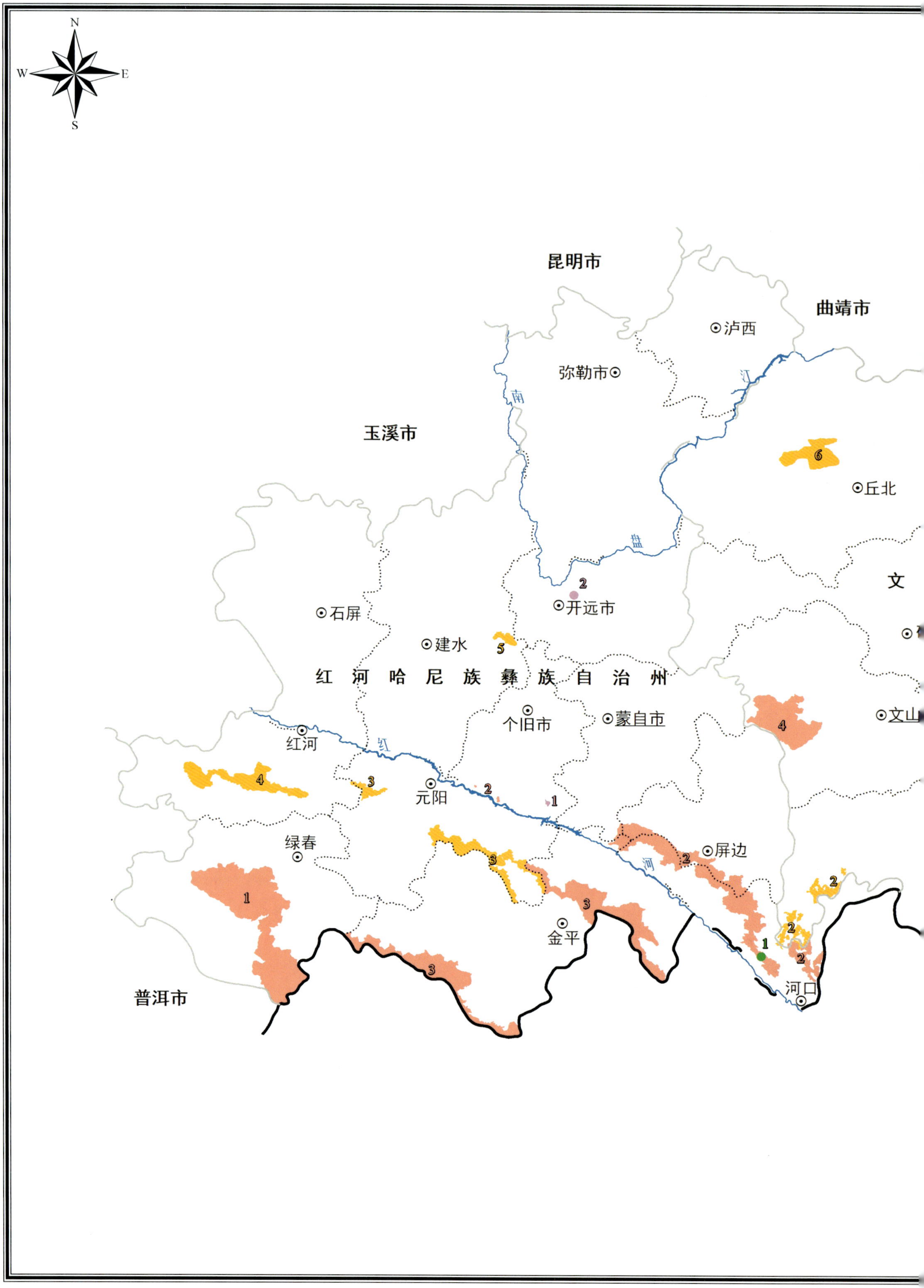

N
W
E
S
昆明市
曲靖市
泸西
弥勒市
玉溪市
6
丘北
2
开远市
文
石屏
建水
5
红河哈尼族彝族自治州
个旧市
蒙自市
4
文山
红河
4
3
元阳
2
1
绿春
2
屏边
1
3
3
2
1
2
金平
2
3
普洱市
河口

滇东南自然保护区分布示意图

区域	序号	名称
滇东南	1	黄连山国家级自然保护区
滇东南	2	大围山国家级自然保护区
滇东南	3	金平分水岭国家级自然保护区
滇东南	4	文山国家级自然保护区
滇东南	1	麻栗坡、马关老君山省级自然保护区
滇东南	2	马关古林箐省级自然保护区
滇东南	3	元阳观音山省级自然保护区
滇东南	4	红河阿姆山省级自然保护区
滇东南	5	建水燕子洞白腰雨燕省级自然保护区
滇东南	6	丘北普者黑省级自然保护区
滇东南	7	富宁驮娘江省级自然保护区
滇东南	8	广南八宝省级自然保护区
滇东南	9	麻栗坡老山省级自然保护区
滇东南	1	南溪河水生野生动物州级自然保护区
滇东南	2	麻栗坡下兴箐州级自然保护区
滇东南	1	个旧蕫棕市级自然保护区
滇东南	2	开远南洞市级自然保护区

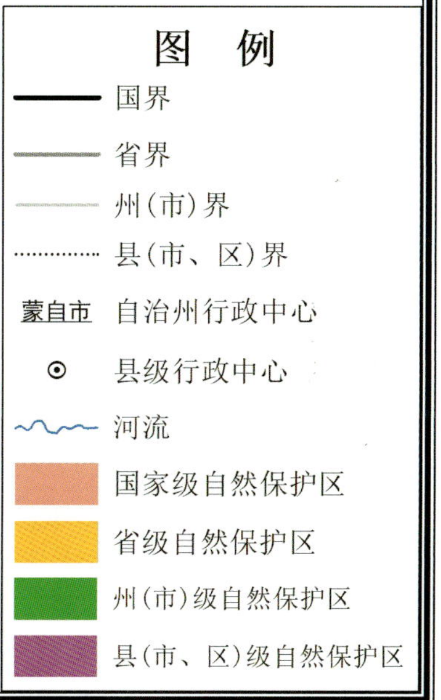

审图号：云S(2019)010号
本图境界不作划界依据。

黄连山国家级自然保护区

黄连山国家级自然保护区位于云南省红河州哈尼族彝族自治州绿春县中南部，地理坐标为东经102° 03′ 33.5″ ~ 102° 36′ 59″，北纬22° 30′ 18.9″ ~ 22° 55′ 35.7″。黄连山于1983年成立省级自然保护区，2003年晋升为国家级自然保护区，2011年经国务院批准保护区范围调整，调整后总面积61860.0公顷。

黄连山为哀牢山南段三个分支中的中支，呈西北—东南走向，是下古生界的碎屑岩和变质岩组成的断块山。山脊明显，夹在茶卡河与渣玛河（均为红河支流）之间，地势北高南低，为构造侵蚀中山、高中山和深切峡谷相间的地貌形态，缺少盆地与宽谷平原，平均海拔2000米。保护区西部受印度洋暖湿气流的影响，东部受太平洋西并高压的影响，但由于地处哀牢山南延余脉云南气候的分界线上，阻碍了来自孟加拉湾的西南季风暖湿气流和来自北部湾的东南季风

山地苔藓常绿阔叶林（ 何疆海 摄）

季风常绿阔叶林（李二六 摄）

暖湿气流的影响，形成了光照充足、气候温暖、雨量充足、雨热同季的气候特点。

保护区属森林生态类型，主要保护对象为：以山地苔藓常绿阔叶林、季风常绿阔叶林、山地雨林、季节雨林为主的森林生态系统；以绿春苏铁、喜马拉雅红豆杉、长蕊木兰、东京龙脑香等为代表的国家重点保护野生植物及其生境；保护以印支虎、西黑冠长臂猿、白颊长臂猿、林麝等为代表的国家重点保护野生动物及其栖息环境。

保护区内记录有维管植物240科1114属2863种，包括国家Ⅰ级重点保护野生植物喜马拉雅红豆杉、绿春苏铁、东京龙脑香等6种；国家Ⅱ级重点保护野生植物千果榄仁、水青树、云南拟单性木兰等20种，云南省省级保护植物24种。区内记录有哺乳动物100种，包括国家Ⅰ级重点保护野生动物西黑冠长臂猿、白颊长臂猿、林麝等11种，国家Ⅱ级重点保护野生动物黑熊、水獭等16种；鸟类217种，包括国家Ⅱ级重点保护鸟类22种；两栖爬行动物78种，包括国家Ⅰ级重点保护野生动物鼋、巨蜥、蟒蛇3种，国家Ⅱ级重点保护野生动物红瘰疣螈1种；鱼类76种（亚种），其中13种为李仙江水系特有种。记录有昆虫21目176科近500种。

由于保护区处在古热带植物区系和东亚植物区系的交汇地带，自第三纪以来未受到第四纪冰川的直接侵袭，这里保存着第三纪遗留下来的古第三纪植被类型，成为古老植物的自然“避难所”。稀有活化石—谭清苏铁（绿春苏铁）仅分布于保护区内，是目前国内已知分布最集中

云南龙蜥（莫明忠 摄）

白头蝰（莫明忠 摄）

斑头鸺鹠（莫明忠 摄）

猕猴（白然思 摄）

蜂猴（莫明忠 摄）

白鹇（雌）（管护局 供）

且数量最大的苏铁群落；还分布有大血藤科和瘿椒树科2个中国特有种子植物科，有酸竹属、香竹属、蜂腰兰属、巴豆藤属等11个中国特有种子植物属，51种5变种本地特有种子植物。保护区是我国灵长类动物种类最多的保护区，而且保护区内同域分布的亲缘关系最近且习性相似的原始灵长类西黑冠长臂猿和白颊长臂猿，在国内的保护区中极其罕见，对其保护和研究，有助于完善物种分类和分化的理论基础。同时，由于保护区毗邻越南和老挝北部，为印度支那地区的北缘地带，因此保存有许多印度支那生物区系的特有类群和特色，是这一生物区系在中国南部的典型代表，对它的保护在中国动物地理中有特殊意义。

2016年3月，红河州机构编制委员会批准设立云南黄连山国家级自然保护区管护局，为红河州林业局下属的正处级公益性事业单位，核定事业编制62名，对保护区实行统一管理。

（撰稿：沙剑斌、涂在斌、张开平）

喜马拉雅红豆杉（普付强 摄）

谭清苏铁（绿春苏铁）（群落）（何疆海 摄）

东京龙脑香（莫明忠 摄）

金毛狗蕨（莫明忠 摄）

大围山国家级自然保护区

大围山国家级自然保护区位于云南省东南部，地跨红河哈尼族彝族自治州河口、屏边、个旧、蒙自四县市。地理坐标为东经103°20′～104°03′，北纬22°35′～23°07′。保护区总面积43993.0公顷。其中，河口县27518.0公顷，占保护区总面积62.5%；屏边县14496公顷，占保护区总面积33.0%；个旧市1485公顷，占保护区总面积3.4%；蒙自市494公顷，占保护区总面积1.1%。1986年成立大围山省级自然保护区，2001年晋升为国家级自然保护区。

热带山地雨林生态系统（杨保纲 摄）

保护区属自然生态系统类别中的森林生态系统类型的保护区，是我国唯一分布有湿润雨林和热带山地森林垂直带谱最完整的保护区。主要保护对象为热带湿润雨林以及完整的热带山地森林生态系统；以苏铁、桫椤、望天树、东京龙脑香等为代表的国家重点保护野生植物和多种兰科植物，以及以蜂猴、云豹、黑熊、黑冠长臂猿等为代表的国家重点保护野生动物及其栖息环境。

倭蜂猴（杨保纲 摄）

红瘰疣螈（何永明 摄）

巨蜥（杨保纲 摄）

山地苔藓常绿阔叶林结构（杨保纲 摄）

季风常绿阔叶林景观（杨保纲 摄）

保护区内植被划分为雨林、季雨林、常绿阔叶林、竹林、灌丛、草丛6个植被型，12个植被亚型，41个群系，68个群落。记录有种子植物4793种、蕨类植物528种、苔藓植物538种，包括国家Ⅰ级重点保护野生植物多歧苏铁、红河苏铁、多毛坡垒、华盖木等19种，国家Ⅱ级重点保护野生植物滇南桫椤、西亚桫椤、紫荆木、云南拟单性木兰等55种；哺乳动物104种，鸟类381种，两栖类54种，爬行类62种，鱼类70种，昆虫670种，包括国家Ⅰ级重点保护野生动物倭蜂猴、灰孔雀雉、巨蜥、蟒等10种；国家Ⅱ级重点保护野生动物猕猴、长尾阔嘴鸟、大壁虎、红瘰疣螈等64种；是我国两栖爬行类和原猴类动物最富集的地区之一。

保护区地处大围山山脉中上部及其东部山麓，受新生代区域地壳运动、红河—哀牢山断裂带

西亚桫椤（何永明 摄）

思簩竹群落（楚永兴 摄）

季节雨林中的蚬木群落（杨保纲 摄）

控制和流水侵蚀切割作用的影响，大围山山脉总体表现为西北—东南向延伸的中（低）海拔大起伏中山。保护区地处北回归线以南东部型和西部型季风气候交汇地区，在太阳辐射、东亚和南亚季风环流和下垫面性质的综合作用下，形成低纬山地北热带季风气候显著、气温高、雨量多、湿度大的气候特点。复杂的地貌、温润的气候孕育了丰富的植物种类和众多的植被类型，生物多样性突出。区内孕育有热带湿润雨林—季节雨林—山地雨林—石灰山季雨林—季风常绿阔叶林—山地苔藓常绿阔叶林—山顶苔藓矮林等植被类型，存在着完整的山地森林生态系统。海拔500米以下的沟谷分布有以云南龙脑香为标志，并伴生多毛坡垒、隐翼木等珍稀树种的湿热性最强的雨林，是东南亚典型雨林沿河谷向北分布的极限类型，同时，垂直带上的季风常绿阔叶林和山地苔藓常绿阔叶林，都是特殊的森林植被类型，保护价值尤为重要，是进行科学研究的理想基地。

红河苏铁（杨保纲 摄）

以东京龙脑香为标志的热带湿润雨林（张贵良、杨保纲 摄）

保护区是古老热带森林植物的避难所，聚集了植物的古老性、珍稀性、多样性和完整性，是全国生物多样性珍、稀、濒、危、特植物种类最丰富的保护区之一。区内分布的活化石苏铁植物，是现存地球上最古老的种子植物，对研究种子植物的起源及演化、与动物的协同进化、古地理气候的变化、现代种子植物区系分类等都具有重要意义。

2015年，云南省机构编制委员会同意设立云南大围山国家级自然保护区管护局，核定事业编制96名，为红河州林业局下属正处级事业单位，同时加挂大围山国家公园管理局牌子，实行两块牌子一套人马的管理模式。

（撰稿：沙剑斌、范正平、张开平）

暖热性次生灌丛（杨保纲 摄）

金平分水岭国家级自然保护区

金平分水岭国家级自然保护区位于云南省东南部金平苗族瑶族傣族自治县境内，地理坐标位于东经102° 31′ 36″ ~ 103° 31′ 50″，北纬22° 26′ 36″ ~ 22° 57′ 44″，总面积42026.6公顷。分水岭于1986年成立省级自然保护区，2001年晋升为国家级自然保护区。保护区由互不相连的分水岭—五台山片和西隆山片组成。分水岭—五台山片位于金平县东北部，面积24197公顷；西隆山片位于金平县南部，面积17829.6公顷。

华盖木（莫明忠 摄）

毛果木莲（莫明忠 摄）

云南拟单性木兰（莫明忠 摄）

山地苔藓常绿阔叶林（莫明忠 摄）

五台山瀑布（刁继清 摄）

眼镜王蛇（莫明忠 摄）

中华桫椤（莫明忠 摄）

西黑冠长臂猿（倪庆勇 摄）

保护区地处哀牢山南端余脉，境内为典型中山山地地貌。西隆山是金平县最高峰，海拔为3074.3米，保护区最低海拔点小翁帮河为880米，相对高差2194.3米。五台山片区地处哀牢山南端余脉，山势呈西北向东南走向，地势西北高、东南低，河头大山山脊将保护区分为东北红河流域和西南藤条江流域两个坡面，地质构造复杂；西隆山片区的西隆山亦为哀牢山脉的支系，受中生代以来强烈的地壳运动影响，河流切割深邃，为中山深切割地貌。保护区地处滇南低纬度高原地区，由于受暖湿季风影响，冬季多云雾，夏季多雨，为云南省少日照地区之一。区内海拔高差大，地形复杂，形成了“十里不同天”的立体气候特点。

保护区属自然生态系统类别森林生态系统类型的自然保护区，主要保护对象为我国低纬度高海拔热带北缘地区热带山地苔藓常绿阔叶林生态系统，及长蕊木兰、叉叶苏

黑线乌梢蛇（莫明忠 摄）

蟒蛇（莫明忠 摄）

铁、多岐苏铁、篦齿苏铁、云南苏铁、多毛坡垒、东京龙脑香、藤枣、伯乐树等珍稀植物以及西黑冠长臂猿、云豹、蜂猴、熊猴、绿孔雀、黑颈长尾雉等珍稀濒危动物。

保护区内记录有2567种维管束植物，是省内植物种数最多的自然保护区之一。国家重点保护野生植物多达105种，包括国家Ⅰ级重点保护野生植物云南苏铁、长蕊木兰、鸡毛松等13种，国家Ⅱ级重点保护野生植物木瓜红、鹅掌楸等92种；云南省重点保护植物栓叶猕猴桃、马槟榔等38种。记录有哺乳动物124种，包括国家Ⅰ级重点保护野生动物西黑冠长臂猿、蜂猴、巨蜥等12种，国家Ⅱ级重点保护野生动物中国穿山甲、黑熊、水鹿等19种；鸟类338种，包括国家Ⅰ级重点保护鸟类绿孔雀、黑颈长尾雉等4种，国家Ⅱ级重点保护鸟类27种；两栖爬行动物111种，包括国家Ⅰ级重点保护野生动物巨蜥、蟒蛇、鼋3种，国家Ⅱ级重点保护野生动物凹甲陆龟、山

凹甲陆龟（莫明忠 摄）

瑞鳖等5种。

保护区保存有国内面积最大的热带中山山地的特有植被——热带中山山地苔藓常绿阔叶林，面积约29418公顷，占保护区面积的70%以上。由于未受到第四纪冰川的直接侵袭，而成为古老热带树种的避难所。经漫长的地质演变，保存着较完整的热带中山山地特殊的常绿阔叶林类型，尚存多种第三纪植物的残遗种和特有种，如原始莲座蕨、桫椤、马尾树、鹅掌楸、鸡毛松、木莲、陆均松、粗毛柏那参、大果五加等。另外，保护区在东西处于中国—日本、中国—喜马拉雅两个地理成分分异的边缘地带；在南北处于东亚植物区系和泛热带植物区系的交汇地带，是研究古热带植物区和东亚植物区关系的关键地区之一。

2015年，云南省机构编制委员会同意设立云南金平分水岭国家级自然保护区管护局，核定事业编制74名，为红河州林业局下属正处级事业单位，行使保护区保护管理职能。

（撰稿：沙剑斌、刁继清、喻智勇、尹晶、张开平）

黑熊（莫明忠 摄）

文山国家级自然保护区

文山国家级自然保护区位于文山壮族苗族自治州的文山市和西畴县境内，包括文山市老君山片区和西畴县小桥沟片区，总面积26867.0公顷。其中，老君山片区地理坐标为东经103°53′～104°10′，北纬23°16′～23°25′，面积22960.4公顷，占保护区总面积的85.46%；小桥沟片区地理坐标为东经104°41′～104°52′，北纬23°21′～23°24′，面积3906.6公顷，占保护区总面积的14.54%。保护区于1980年建立，小桥沟片区和老君山片区分别于1986年和1997年晋升为省

银装素裹（李英科 摄）

级自然保护区，于2003年合并晋升为国家级自然保护区。

保护区地处北回归线南缘，是我国西南边陲东南部、中越边境中段、东南亚热带北缘、中山山地的典型地段。保护区属自然生态系统类别森林生态系统类型，主要保护对象为以华盖木为代表的多种木兰科植物、伯乐树、毛枝五针松等珍稀濒危和特有植物类群及蜂猴、倭蜂猴、熊猴、中国穿山甲、红腹角

季风常绿阔叶林（何德明 摄）

森林飞歌（田景华 摄）

雉等珍稀濒危保护动物，并以典型的南亚热带山地季风常绿阔叶林和苔藓常绿阔叶林原始类型及珍稀动植物的栖息地为主要管理目标。

保护区多样化的生境条件、植被类型和丰富的植物资源为各类动物生存繁育提供了良好的

栖息环境和充足的食源，保育了丰富的野生动物资源，是我国南方不可多得的一个物种基因库。保护区的植被可划分为6个植被型，10个植被亚型，21个群系，分布有滇东南地区面积最大、保存最为完好的季风常绿阔叶林和山地苔藓常绿阔叶林。区内记录有蕨类植物45科100属262种，裸子植物6科10属23种，被子植物182科938属3064种，其中，国家Ⅰ级重点保护野生植物6种，如华盖木、长蕊木兰等；国家Ⅱ级重点保护野生植物29种，如鹅掌楸、马尾松等。记录有哺乳动物86种，鸟类247种，两栖爬行动物92种，鱼类60种，昆虫222种，其中国家Ⅰ级重点保护野生动物9种，如云豹、蜂猴、倭蜂猴、灰叶猴、熊猴等；国家Ⅱ级重点保护野生动物35种，如黑熊、金猫等。保护区环境条件的独特性造就了物种的珍

褐翅鸦鹃（李万德 摄）

滇南疣螈（杨云 摄）

常绿阔叶林景观（冯云峰 摄）

鹅掌楸（何德明 摄）

华盖木（野生植物资源调查组 摄）

稀性和森林生态系统的原生性，具有很高的保护价值和科研价值。

保护区处于多个生物地理单元的衔接过渡部位，加之石灰岩基质的特化发展，使该区域内古老物种的起源在几次地质事件中都没有受到大的影响。得益于生物地理区系的独特性，复杂而稳定的地史条件，该地区成为许多生物的避难所或保存地，是中国滇、黔、桂古特有植物分布中心最为重要的一部分。保护区所在区域未经第四纪冰川侵袭，因此残存的第三纪古老植物甚多。在众多残存的第三纪古老植物中，以木兰科植物最为丰富，其中有国家Ⅰ级重点保护野生植物华盖木。华盖木起源于1.4亿年前，是木兰科中最古老的单属种植物之一，素有“植物大熊猫”之称，对于研究木兰科植物分类系统、古植物区系方面具有重要价值。同样古老的鹅掌楸属仅有2个种，即鹅掌楸和北美鹅掌楸，在该保护区也有分布。保护区为许多起源古老的喀斯特植物提供了演化的新生境，也同时伴随了新类群和新特有类群产生，形成了植物从古老到进化或特化演变的一个梯度，是我国自然遗产中极其珍贵的财富。因此，该区也是华夏植物区系的核心部分，是种子植物演化中心，古老和新生类类群在此地同时发展，形成了一个植物演化的历史博物馆，可以看到许多种子植物清晰的演化史。

2017年1月，云南文山国家级自然保护区管护局成立，为文山州林业局下属正处级事业单位，核定事业编制60名。

（撰稿：董磊、胡箭、朱世新、刘先泽）

麻栗坡、马关老君山省级自然保护区

麻栗坡、马关老君山省级自然保护区于1981年经云南省人民政府批准建立，位于文山壮族苗族自治州麻栗坡、马关两县的毗连地带，地理坐标为东经104° 32′ 50″ ~ 104° 41′ 19″，北纬22° 53′ 39″ ~ 22° 58′ 27″，海拔910 ~ 2579.3米，总面积4509.0公顷。保护区位于滇东南喀斯特山

常绿阔叶林景观（管护局 供）

常绿阔叶林外貌（周贤勇 摄）

原地貌的南部边缘，南与越北高原相连，处在云南植被区划的滇东南岩溶山原峡谷季风常绿阔叶林区，区内亚热带常绿阔叶林植被的垂直带谱保存完整，植被类型多样，动植物种类丰富。保护区属自然生态系统类别中的森林生态系统类型，主要保护对象为桫椤、马尾树等孑遗物种及珍稀濒危动植物和常绿阔叶林。

红花木莲（管护局 供）

保护区保存有较为完整的常绿阔叶林，区内植被垂直地带性明显，具有从季风常绿阔叶林、中山湿性常绿阔叶林、山顶苔藓常绿阔叶林、山顶苔藓矮林和山顶灌丛组成的完整的热带北缘中山山地植被垂直带谱，且区内的苔藓常绿阔叶林是我国大陆保存完好、面积较大的典型分布地。保护区内动植物区系复杂，是中国西南部重要的物种基因库之一，区内记录有维管束植物1434种，哺乳动物51种，鸟类111

大丫口风光（管护局 供）

老君山主峰（管护局 供）

瀑布（管护局 供）

种，两栖爬行类33种。国家Ⅰ级重点保护野生植物有长蕊木兰1种，国家Ⅱ级重点保护野生植物有大叶木莲、云南金钱枫、十齿花等9种；区内记录有国家Ⅰ级重点保护野生动物1种，国家Ⅱ级重点保护动物21种。此外，区内还记录中国特有种371种（植物364种，动物7种），这些物种或种群数量稀少，分布区域狭窄，具有极高的保护价值及栖息地保护价值。另外，由于保护区在地理位置上位于“田中线”以南并靠近这一分界线，使得区内的动植物表现出了由热带向亚热带过渡的特征，是研究动植物区系分布及特征的重要区域。

2016年6月，老君山省级自然保护区管护局成立，为文山州林业局下属副处级事业单位，核定事业编制7名。管护局下辖麻栗坡管护分局，核定事业编制6名；马关管护分局，核定事业编制10名。

（撰稿：董磊、刘先泽、罗跃忠）

马关古林箐省级自然保护区

马关古林箐省级自然保护区位于文山壮族苗族自治州马关县境内，地理位置在东经103°54′–104°25′、北纬22°41′–23°03′，海拔160～2028.4米，由达豹箐、倮洒大箐、席麻冲大箐、天生桥大箐、老箐、马家岗大箐、磨岗大箐、吊锅厂大箐、黄姜坪大箐9个相对完整的原始天然林片区组成，总面积6832.0公顷。保护区始建于1982年，为州级自然保护区，2002年晋升为省级自然保护区，2015年更名为马关古林箐省级自然保护区。

保护区地处滇东南高原向东南半岛过渡的结合部，南亚热带与热带的过渡地带，属于中切割中低山喀斯特地貌。多样的自然地理环境和复杂的气候条件孕育了我国十分少有的热带湿润

望天树群落（管护局 供）

蟒蛇（刘洪良 摄）

蜂猴（刘洪良 摄）

常绿阔叶林（刘洪良 摄）

雨林、热带季节雨林和热带季雨林等森林生态系统，使该区域成为中国三大生物多样性中心——滇东南—桂西北的核心区域。保护区属自然生态系统类别中的森林生态系统类型，主要保护对象是较完整的北热带山地森林植被及丰富的动植物资源。

金花茶（刘洪良 摄）

卷瓣兰（李国云 摄）

保护区从低海拔至高海拔共有6大植被型9个植被亚型，记录有维管束植物2256种，其中国家Ⅰ级重点保护野生植物有望天树、东京龙脑香等10种，Ⅱ级重点保护野生植物有蚬木、中华桫椤等30种；分布有脊椎动物326种，其中国家Ⅰ级重点保护野生动物有圆鼻巨蜥、蜂猴等7种，国家Ⅱ级重点保护野生动物有短尾猴、原鸡等28种。

保护区在北回归线附近典型的喀斯特地貌

潺水岩瀑布（刘洪良 摄）

上留存了“老刀难砍古林箐，三车难拉八围树”的原始森林景观。区内的望天树林和蚬木林是保护区最具代表性和最具特色的植被类型，同时也是滇东南生物多样性中心的关键类群；东京龙脑香林是云南省湿润雨林的代表类型之一，对研究我国热带森林的起源、联系与区别具有重要意义。保护区的热带和亚热带植物成分交错分布、过渡显著，植物的特有现象明显，同时生物多样性丰富、关键类群分布集中，因此被称为“中国古特有中心，全球喀斯特地区的精华”。

马关古林箐省级自然保护区管护局属于马关县人民政府直管的副处级事业单位，核定事业编制25人。

（撰稿：董磊、刘先泽、唐育跃）

热带季雨林（陆树刚 摄）

元阳观音山省级自然保护区

元阳观音山省级自然保护区位于云南省红河哈尼族彝族自治州元阳县境内，由东、西不相连的两片组成，总面积16359.1公顷。其中，东观音山片地理坐标处于东经102º48′35″～103º10′19″，北纬22º50′31″～23º4′52″，面积为14045.3公顷；西观音山片地理坐标处于东经102º34′1.7″～102º41′0.5″，北纬23º09′27.5″～23º12′59.8″，面积2313.8公顷。观音山于1988年成立县级自然保护区，1994年晋升为省级自然保护区。

保护区地处哀牢山南延余脉，观音山为元江和藤条江分水岭，受山体大幅间歇性抬升及河流急剧下切的影响，形成大起伏的深切割中山峡谷地貌格局。保护区位于云南气候的分界线上，属亚热带南北气候过渡地带，西部受印度洋暖湿气流影响，东部受太平洋西伸高压影响。

保护区原始森林生态系统远眺（晁增华 摄）

巨瀑遗痕（马正昌 摄）

优越的气候条件，孕育了丰富的植物种类和众多的植被类型，生物多样性突出。

保护区属森林生态系统类型中的中型自然保护区。主要保护对象为：以亚热带中山苔藓常绿阔叶林为主的、具有巨大水源涵养生态功能的原始森林生态系统；以长蕊木兰、大果五加、水青树、十萼花等为主的国家级重点保护野生植物及元阳石豆兰、金平凤仙花等观音山狭域植物；以及以蜂猴、熊猴、凤头鹰、楔尾绿鸠、蟒蛇等为主的国家重点保护野生动物。

保护区记录有维管束植物1499种，包括国家Ⅰ级重点保护野生植物长蕊木兰1种，国家Ⅱ级重点保护野生植物鹅掌楸、合果木、十齿花等8种，云南省省级保护野生植物西畴润楠、云南山橙等18种，观音山特有植物元阳石豆兰、金平凤仙花、异萼直瓣苣苔3种。哺乳动物83

白岩子山（车鑫 摄）

元阳观音山五指峰（莫明忠 摄）

十齿花（莫明忠 摄）

长蕊木兰（莫明忠 摄）

污色无翅刺（虫脩）（莫明忠 摄）

黄颈凤鹛（莫明忠 摄）

北树鼩（中缅树鼩）（莫明忠 摄）

白颊小树蛙（莫明忠 摄）

种，鸟类162种，两栖爬行动物81种，包括国家Ⅰ级重点保护野生动物倭蜂猴、巨蜥等7种；国家Ⅱ级重点保护野生动物短尾猴、凤头蜂鹰、红瘰疣螈等36种；云南省省级保护野生动物毛冠鹿、眼镜王蛇等3种。

东、西观音山初看像两道巨大的屏风，细看则像两尊自然天成的玉观音，是元阳人民世代顶礼膜拜的神山。最高峰白岩子集“稀、奇、古、怪”于一体。次高峰五指山有如来五指托月之仙姿。区内还具有大面积原始亚热带苔藓湿性常绿阔叶林为主的原始森林，是不可多得的植物种质基因库。

2015年云南省机构编制委员会同意设立观音山省级自然保护区管护局，核定事业编制27名，为红河州林业局下属副处级事业单位，行使保护区保护管理职能。

（撰稿：沙剑斌、李忠发、车鑫、张开平）

红河阿姆山省级自然保护区

红河阿姆山省级自然保护区于1995年经云南省人民政府批准建立，位于红河哈尼族彝族自治州红河县中南部，地理坐标为东经102° 02′ 17″ ~ 102° 25′ 54″，北纬23° 09′ 10″ ~ 23° 17′ 15″，保护区东西横跨41.2千米，南北最宽处14.5千米，呈狭长形，保护区总面积为17211.9公顷。

保护区位于哀牢山山脉南缘部分、藤条江上游，受构造运动和流水侵蚀切割的作用，形成以侵蚀剥蚀山地地貌为主的格局。区内地势起伏大、地表破碎、水系发育，是元江和藤条江两大河流的重要发源地。保护区地处北回归线以南的低纬度地区，属亚热带山地季风气候，优越的气候条件，孕育了丰富的植物种类和众多的植被类型，生物多样性突出。保护区属生态系统类别森林生态系统类型的保护区。主要保护对象为：红河、藤条江两江的重要汇水区域；以中

阿姆山主峰全景（张红良 摄）

伯乐树（张红良 摄）

红花木莲（莫明忠 摄）

陈氏苏铁（莫明忠 摄）

山湿性常绿阔叶林、山地苔藓常绿阔叶林、山顶苔藓矮林植被为主构成的南亚热带山地森林生态系统及其生物多样性；以伯乐树、中华桫椤、水青树、蜂猴、白鹇等为代表的珍稀濒危动植物类群及其栖息繁衍地。

保护区记录有野生维管束植物1243种，包括国家Ⅰ级重点保护野生植物伯乐树1种，国家Ⅱ级重点保护野生植物中华桫椤、翠柏、水青树、十齿花等10种，云南省省级重点保护植物21种；哺乳动物66种，包括国家Ⅰ级重点保护野生动物西黑冠长臂猿、灰叶猴、蜂猴及云豹4种，国家Ⅱ级重点保护野生动物猕猴、中国穿山甲等9种，云南省省级重点保护动物长颌带狸和毛冠鹿2种；鸟类188种，包括国家Ⅱ级重点保护鸟类凤头蜂鹰、松雀鹰、白腹锦鸡等16种。两栖爬行类32种，包括国家Ⅱ级重点保护野生动物红瘰疣螈1种。

阿姆山是哀牢山的南缘部分，为元江、藤条江的分水岭，是两江的重要汇水区，红河县

白腹锦鸡（张红良 摄）

褐翅鸦鹃（莫明忠 摄）

黑眉锦蛇（莫明忠 摄）

鼬獾（莫明忠 摄）

90%以上乡镇的生产生活用水均依靠阿姆山供给，红河哈尼人视其为养育生命的母亲山，每年“昂玛突”节必到山顶祭祀，祈求保护，是当地哈尼族的圣山神林，不容侵犯与破坏。阿姆山天然森林生态系统是美丽“哈尼梯田”的水源涵养林，对红河流域生态安全有重大的影响，生态服务功能强大，生态地位重要。

2015年成立红河阿姆山省级自然保护区管护局，核定人员编制22人，为红河州林业局下属副处级事业单位，行使保护区保护管理职能。

（撰稿：沙剑斌、张红良、张开平）

建水燕子洞白腰雨燕省级自然保护区

建水燕子洞白腰雨燕省级自然保护区位于云南省红河州建水县面甸镇境内。地理坐标为：东经103° 02′ 28.37″ ~ 103° 06′ 24.80″，北纬23° 36′ 20.18″ ~ 23° 39′ 55.62″。2002年云南省人民政府批复建立建水燕子洞白腰雨燕省级自然保护区，总面积1601.2公顷。

保护区南距北回归线仅20千米左右，是我国南亚热带的北缘，也是我国南亚热带向中亚热

燕子洞洞口远眺（刘宏 摄）

带的过渡区域，是我国动植物区划最具代表意义的重要区域之一。保护区主要保护对象为白腰雨燕繁殖种群及其栖息环境和溶洞景观资源，具体为白腰雨燕繁殖种群及其繁殖地及由暗河、溶洞、钟乳石形成的溶洞景观资源，属野生生物类别中的野生动物类型自然保护区。

保护区记录有维管束植物314种，包括建水娃儿藤1种云南特有植物。记录有哺乳动物50种，包括中国穿山甲、水獭、中华鬣羚等国家Ⅱ级重点保护野生动物8种；鸟类107种，包括普通鵟、白腹锦鸡、斑头鸺鹠等国家Ⅱ级重点保护鸟类10种；两栖类13种，爬行类27种，包括国家Ⅰ级重点保护野生动物蟒蛇1种，国家Ⅱ级重点保护野生动物红瘰疣螈、虎纹蛙、大壁虎、平胸龟4种，以及云南省省级保护动物眼镜蛇、眼镜王蛇2种。

建水燕子洞是亚洲规模最宏大、最具代表性的喀斯特洞穴之一；也是我国境内白腰雨燕最大的繁殖地，故名“燕子洞”。白腰雨燕为“国家三有保护动物”，被IUCN（2012年版）列入

擎天玉柱（范希胜 摄）

觅食归来的白腰雨燕（王鑫 摄）

白腰雨燕（师建兵 摄）

白腰雨燕幼鸟与燕窝（王鑫 摄）

白腰雨燕群出洞觅食（王鑫 摄）

濒危物种红色名录低危（LC）级。每年繁殖季节，超过10万只白腰雨燕由越冬地迁徙至燕子洞筑巢栖息、繁殖、养育后代。群燕每天出巢觅食、归巢高峰时犹如万箭齐发，燕声和着水声，在洞内形成共鸣，形成规模宏大、独具特色的生物奇观。同时，燕子洞受泸江河水渗透溶蚀作用，形成由暗河、溶洞、钟乳石形成的自然景观，据称是亚洲规模最大的喀斯特溶洞之一，洞内悬垂的钟乳千姿百态，美不胜收，令人目不暇接。

2017年成立建水燕子洞白腰雨燕省级自然保护区管护局，为副处级公益一类事业单位，核定保护区事业编制14名。

（撰稿：沙剑斌、王立辉、张开平）

丘北普者黑省级自然保护区

丘北普者黑省级自然保护区于2002年经云南省人民政府批准建立，位于文山壮族苗族自治州丘北县境内，地理坐标为东经103° 56′ 55″ ~ 104° 8′ 18″，北纬24° 06′ 15″ ~ 24° 11′ 42″，海拔1446 ~ 1860米，总面积10746.0公顷。

保护区处在云贵高原向桂西平原倾斜地带的滇东岩溶高原面上，区内岩溶山地地貌和大小80多个岩溶湖泊构成了云南高原湖泊唯一的特殊岩溶湖泊湿地生态系统。保护区属自然生态系统类别内陆湿地和水域生态系统类型，主要保护对象为高原热带岩溶湖泊、岩溶山地峰（洞）

喀斯特地貌（管护局 供）

喀斯特湿地景观（管护局 供）

群景观及石灰岩山地常绿阔叶林及其所庇护的陆生和水生生物。

由于长期受人为活动的影响，保护区境内的原生性植被已被破坏，现状植被为次生植物群落，但植物种类仍然比较丰富，并且植物区系反映出滇中高原和滇东南岩溶地区植物种类交错分布的特征。保护区记录有种子植物507种，属国家Ⅱ级重点保护野生植物有3种，即水龙骨科的扇蕨、菱科的野菱和茜草科的香

水乡日出（金国龙 摄）

果树。另外，保护区地处几个植物区和亚地区交汇地带，分布有多种槭属植物，其中，灰叶槭、亮叶槭、都安槭、金沙槭、紫果槭5种植物是云南省发现的新分布物种。区内记录有哺乳动物15种；鸟类145种；爬行类11种；两栖类8种；鱼类18种；甲壳动物2种；软体动物3种。有国家Ⅰ级重点保护鸟类——东方白鹳1种，有国家Ⅱ级重点保护鸟类11种，如：黑翅鸢、雀鹰、褐翅鸦鹃等。

海菜花（管护局 供）

扇蕨（管护局 供）

在漫长的地质历史中，多期强烈的地壳活动及湿热多雨的古气候条件，造就了保护区典型意义的高原热带岩溶湖泊景观。地表宏观岩溶景观有岩溶湖群、峰林洼地、峰丛谷地、弧峰等；微观岩溶景观有石牙、溶槽、溶沟、漏斗、石林等；地下岩溶景观有水平溶洞、竖

红隼（管护局 供）

井、落水洞、暗河及其中的流纹、波痕槽等溶蚀景观，以及石笋、石柱、钟乳石、鹅管石、石幔、边石坝、石花等化学堆积物景观。从盆地边缘到盆地中心形成一个完整的岩溶地貌组合景观，并展现了岩溶地质发育的阶段性。从地表到地下，从宏观到微观，各类岩溶类型齐全、数量众多、分布集中，堪称“热带岩溶湖群景观大观园”，具有很高的科学价值。

2016年11月，文山丘北普者黑省级自然保护区管护局成立，为丘北县人民政府直属管理的财政全额拨款公益一类副处级事业单位。

（撰稿：董磊、刘先泽、唐勇平）

湿地精灵（朱志刚 摄）

富宁驮娘江省级自然保护区

富宁驮娘江省级自然保护区于2002年经云南省人民政府批准建立，位于文山壮族苗族自治州富宁县境内，分为剥隘、干南、谷拉（上、下）、鸟王山四个片区。保护区地理坐标为东经105° 37′ ~ 106° 07′，北纬23° 35′ ~ 24° 27′，海拔231 ~ 1598.1米，总面积19711.0公顷。

保护区地处滇东南岩溶高原的东部边缘，属于世界生物地理区划系统中的华南沿海亚单元（06a），是世界生物多样性中心之一的北部湾中心，也是中国三大生物多样性中心之一的桂西北—滇东南中心的核心部位和云南两大生物多样性中心之一的滇东南古特有中心的核心部位。保护区属自然生态系统类别森林生态系统类型，主要保护对象为石灰山季雨林、驮娘江河谷两岸的落叶季雨林、半常绿季雨林、季风常绿阔叶林、落叶阔叶林等森林生态系统及珍稀、濒危动植物栖息地和岩溶自然地理景观。

驮娘江（管护局 供）

石灰山季雨林（管护局 供）

红军洞（管护局 供）

云南穗花杉（管护局 供）

任豆林（管护局 供）

红椿（管护局 供）

保护区内分布的植被类型具有云南高原向华南地区过渡的特点。区内热带季雨林类型丰富，有石灰山季雨林、落叶季雨林和半常绿季雨林三种类型。区内记录有维管束植物1171种，哺乳动物78种，鸟类193种，两栖类44种，爬行类61种，鱼类75种。保护区内动植物区系复杂，珍贵稀有物种较多。记录有国家重点保护野生植物28种，其中，国家Ⅰ级重点保护野生植物有云南穗花杉、伯乐树等5种；国家Ⅱ级重点保护野生植物有红椿、原始观音莲座蕨、苏铁蕨等23种。国家级、省级保护野生动物81种，其中，国家Ⅰ级重点保护野生动物5种，如：蜂猴、云豹、巨蜥等；国家Ⅱ级重点保护野生动物39种，如：猕猴、白鹇、大壁虎等。在75种鱼类中，

雕鸮（管护局 供）

蛇雕（管护局 供）

有驮娘江水系珍稀特有鱼类13种，如：多耙光唇鱼、岩原鲤、叶结鱼等。

保护区有大面积原始的石灰山季雨林，多种国家级保护野生动植物分布其中，是文山州最具保护价值的区域；区内分布有多种孑遗植物，如厚囊蕨类植物、德保苏铁等，充分反映了保护区所处生物地理单元的独特性；保护区是野生动物物种交叉渗透的区域，为滇绒鼠、蜂猴、巨松鼠等典型热带动物分布的北限，是研究动物地理分布的重要地域；保护区内的谷拉河属珠江水系，是驮娘江的重要支流，现为国家重点工程——广西百色水利枢纽工程上游的库区，保护区完整而原始的森林生态系统，对保障库区的生态安全具有重要意义。

2016年5月，富宁驮娘江省级自然保护区管护局成立，为富宁县人民政府直属管理的财政全额拨款的公益一类副处级事业单位，核定事业编制17名。

（撰稿：董磊、刘先泽、何跃峰）

蜂猴（管护局 供）

大壁虎（管护局 供）

广南八宝省级自然保护区

广南八宝省级自然保护区于2002年经云南省人民政府批准建立，位于文山壮族苗族自治州广南县八宝镇境内，地理坐标为东经105° 22′ 59.3″ ~ 105° 30′ 40.9″，北纬23° 39′ 5.2″ ~ 23° 48′ 0.0″，海拔930 ~ 1520米，总面积5232.0公顷。

保护区位于“滇东南溶岩—峰林高原亚区”的东部，属于“热带、亚热带湿润气候型侵蚀及溶蚀地区”，是云南也是中国南方高原热带喀斯特发育的典型地区之一。自然保护区属自然遗迹类别地质遗迹类型自然保护区，主要保护对象为岩溶山地的河谷峰丛、峰林、瀑布景观以及优质水稻——“八宝米”的种质资源和石灰岩山地河流湿地及水生生物群落。

保护区喀斯特地貌普遍发育，各类喀斯特形态较为齐备，保存有完整的不同地质历史时期发育的热带高原峰林系列，所记录的喀斯特发育史和古环境变化的历史跨度悠久，其

喀斯特峰丛景观（肖关德 摄）

田园稻香（赵浩 摄）

三腊瀑布（扬廷锐 摄）

岩溶地貌的类型、内容和规模在国内具有典型的对比意义。保护区记录有维管束植物554种，哺乳动物15种，鸟类60种，两栖爬行动物21种，鱼类15种，其中国家Ⅱ级重点保护野生植物7种，如：楠木、喜树等；国家Ⅰ级重点保护野生动物蟒蛇1种；国家重点保护野生动物14种，如：小灵猫、虎纹蛙等。

保护区地处东亚植物区和古热带植物区的过渡地带，虽原生植被保存较少，但植物种类

收获的步伐（柴俊 摄）

古桥晨韵（黄照祥 摄）

仍比较丰富且具有特色，如分布有中国特有植物——海菜花，以及重阳木和复羽叶栾树两株名木古树，树龄均在数百年以上。区内典型的中国南方高原热带喀斯特峰林景观，是探讨华南高原热带喀斯特发育、分布、演化及其与周边环境关系的有利地区。区内峰丛、峰林、孤峰、溶盆有序分布，八宝河蜿蜒其间，相互映衬，世界级的稻作文化尽在其中；三腊瀑布系西洋江支流八宝河沿断裂带河谷溯源侵蚀形成的地貌裂点，规模宏大，是研究云贵高原形成、演化的主要依据，具有重要的科学研究价值。保护区是明末清初以来贡米（八宝米）的核心产地，稻耕文化积淀深厚，独具特色。

2016年9月，广南八宝省级自然保护区管护局成立，为广南县人民政府直属副处级事业单位，核定事业编制15名。

（撰稿：董磊、刘先泽、李应文）

河野秋色（熊平祥 摄）

麻栗坡老山省级自然保护区

麻栗坡老山省级自然保护区于2005年经云南省人民政府批准建立，位于文山壮族苗族自治州麻栗坡县东南部的中越边境附近，东与越南接壤。地理位置坐标为北纬22° 49′ ~ 23° 12′，东经104° 37′ ~ 104° 52′，海拔107 ~ 2288.5米，保护区总面积20500.0公顷。

保护区处于滇东南喀斯特山原地貌的南部边缘，南与越北高原交接，以中起伏和大起伏的山地为主，地貌类型多样，河谷切割深，地势起伏大，空间结构复杂。保护区属自然生态系统类别中的森林生态系统类型，主要保护对象为热带山地季风常绿阔叶林、石灰山常绿阔叶林及

季风常绿阔叶林景观（税玉民 摄）

瀑布（管护局 供）

峡谷景观（管护局 供）

以宽叶苏铁、云南穗花杉、红豆杉，蜂猴、灰叶猴等为代表的多种国家重点保护野生动植物和特有植物类群。

保护区内保存着大面积典型的季风常绿阔叶林、中山湿性常绿阔叶林、山顶苔藓矮林、热性竹林和湿热性次生灌丛等植被类型，低海拔地区尚残存有小面积的季节雨林、山地雨林、半常绿季雨林等植被。垂直分带明显，垂直带谱尚保存完整。区内记录有维管束植物1792种，哺乳动物70种，鸟类187种，两栖爬行动物52种。国家重点保护野生植物45种，其中，国家Ⅰ级重点保护野生植物有宽叶苏铁、云南穗花杉、红豆杉等5种；国家Ⅱ级重点保护野生植物有原始莲座蕨、金毛狗等40种。国家重点保护野生动物36种，其中，国家Ⅰ级重点保护野生动物有灰叶猴、蜂猴、林麝等5种；国家Ⅱ级重点保护野生动物31种。

保护区山地季风常绿阔叶林植被保存完好，加之江河、峡谷、瀑布等众多自然资源，具有很高的保护价值。整个保护区的核心景观

蟒蛇（管护局 供）

毛枝五针松（肖波 摄）

河流（管护局 供）

是老山主峰，辅以浩瀚的原始森林、秀丽的水域风光和杜鹃花海等生物景观，景观资源优势显著。不仅自然景观秀丽奇特，保护区内历史遗址和古战场的留存使得区内景观更加立体丰富。

2015年12月，麻栗坡老山省级自然保护区管护局成立，为文山州林业局下属副处级事业单位，核定人员编制28名。

（撰稿：董磊、刘先泽、谭国林）

南溪河水生野生动物州级自然保护区

南溪河水生野生动物州级自然保护区位于云南省红河州河口县境内。地理坐标为：东经103° 53′ 14.60″ ~ 104° 00′ 17.32″，北纬22° 32′ 17.78″ ~ 22° 42′ 40.17″，全长35千米，保护区总面积202.0公顷。

保护区属野生生物类别野生动物类型保护区。其主要保护对象为鼋、水獭、小爪水獭、山瑞鳖、暗色唇鲮、袋唇鱼、平胸龟、地龟、细痣疣螈、巨魾、异鱲等珍稀濒危水生野生动物和35种特有鱼类物种资源。南溪河流域水资源丰富，既是沿岸居民生活饮用水源地，也是众多水生野生动物栖息繁衍的重要场所。保护区的建设对当地生态环境和水生生物的保护具有重要意义。

2007年，红河州人民政府批准建立保护区，隶属于河口县人民政府管理，州渔政监督管理局作为业务指导部门。

（撰稿：沙剑斌、张开平、付国宏）

南溪河花渔洞（莫明忠 摄）

南溪河重要的鱼类繁育场所（莫明忠 摄）

特有鱼类红魾（管理所 供）

南溪河花渔洞（莫明忠 摄）

麻栗坡下兴箐州级自然保护区

麻栗坡下兴箐州级自然保护区始建于1982年，位于文山壮族苗族自治州麻栗坡县境内，海拔870～1440米，总面积192.0公顷。

保护区地处麻栗镇与天保镇辖区内，距麻栗坡县城约10千米。保护区属自然生态系统类别中的森林生态系统类型，主要保护对象为南亚热带常绿阔叶林。

保护区未设专管机构，现由老君山省级自然保护区管护局下辖的麻栗坡县老君山省级自然保护区管护分局管理。该分局于2016年成立，为麻栗坡县人民政府直属的公益一类正科级事业单位，核定事业编制6名。

（撰稿：董磊、刘先泽、周贤勇）

河谷（周贤勇 摄）

植被外貌（周贤勇 摄）

中华桫椤（周贤勇 摄）

个旧董棕市级自然保护区

个旧董棕市级自然保护区于1995年经个旧市人民政府批准成立，位于云南省红河哈尼族彝族自治州个旧市卡房镇和蔓耗镇境内，地理位置在东经103° 10′ 48.17″ ~ 103° 11′ 31.92″，北纬23° 07′ 34.32″ ~ 23° 09′ 02.05″，总面积160.0公顷，海拔570 ~ 1516米。

保护区属野生植物类型的小型自然保护区。主要保护对象为国家Ⅱ级重点保护野生植物董棕及其生境。

董棕为单子叶植物棕榈科的高大“乔木”，是石山季雨林的标志树种。保护区现存5米以上董棕800余株，是以野生董棕为单优群落的董棕原生地，突显了保护区热带植物区系的古老性和珍稀性。此外，区内记录有维管束植物799种，包括国家Ⅱ级重点保护野生植物4种；哺乳动物31种，鸟类89种，爬行动物24种，两栖动物10种，包括国家Ⅰ、Ⅱ级重点保护野生动物18种。

2017年，个旧市机构编制委员会同意成立个旧市董棕自然保护区管理保护中心，核定人员编制4人，为个旧市林业局下属股所级事业单位，行使保护区保护管理职能。

（撰稿：沙剑斌、张开平、李文清）

董棕林植被景观（李文清　摄）

董棕近照（李文清　摄）

开远南洞市级自然保护区

开远南洞市级自然保护区于2000年经开远市人民政府批准成立，位于云南省东南部红河哈尼族彝族自治州开远市境内，地理位置在东经103° 10′ 48.17″ ~ 103° 11′ 31.92″，北纬23° 07′ 34.32″ ~ 23° 09′ 02.05″，海拔1067 ~ 1400米，保护区总面积267.0公顷。

保护区属森林生态系统（水源涵养林）类型的小型自然保护区，主要保护对象为保护区内的山、水、林（水源涵养林）及各种古迹。

保护区记录有维管束植物562种，包括中国特有种40种及云南特有种9种；哺乳类动物19种；鸟类64种，包括国家Ⅱ级重点保护鸟类6种；爬行动物16种，包括国家Ⅱ级重点保护野生动物1种；两栖动物9种，包括国家Ⅱ级重点保护动物1种；鱼类20种，包括土著鱼类12种。

2017年开远市机构编制委员会同意设立开远市南洞自然保护区管理处，核定事业编制10名，为市住建局下属财政全额拨款的公益一类事业单位；保留“开远市南洞名胜风景保护区管理处”牌子，实行两块牌子一套人员的管理体制。

（撰稿：沙剑斌、张开平、李献敏）

岩（段禾祥 摄）

保护区景观（段禾祥 摄）

保护区水源出水口（段禾祥 摄）

附 录

云南省自然保护区名录（2017年）

序号	名称	类型	行政区域	主管部门	主要保护对象	面积(hm^2)	始建时间	现级别时间
I	国家级自然保护区					1509696		
1	西双版纳	森林生态	景洪市	林业	热带雨林、热带季雨林、季风常绿阔叶林森林生态系统和亚洲象、望天树等珍稀野生动植物	242510	1958	1986
			勐腊县					
			勐海县					
2	南滚河	野生动物	沧源县	林业	亚洲象、印支虎、白掌长臂猿、豚鹿等珍稀野生动物及其栖息的热带森林生态系统	50887	1980	1995
			耿马县					2003
3	苍山洱海	森林生态	大理市	环保	高原淡水湖泊水体及水生动植物自然生态和自然景观；第四纪冰川遗迹；以苍山冷杉——杜鹃林为特色的高山植被及生态景观；以大理裂腹鱼为主要成分的特殊鱼类区系	79700	1981	1994
		湿地生态	漾濞县					
			洱源县					
4	元江	森林生态	元江县	林业	干热河谷稀树灌木草丛，亚热带森林生态系统	22378.9	1981	2012
5	云龙天池	野生动物	云龙县	林业	以滇金丝猴为旗舰种的珍稀濒危野生动物资源及其栖息环境、云南松种质资源	14475	1983	2012
6	高黎贡山	森林生态	隆阳区	林业	中山湿性常绿阔叶林、季风常绿阔叶林生态系统和羚牛、白眉长臂猿、多种兰科植物等珍稀野生动植物	405549	1983	1986
			腾冲市					
			泸水市					
			福贡县				1986	2000
			贡山县					
7	白马雪山	野生动物	德钦县	林业	滇金丝猴及其栖息的多种冷杉属树种为优势的寒温性针叶林生态系统	281640	1983	1988
			维西县					2000

续表

序号	名称	类型	行政区域	主管部门	主要保护对象	面积(hm^2)	始建时间	现级别时间
8	黄连山	森林生态	绿春县	林业	热带季节雨林、山地雨林、季风常绿阔叶林、山地苔藓常绿阔叶林生态系统和绿春苏铁、白颊长臂猿、西黑冠长臂猿、印支虎、马来熊等为代表的珍稀濒危物种及其栖息地生态环境	61860	1983	2003
9	药山	森林生态	巧家县	林业	原生典型半湿润常绿阔叶林和亚高山沼泽化草甸湿地生态系统,珍稀野生动植物和野生药用植物资源	20141	1984	2005
10	永德大雪山	森林生态	永德县	林业	以中山温性常绿阔叶林为代表的南亚热带山地垂直带自然生态系统及珍稀特有野生动植物。我国纬度最南的苍山冷杉林	17541	1986	2006
11	哀牢山	森林生态	景东县	林业	以云南特有树种为优势的中山湿性常绿阔叶林生态系统和黑冠长臂猿等珍稀野生动植物、候鸟迁徙地	67700	1986	1988
			镇沅县					
			楚雄市					
			双柏县					
			南华县				1995	2003
			新平县				1986	1988
12	大围山	森林生态	河口县	林业	热带湿润雨林以及完整的热带山地森林生态系统，保护其生物多样性及其环境和现有的原始森林生态系统；保护以苏铁、桫椤、望天树、龙脑香、伯乐树、毛坡垒等为代表的国家重点保护野生植物和多种兰科植物，以及以蜂猴、云豹、黑熊、黑冠长臂猿等为代表的国家重点保护野生动物	43993	1986	2001
			屏边县					
			个旧市					
			蒙自市					
13	金平分水岭	森林生态	金平县	林业	山地苔藓常绿阔叶林生态系统和珍稀野生动植物	42026.6	1986	2001
14	无量山	野生动物	景东县	林业	以西黑冠长臂猿和灰叶猴为主的珍稀濒危野生动物资源及亚热带中山湿性常绿阔叶林森林生态系统	30938	1986	2000
			南涧县				1995	

续表

序号	名称	类型	行政区域	主管部门	主要保护对象	面积(hm²)	始建时间	现级别时间
15	文山	森林生态	西畴县 文山市	林业	以木兰科植物为标志的滇东南岩溶中山南亚热带季风常绿阔叶林原始类型和亚热带山地苔藓常绿阔叶林原始自然景观，以及珍稀濒危动植物种	26867	1986 1997	2003
16	大山包黑颈鹤	湿地生态	昭阳区	林业	黑颈鹤及其越冬栖息的高原湿地生态系统	19200	1990	2003
17	会泽黑颈鹤	野生动物	会泽县	环保	黑颈鹤及其越冬栖息的高原湿地生态系统	12910.6	1990	2006
18	西双版纳纳板河流域	森林生态	景洪市 勐海县	环保	热带雨林、热带季雨林、热带竹林和季风常绿阔叶林生态系统	26600	1991	2000
19	轿子山	森林生态	禄劝县 东川区	林业	寒温性针叶林、中山湿性常绿阔叶林生态系统，珍稀野生动植物	16456	1994	2011
20	长江上游珍稀特有鱼类（段）	野生动物	镇雄县 威信县	农业	白鲟、达式鲟、胭脂鱼、大鲵、水獭等	136.2	2005	2005
21	乌蒙山	森林生态	彝良县 盐津县 永善县 大关县	林业	具有云贵高原代表性的亚热带山地湿性常绿阔叶林森林生态系统和高山沼泽化草甸湿地生态系统和珍稀濒危特有动植物物种及其栖息地	26186.7	2012	2013
II	省级自然保护区					677815		
1	麻栗坡、马关老君山	森林生态	马关县 麻栗坡县	林业	季风常绿阔叶林、山地苔藓常绿阔叶林生态系统	4509	1981 1986	1981 1986
2	紫溪山	森林生态	楚雄市	林业	亚热带半湿润常绿阔叶林森林生态系统、古山茶树及文化古迹	16000	1982	1994
3	马关古林箐	森林生态	马关县	林业	热带雨林、季雨林及珍稀野生动植物	6832	1982	2002
4	威远江	野生植物	景谷县	林业	思茅松种质资源及思茅松森林生态系统	7704	1983	1983
5	玉龙雪山	森林生态	玉龙县	林业	温性、寒温性针叶林生态系统，高山自然垂直带植被景观。现代冰川	26000	1984	1984
6	哈巴雪山	森林生态	香格里拉市	林业	温性寒性针叶林生态系统，高山自然垂直带植被景观。现代冰川遗迹	21908	1984	1984

续表

序号	名称	类型	行政区域	主管部门	主要保护对象	面积(hm^2)	始建时间	现级别时间
7	碧塔海	湿地生态	香格里拉市	林业	特有的中甸重唇鱼、黑颈鹤等珍稀野生动物及湖周寒温性针叶林生态系统	14133	1984	1984
8	会泽驾车	野生植物	会泽县	林业	华山松种质资源	8282	1984	1984
9	纳帕海	湿地生态	香格里拉市	林业	高原季节性湖泊、沼泽化草甸湿地，黑颈鹤、黑鹳等候鸟及其越冬栖息地	2400	1984	1984
10	禄丰雕翎山	森林生态	禄丰县	林业	原始森林、珍稀动物	613	1984	1984
11	铜壁关	森林生态	盈江县 陇川县 瑞丽市	林业	阿萨姆婆罗双、东京龙脑香、羯布罗香、白眉长臂猿等珍稀特有野生动植物及其栖息的热带雨林、季雨林、季风常绿阔叶林森林生态系统	51650.5	1986	1986
12	太阳河	森林生态	普洱市	林业	热带雨林、季风常绿阔叶林及珍稀野生动植物	7035	1986	1986
13	泸沽湖	湿地生态	宁蒗县	林业	高原深水湖泊（我国第三大深水湖泊）、特有裂腹鱼和海菜花为主的野生水生植物及湖周山地多种寒温性针叶林生态系统	8133	1986	1986
14	富源十八连山	森林生态	富源县	林业	云南山茶种质基地、野山茶群落生态系统	1213	1986	1986
15	竜山	野生植物	孟连县	林业	龙血树	54	1986	1986
16	元阳观音山	森林生态	元阳县	林业	热带山地雨林、亚热带季风常绿阔叶林、山地苔藓常绿阔叶林生态系统	16359.1	1988	1994
17	永平金光寺	森林生态	永平县	林业	以元江栲林为代表的半湿润常绿阔叶林原始生态系统和以青榨槭、滇藏木兰、水青树林为代表的稀有植物群落	9193	1988	1994
18	巍山青华绿孔雀	野生动物	巍山县	林业	绿孔雀及其栖息环境	1000	1988	1997
19	中国前寒武系（震旦系）—寒武系界线层型剖面省级地质	地质遗迹	晋宁区	国土	震旦—寒武系地层界线国际剖面	58	1989	1989
20	红河阿姆山	森林生态	红河县	林业	山地苔藓常绿阔叶林和季风常绿阔叶林生态系统	17211.9	1995	1995

续表

序号	名称	类型	行政区域	主管部门	主要保护对象	面积 (hm^2)	始建时间	现级别时间
21	龙陵小黑山	森林生态	龙陵县	林业	中山湿性常绿阔叶林、桫椤林，以及白眉长臂猿、绿孔雀、灰叶猴、疣粒野生稻、长蕊木兰、桫椤、喜马拉雅红豆杉等野生动植物	5805	1995	1995
22	腾冲北海湿地	湿地生态	腾冲市	林业	火山堰塞湖湿地生态系统	1629	1995	2005
23	糯扎渡	森林生态	思茅区 澜沧县	林业	北热带南缘雨林、季雨林、季风常绿阔叶林和热性竹林生态系统	18997	1996	1996
24	澄江动物化石群	古生物 遗迹	澄江县	国土	古生物化石产地	1800	1997	
25	丽江拉市海高原湿地	湿地生态	玉龙县	林业	高原湖泊、季节性湖泊，珍稀水禽及栖息地	6523	1998	1998
26	镇康南捧河	森林生态	镇康县	林业	亚热带季风常绿阔叶林、中山湿性常绿阔叶林生态系统。珍稀濒危野生动植物资源	36970	1999	1999
27	临沧澜沧江	森林生态	凤庆县 云县 临翔区 双江县 耿马县	林业	以中山湿性常绿阔叶林为主的森林生态系统及栖息其间的西黑冠长臂猿等珍稀动植物、野生古茶树群落	89504	1999	1999
28	珠江源	森林生态	沾益区 宣威市	林业	珠江源头水源涵养林,发育于喀斯特地貌的湿地生态系统	117934	2000	2008
29	剑川剑湖湿地	湿地生态	剑川县	林业	高原湖泊湿地生态系统，珍稀鸟类、鱼类及其栖息地生态环境	4630.3	2001	2006
30	墨江西歧桫椤	野生植物	墨江县	林业	中华桫椤及其生境	6222.3	2001	2005
31	沾益海峰	湿地生态	沾益区	林业	岩溶湿地生态系统、特殊的岩溶天坑森林	26610	2002	2002
32	富宁驮娘江	森林生态	富宁县	林业	驮娘江流域湿地及岩溶山地热区森林生态系统	19711	2002	2002
33	丘北普者黑	湿地生态	丘北县	林业	岩溶湖群湿地及景观	10746	2002	2002
34	广南八宝	地质遗迹	广南县	林业	独特的岩溶山地的河谷峰丛峰林岩溶地貌景观	5232	2002	2002
35	建水燕子洞白腰雨燕	野生动物	建水县	住建	保护溶洞山地地貌景观和大量白腰雨燕种群的繁殖和栖息环境	1601.2	2002	2002

续表

序号	名称	类型	行政区域	主管部门	主要保护对象	面积(hm²)	始建时间	现级别时间
36	兰坪云岭省级	森林生态	兰坪县	林业	滇金丝猴、喜马拉雅红豆杉等珍稀濒危物种，原始季风常绿阔叶林生态系统	75894	2003	2003
37	麻栗坡老山	森林生态	麻栗坡县	林业	滇东南热带山地季风常绿阔叶林、珍稀动植物	20500	2005	2005
38	寻甸黑颈鹤	野生动物	寻甸县	林业	黑颈鹤及其栖息地	7217.3	2011	2013
III	州（市）级自然保护区					441305		
1	牟定化佛山	森林生态	牟定县	林业	森林景观、珍稀动植物	666.7	1982	1982
2	楚雄西山	森林生态	楚雄市	林业	森林景观、珍稀动植物	213.3	1982	1982
3	大姚昙华山	森林生态	大姚县	林业	森林景观、珍稀动植物	1231.4	1982	1982
4	永仁方山	森林生态	永仁县	林业	森林景观、珍稀动植物	733	1982	1982
5	武定狮子山	森林生态	武定县	林业	森林景观、珍稀动植物	1417	1982	1982
6	禄丰樟木箐	森林生态	禄丰县	林业	森林景观、珍稀动植物	3631	1982	1982
7	麻栗坡下兴箐	森林生态	麻栗坡	林业	季风常绿阔叶林	192	1982	1982
8	弥渡太极顶	森林生态	弥渡县	林业	半湿润常绿阔叶林森林生态系统、云南松林	2670	1988	1988
9	祥云水目山	自然文化综合体	祥云县	林业	名胜古迹、半湿润常绿阔叶林森林生态系统、云南松林	1500	1988	1988
10	漾濞雪山河	森林生态	漾濞县	林业	半湿润常绿阔叶林森林生态系统	1000	1988	1988
11	剑川石宝山	自然文化 综合体	剑川县	旅发委	名胜古迹、半湿润常绿阔叶林森林生态系统	2800	1988	1988
12	鹤庆朝霞寺	地质遗迹	鹤庆县	林业	地貌、古寺、天然地下水资源、龙潭周围名木古树及自然景观	800	1988	1988
13	洱源罗坪鸟吊山	森林生态 野生动物	洱源县	林业	候鸟迁徙通道及自然景观	715	1988	1988
14	洱源茈碧湖	湿地生态	洱源县	环保	高原湖泊及湖周围森林景观资源	800	1988	1988
15	大理凤阳鹭鸶栖息榕树	野生动物	大理市	林业	白鹭及其栖息的古榕树	67	1988	1988
16	巍山巍宝山	自然文化 综合体	巍山县	林业	名胜古迹、半湿润常绿阔叶林、云南松林	2000	1988	1988
17	南涧凤凰山候鸟	森林生态 野生动物	南涧县	林业	候鸟迁徙通道及自然景观	2500	1988	1988

续表

序号	名称	类型	行政区域	主管部门	主要保护对象	面积(hm^2)	始建时间	现级别时间
18	南涧土林自然保护区	地质遗迹	南涧县	林业	特殊地质地貌景观	500	1988	1988
19	水富铜锣坝	森林生态	水富县	林业	山地湿性常绿阔叶林及其珍稀野生动植物	2484	1988	1988
20	大理蝴蝶泉	野生动物	大理市	住建	蝶蛾及其生境	500	1988	1988
21	弥渡大黑山水源林	森林生态	弥渡县	林业	森林植被、野生动物、水源涵养	9200	2001	2001
22	弥渡天生营	森林生态	弥渡县	林业	森林植被、李文学起义遗址	13000	2001	2001
23	巍山隆庆鸟道雄关	野生动物	巍山县	林业	候鸟迁徙通道及自然景观	292	2001	2001
24	永平博南山	森林生态	永平县	林业	半湿润常绿阔叶林森林生态系统、野生动植物、博南古迹	4500	2001	2001
25	南涧大龙潭	湿地生态	南涧县	林业	高原人工湖泊及湖周围森林资源	1073	2001	2001
26	楚雄三峰山	森林生态	姚安县 牟定县 南华县	林业	森林、野生动物	46605.6	2001	2001
27	元谋土林	古生物遗迹	元谋县	林业	土林地质景观	1995.5	2001	2001
28	鹤庆草海湿地	湿地生态	鹤庆县	林业	越冬候鸟及湿地生态系统	400	2001	2001
29	鹤庆龙华山	自然文化综合体	鹤庆县	林业	十八寺遗迹及原始森林植被	2500	2001	2001
30	洱源西罗坪	森林生态	洱源县	林业	森林植被和野生动物(小熊猫)	9928	2001	2001
31	洱源黑虎山	森林生态	洱源县	林业	森林植被和野生动物(黑鹿)	6995	2001	2001
32	红塔山	森林生态	红塔区	林业	森林生态系统、自然景观和水源林	5578.6	2001	2001
33	双柏恐龙河	野生动物	双柏县	林业	森林、珍稀动物	9521.4	2003	2003
34	牟定白马山	森林生态	牟定县	林业	森林、珍稀动物	15801.8	2003	2003
35	姚安花椒园	森林生态	姚安县	林业	森林、珍稀动物	37014	2003	2003
36	姚安大尖山	森林生态	姚安县	林业	森林、珍稀动物	10057.5	2003	2003
37	双柏白竹山	野生动物	双柏县	林业	森林、珍稀动物	8012	1983	2003
38	玉白顶	森林生态	新平县 峨山县	林业	森林生态系统、自然景观和水源林	4865.3	2003	2003

续表

序号	名称	类型	行政区域	主管部门	主要保护对象	面积(hm^2)	始建时间	现级别时间
39	易门龙泉	森林生态	易门县	林业	森林生态系统、自然景观和水源林	5773.1	2003	2003
40	永善小岩方	森林生态	永善县	林业	天然山地湿性常绿阔叶林及其光叶珙桐、云豹、黑熊等珍稀野生动植物	5323	2003	2003
41	永善五莲峰	森林生态	永善县	林业	天然山地湿性常绿阔叶林及其喜马拉雅红豆杉、云豹、黑熊等珍稀动植物	18705.8	2003	2003
42	盐津老黎山	森林生态	盐津县	林业	天然山地湿性常绿阔叶林及其珍稀野生动植物	297	2003	2003
43	盐津白老林	森林生态	盐津县	林业	天然山地湿性常绿阔叶林及其珍稀动植物	2200	2003	2003
44	镇雄袁家湾	森林生态	镇雄县	林业	天然山地湿性常绿阔叶林及其珍稀动植物	1633.8	2003	2003
45	镇雄以拉	森林生态	镇雄县	林业	天然山地湿性常绿阔叶林及其珍稀动植物	685	2003	2003
46	绥江二十四岗	森林生态	绥江县	林业	天然山地湿性常绿阔叶林及其珍稀野生动植物	10989	1997	2003
47	罗平万峰山	森林生态	罗平县	林业	岩溶森林植被生态系统，白化猕猴、野生珍稀濒危物种及其栖息地或繁殖地	58327	1999	2003
48	师宗菌子山	野生植物	师宗县	林业	亚热带半湿性常绿阔叶林及其形成的森林生态系统，珍稀野生动植物物种	49517	2003	2003
49	洱源海西海	湿地生态	洱源县	环保	高原人工湿地生态系统	1000	2004	2004
50	西双版纳澜沧江—湄公河流域鼋、双孔鱼	野生动物	勐腊县	农业	鼋、双孔鱼及其生境	67	2005	2005
51	金沙江水系水生动物	野生动物	沾益区 宣威市 会泽县	农业	土著及特有鱼类	2500	2006	2006
52	曲靖珠江水系水生动物	野生动物	曲靖市	农业	金线鲃、暗色唇鲮等特有土著鱼类	870	2006	2006
53	南溪河水生野生动物	野生动物	河口县	农业	水生野生动物	202	2007	2007
54	西双版纳罗梭江鱼类	野生动物	勐腊县	农业	水生野生动物及其生境	600	2007	2007

续表

序号	名称	类型	行政区域	主管部门	主要保护对象	面积(hm²)	始建时间	现级别时间
55	西双版纳布龙	森林生态	景洪市 勐海县	林业	以山地雨林为主的森林生态系统和珍稀濒危野生动物之源及其栖息环境	35485	2008	2008
56	西双版纳易武	森林生态	勐腊县	林业		33369.9	2014	2014
IV	县（市、区）级自然保护区					235281		
1	佛殿山	森林生态	西盟县	林业	佛殿遗址、水源涵养林	1375	1981	
2	新平哀牢山	森林生态	新平县	林业	中山湿性常绿阔叶林	10236	1983	
3	牛倮河	森林生态	江城县	林业	热带雨林、季雨林	4753	1983	
4	棠梨山	森林生态	永德县	林业	季风常绿阔叶林及其珍稀动植物	7333.3	1984	
5	禄丰五台山	森林生态	禄丰县	林业	水源林	3526.7	1987	
6	易门脚家店恐龙化石	地质遗迹	易门县	国土	恐龙化石	1424	1987	
7	新平磨盘山	森林生态	新平县	林业	中山湿性常绿阔叶林	5836.7	1989	
8	宁洱松山	森林生态	宁洱县	林业	以阔叶林、思茅松为主水源涵养林	2700	1994	
9	个旧董棕	野生植物	个旧市	林业	董棕原始群落	160	1995	
10	勐梭龙潭	湿地生态	西盟县	林业	天然湖泊及森林生态系统	3149.8	1995	
11	墨江常林河（坝卡河）	森林生态	墨江县	环保	水源林	3500	1995	
12	镇沅湾河	森林生态	镇沅县	水利	水源林	5000	1995	
13	昌宁澜沧江	森林生态	昌宁县	林业	澜沧江湿地生态系统、珍稀濒危野生动植物（国家保护野生植物21种、野生动物48种）	13560	1997	
14	澄江梁王山	森林生态	澄江县	林业	森林生态系统、自然景观和水源林	2285.4	1998	
15	孟连南垒河水生生物	野生动物	孟连县	农业	水生生物	200	1998	
16	景洪	森林生态	景洪市	林业	热带雨林	47258	1999	
17	师宗大堵水库	森林生态	师宗县	水利	饮用水源	160	1999	
18	师宗东风水库保护区	森林生态	师宗县	水利	饮用水源	4960	1999	
19	易门翠柏	森林生态	易门县	林业	古翠柏林、半湿润常绿阔叶林	3168.3	2000	
20	鲁纳黄杉	野生植物	会泽县	林业	天然黄杉林	1744.8	2000	

续表

序号	名称	类型	行政区域	主管部门	主要保护对象	面积(hm²)	始建时间	现级别时间
21	马龙县黄草坪	自然文化综合体	马龙县	住建	饮用水源	2950	2000	
22	师宗翠云山	森林生态	师宗县	林业	半湿润常绿阔叶林	10.6	2000	
23	朗目山	自然文化综合体	麒麟区	林业	半湿润常绿阔叶林及古建筑群	900	2000	
24	青峰山	自然文化综合体	麒麟区	林业	半湿润常绿阔叶林及古建筑群	1110	2000	
25	五台山	自然文化综合体	麒麟区	林业	森林景观	1350	2000	
26	师宗丁累大箐	森林生态	师宗县	林业	动、植物及其栖息地	293	2000	
27	陆良彩色沙林保护区	地质遗迹	陆良县	国土	彩色沙林地貌景观	5280	2000	
28	腾冲地热火山	地质遗迹	腾冲市	环保	地热火山景观	1453.1	2000	
29	开远南洞	森林生态	开远市	环保	水源涵养林	266.7	2000	
30	翠坪山	森林生态	兰坪县	环保	森林生态、自然景观及历史遗迹	8600	2000	
31	通海秀山	森林生态	通海县	林业	森林生态系统、自然景观和水源林	9319.8	2001	
32	宜良竹山总山神天然林	森林生态	宜良县	林业	天然半湿润常绿阔叶林	958	2002	
33	阳宗海老爷山	森林生态	宜良县	林业	天然常绿阔叶林	1333	2002	
34	宜良九乡麦田河	森林生态	宜良县	林业	天然常绿阔叶林	1956	2002	
35	华宁登楼山	森林生态	华宁县	林业	森林生态系统、自然景观和水源林	6144	2004	
36	江川大龙潭	森林生态	江川区	林业	森林生态系统、自然景观和水源林	6659	2004	
37	梁河勐科河流域	森林生态	梁河县	环保	水源林	3070	2007	
38	巧家马树	湿地生态	巧家县	林业	黑颈鹤及其越冬栖息湿地生态系统	403	2007	
39	金沙江绥江段珍稀特有鱼类	野生动物	绥江县	农业	胭脂鱼、岩原鲤等水生野生动物	1025.5	2008	
40	会泽牯牛寨杜鹃	野生植物	会泽县	林业	天然杜鹃林	3155.4	2012	
41	会泽大井元江栲	野生植物	会泽县	林业	天然元江栲	352	2012	

续表

序号	名称	类型	行政区域	主管部门	主要保护对象	面积(hm^2)	始建时间	现级别时间
42	会泽待补鸡鸣山	野生植物	会泽县	林业	天然高山栎	400	2012	
43	曲靖潇湘谷原始森林生态	地质遗迹	麒麟区	林业	植物资源	2579	2008	
44	勐海	森林生态	勐海县	林业	野生植物、野生动物	28315.7	2012	
45	勐腊县澜沧江绿三角	森林生态	勐腊县	林业	版纳香楠木	14752	2014	
46	峨山高鲁山	森林生态	峨山县	林业	森林生态系统、自然景观和水源林	10314	2017	